Publications des Archives Henri-Poincaré
Publications of the Henri Poincaré Archives

Textes et Travaux, Approches Philosophiques en Logique, Mathématiques et Physique autour de 1900
Texts, Studies and Philosophical Insights in Logic, Mathematics and Physics around 1900
Éditeur / Editor: Gerhard Heinzmann, Nancy, France

Henri-Poincaré

Scientific Opportunism
L'Opportunisme scientifique

An Anthology

Compiled by Louis Rougier

Edited by Laurent Rollet

Springer Basel AG

Editor:

Laurent Rollet
Laboratoire de Philosophie et d'Histoire des Sciences –
Archives Henri-Poincaré
UMR 7117 du CNRS
Université Nancy 2
23 Boulevard Albert 1er
F-54015 Nancy Cedex
France

A CIP catalogue record for this book is available from the Library of Congress, Washington D.C., USA

Die Deutsche Bibliothek - CIP-Einheitsaufnahme

Poincaré, Henri:
Scientific opportunism : an anthology = L'opportunisme scientifique /
Henri Poincaré. Comp. by Louis Rougier. Ed. by Laurent Rollet. - Basel ;
Boston ; Berlin : Birkhäuser, 2002
  (Publications des Archives Henri Poincaré)
  ISBN 978-3-0348-9441-8   ISBN 978-3-0348-8112-8 (eBook)
  DOI 10.1007/978-3-0348-8112-8

ISBN 978-3-0348-9441-8

© 2002 Springer Basel AG
Originally published by Birkhäuser Verlag, Basel, Switzerland in 2002
Softcover reprint of the hardcover 1st edition 2002

Printed on acid-free paper produced from chlorine-free pulp. TCF ∞

ISBN 978-3-0348-9441-8

9 8 7 6 5 4 3 2 1   www.birkhasuer-science.com

Table of Contents

Preface : Henri Poincaré's Last Philosophical Book ix
Introduction ix
History of the project x
Unpublished documents about Rougier's project xii
Presentation of the edition xxii
Acknowledgements xxvi

Scientific Opportunism / L'Opportunisme scientifique 1
Livre I Les Conventions Géométriques 3
Chapitre I Des Fondements de la Géométrie (1898) 5
Chapitre II Les Fondements de la Géométrie (1902) 33
Chapitre III Note sur la Géométrie Non Euclidienne (1900) 47
Livre II Les Approximations de la Mécanique Céleste 63
Chapitre IV Sur les Hypothèses Cosmogoniques (1911) 65
Chapitre V Sur la Stabilité du Système Solaire (1898) 77
Chapitre VI Le Problème des Trois Corps (1891) 85
Chapitre VII Conférence sur les Comètes (1910) 93
Chapitre VIII Le Démon d'Arrhenius (1911) 101
Livre III Problèmes Scientifiques Actuels 105
Chapitre IX Cournot et les Principes du Calcul Infinitésimal (1905) 107
Chapitre X La Lumière et l'Électricité d'après Maxwell et Hertz (1894) 117
Chapitre XI La Télégraphie Sans Fil (1909) 127
Chapitre XII Le Libre Examen en Matière Scientifique (1909) 139

Postface : About Henri Poincaré and Gustave Le Bon 149
The creation of the Bibliothèque de Philosophie Scientifique 150
Poincaré at the Bibliothèque de Philosophie Scientifique 154
To conclude 158
Bibliography 159

Annexes
Translations of Poincaré's Writings 165
Sources of Poincaré's Philosophical Books 169
Bibliography of Poincaré's Writings 179

Index Nominum 205

Preface

Henri Poincaré's Last Philosophical Book

Introduction

According to commentators, scientists and historians of science, Henri Poincaré was probably one of the last universal scientists. His ability to embrace various fields of scientific knowledge and to obtain significant results in each of them can be considered, without any doubt, as a distinctive mark of genius. Poincaré managed to win a double recognition: on the one hand, his mathematical works were accepted and given an ovation by the scientific community; on the other hand, he was also in favor with the general public. Indeed, the scientists and the general public did not necessarily applaud the same person. For the first group, Poincaré was the creator of fuchsian functions, the author of *Les méthodes nouvelles de la mécanique céleste*. For the second group he was not only a top-level mathematician but also a penetrating philosopher of science whose reflections had permitted him to enter the *Académie Française* in 1908.

This second kind of popularity is explained by the publication of three major philosophical books: *La science et l'hypothèse* (1902), *La valeur de la science* (1905) and *Science et méthode* (1908).[1] These books had not been explicitly written for the occasion; they were in fact constituted of various articles that had been previously published in scientific, philosophical or scholarly reviews. The three books were published by Flammarion Editions in the *Bibliothèque de Philosophie Scientifique*, which was directed by Gustave Le Bon. They achieved a great success and rapidly became philosophical bestsellers: in 1925, 40.000 copies of *La science et l'hypothèse* had been printed (32.000 for *La valeur de la science* and 22.000 for *Science et méthode*).[2] Poincaré died in 1912 and a fourth volume of his philosophical works was then posthumously published by his heirs as *Dernières pensées* (1913). Although Poincaré did not directly compose it, this book also became a bestseller (16.000 copies in 1925). *L'opportunisme scientifique* was intended to be the fifth (and final) volume of Poincaré's philosophical writings. Louis Rougier had elaborated the project, with the collaboration of Gustave Le Bon, and the recommendation of Émile Boutroux and his son Pierre. Because of the

---

[1] Respectively in English: *Science and Hypothesis, The Value of Science* and *Science and Method*.

[2] These statistics come from a 1925 advertisement of Flammarion Editions. According to Benoît Marpeau, who studied the account books of the Bibliothèque de Philosophie Scientifique, in 1931 43.750 copies of *La science et l'hypothèse* had been printed. He thus writes : « Le tirage initial de *La science et l'hypothèse* (1902) est très prudent – 1650 exemplaires – mais est épuisé en quelques semaines. Le nombre de rééditions, de 1100 puis à partir de 1906 en général de 2200, s'élève à 12 en 1914 pour un total de 20.900. Pour les autres ouvrages, en 1914, les niveaux atteints sont d'environ 21.000 pour *La valeur de la science* (1906) [*sic*], de 12.100 pour *Science et méthode* (1908), et de 7700 pour *Dernières pensées*, ce dernier tiré initialement en 1913 à 5500, retiré la même année à 2200. Au total, environ 61.700 exemplaires ont été imprimés entre 1902 et 1913, la plupart déjà vendus puisque les rééditions postérieures sont proches ». Benoît Marpeau, *Gustave Le Bon, parcours d'un intellectuel 1841–1931*, Paris, CNRS Éditions, 2000, pp. 190–191. Note that these figures only concern the French editions of the books. In 1912, they had already been translated into most European languages and were distributed all over the world : for instance, in 1910 one could find German, English, Spanish, Swedish, Hungarian and Japanese editions of *La science et l'hypothèse* (cf. annex p. 165).

reservations of Poincaré's family, this book was never published and *Dernières pensées* remained Poincaré's last philosophical book.

Nevertheless Poincaré's correspondence – which is kept in the Poincaré Archives at Nancy 2 University – contains a large amount of documents concerning the project, its justification and the discussions between Louis Rougier and the mathematician's heirs. This preface aims at restoring this episode, which gives some crucial information about the editorial practices of Poincaré and about the posterity of his philosophical thinking.[3]

History of the project

Around 1919, Gustave Le Bon wrote a letter to Poincaré's wife. As the director of the *Bibliothèque de Philosophie Scientifique* at Flammarion, he asked her for the permission to publish a new posthumous volume. Apparently, the project did not come from him but from Louis Rougier, a young philosopher who was at that time professor of philosophy in the secondary school of Algiers. According to Le Bon, Rougier had noticed that several articles of Poincaré could constitute a new volume for this collection. He had conversed with Émile Boutroux and his son Pierre about this project and they had agreed on the necessity of the publication. Émile Boutroux was Poincaré's brother-in-law (he had married Poincaré's sister, Aline, in 1876). He was one of the most prominent French philosophers of the time and his philosophy of contingency had exerted a profound influence over the formulation of Poincaré's conventionalism. Louis Rougier was *professeur agrégé* and was about to publish his doctoral thesis about Poincaré's geometrical philosophy.[4]

Gustave Le Bon joined to his letter the table of contents for the book. It was foreseen that this volume would be entitled *L'opportunisme scientifique* – in reference to Poincaré's conventionalist conceptions – and that it would be divided into three parts: 1° « les conventions géométriques », 2° « les approximations de la mécanique céleste » and 3° « problèmes scientifiques actuels ». Rougier's aim was to assemble in a single book a set of relatively heteroclite articles that had become rare or untraceable: some of them were very technical and made an extensive usage of mathematical formalism (in particular the note concerning non Euclidean geometry from Eugène Rouché and Charles de Comberousse's *Traité de géométrie*); other articles fell within the field of scientific popularization (« Le problème des trois corps » or « La télégraphie sans fil »). In other words, Rougier's project was to mix within the same book philosophical, scien-

---

[3] In a more precise way, the postscript of the book (p. 149 ff.) will be concerned with the relationships between Poincaré and Gustave Le Bon within Flammarion's *Bibliothèque de Philosophie Scientifique*.

[4] Louis Rougier, *La philosophie géométrique d'Henri Poincaré*, Paris, Alcan, 1920. Rougier was born in Lyon in 1889. He was *professeur agrégé* and *Docteur ès Lettres*. During his career, he was professor at the university of Besançon and at the Royal University of Cairo. When the Second World War began, he exhibited his sympathy towards the Petainist government and then chose exile in England (in 1941 he was visiting professor at Saint John College in London) and then to the United States: from 1941 to 1943 he was associate professor at the New School for Social Research in New-York. This institution was created during the war and intended to welcome exiled European intellectuals (for more details, see [Chaubet / Loyer 2000]). He introduced in France the ideas of the Vienna Circle and wrote numerous books covering different fields (history, philosophy, politics). His most important works are *Les paralogismes du rationalisme* (1920) and *Traité de la connaissance* (1955). He obtained the *Prix de l'Académie des Sciences morales et politiques* (1968) and the *Prix de l'Académie Française* (1971). He died in 1982.

tific and popularization works; it was also to put on the same level ancient (indeed sometimes out of date) and more recent publications.

This project seemed artificial to Louise Poincaré and she formulated some serious reservations against it. This lack of enthusiasm – although this book was supposed to honor the memory of her husband – stemmed from two reasons: first, she thought that Émile Boutroux had pronounced himself in favor of the project too quickly, without even having any precise information about it. Secondly, she felt afraid that Poincaré's name had become, in the course of years, a pretext for subtle editorial and commercial operations aiming at profitability. It was consequently with the concern to avoid any commercial harnessing that she asked Jeanne and Léon Daum to examine the project closely in order to evaluate its scientific legitimacy.[5]

Léon Daum seriously worked away at this job, analyzing each item of the planned table of contents. This study led him to write a very long note (more than fifteen pages) in which he affirmed, in the name of Poincaré's successors, the *scientific inopportuneness* of this book. In the letter that he joined with this note (see page xvi), Daum explained to Rougier that this book was not adapted to a philosophical collection such as the *Bibliothèque de Philosophie Scientifique*; according to him, the articles in question did not contain any of the innovative ideas, any of the new conceptions, which had assured the success of Poincaré's philosophical writings; on the contrary, most of them proposed small precisions or variations of expression deprived of philosophical interest. Moreover, the publication of the mathematician's collected works by the *Académie des sciences* was on the way and made this project of secondary importance.[6]

For all these reasons, Louis Rougier and Gustave Le Bon's project failed. Of course, Rougier answered Daum's letter and sent a very long argumentative note to him, but obviously without hope. At the very most he contented himself with indicating that, in his conception, every variation of expression, repetition or precision was of great interest as far as it contributed to a global understanding of Poincaré's thought. Finally, his last resort was to insist on the commercial dimension of the project: experience had shown that Poincaré was an author who sold well, even though no more than a thousand of his readers were able to understand his writings.[7]

Rather than to compose a new book which would have had only a vague scientific justification, Daum suggested the addition of several of the articles proposed by Rougier in an appendix to a new edition of *Dernières pensées*. It was finally done in 1926. Besides the nine original articles, the new edition included an appendix which was

---

[5] Jeanne Poincaré was born in 1887 and was the eldest daughter of Poincaré (Yvonne, Henriette and Léon were respectively born in 1889, 1891 and 1893). She married Léon Daum in 1913. Daum was born in 1887 in Nancy and came from a well-known family of glass artists who exerted a notable influence on the *art nouveau* movement (the so-called *École de Nancy*). After his studies at the *École polytechnique* he integrated the prestigious *École des mines* and then began his career as a mining engineer and administrator. He was thus successively departmental head in the mines of Morocco (1913) and the Sarre (1919). In 1927 he became the general director of the *Compagnie des forges et aciéries de la marine et d'Homécourt*. After the Second World War, he was administrator of the *Union Sidérurgique Lorraine*, of Gisors smelting furnaces, of Saint-Étienne steelworks and of the *Credit National*. Daum ended his career as a member of the high authority in the *Communauté Européenne du Charbon et de l'Acier* (1952–1959).

[6] The publication of Poincaré's collected scientific works (*Œuvres scientifiques de Henri Poincaré*) was at that time supervised by Gaston Julia and it was finally achieved in 1956. Unfortunately, the eleven volumes of this edition do not gather together all of Poincaré's writings and consequently present numerous deficiencies with regard to his production as a philosopher and a science popularizer.

[7] Cf. the end of Rougier's letter to Léon Daum, p. xxi.

constituted of four articles : « Les fondements de la géométrie » (1902), « Cournot et les principes du calcul infinitésimal » (1905), « Le libre examen en matière scientifique » (1909), and « Le démon d'Arrhenius » (1911).[8]

Unpublished documents about Rougier's project

The documents that we present in this section come from the microfilms of Poincaré's scientific correspondence.[9] They consist of a set of mixed-up fragmentary texts, drafts, notes and letter copies (approximately thirty leaves). Most of the documents are undated and an important work of reconstruction was necessary in order to propose a correct and chronological transcription.

Because of the diversity and heterogeneity of the documents we had to make several editorial choices. The undated papers are indicated by [n. d.]. Spelling mistakes were corrected and the largest part of the abbreviations was suppressed with the intention of allowing a more fluid reading. We occasionally added in square brackets [ ] some precisions, which might be helpful for the understanding of some passages. We also systematically suppressed the contractions of first names and surnames (for instance « H. P. » became « Henri Poincaré »). Illegible passages are indicated by this convention {ill.}.

The notes and comments added by the writers of the documents are given in footnotes indicated by *. On the contrary, numbered footnotes refer to editorial comments about the documents themselves. Almost all documents are rough papers and thus contain crossed out words, sentences or paragraphs ; the erased passages that might be of interest are indicated in footnotes.

LOUISE POINCARÉ TO JEANNE AND LÉON DAUM

This document is the rough copy of a letter sent by Louise Poincaré to her eldest daughter Jeanne and her husband Léon Daum. It contains two essential papers: on the one hand, a copy of Gustave Le Bon's letter concerning Rougier's project; on the other hand, a copy of the planned table of contents for *L'opportunisme scientifique*. It is this document that guided the preparation of the present edition.

---

[8] The 1963 Flammarion edition of *Dernières pensées* contained the following foreword (probably written by Fernand Braudel, the director of the *Nouvelle Bibliothèque Scientifique*): « [...] la première édition ne comprenait que neuf textes composés entre 1909 et 1912. En 1926 déjà, pour répondre à diverses demandes, quelques autres textes plus anciens que Henri Poincaré aurait eu la possibilité de faire figurer dans ses précédents volumes de la collection G. Lebon (*sic*), ont été insérés dans une seconde édition. Toutefois, la famille du grand savant a demandé que ces nouveaux textes, qui n'ont plus le même caractère, soient nettement séparés de ceux qui constituent véritablement les « dernières pensées » de Henri Poincaré, et soient réunis en un appendice en fin de volume ». Strangely, in this Flammarion new edition the order of the chapters was completely changed.

[9] Arthur Miller microfilmed this correspondence during the 70's. A copy of these microfilms is kept in the Henri Poincaré Archives at Nancy 2 university.

[n. d.][10]

Titre proposé : L'Opportunisme Scientifique

Livre I

Les Conventions Géométriques

1 On the Foundations of Geometry (*The Monist* 1898 p. 4–48 – Chicago).

2 Fondements de la Géométrie (analyse du mémoire de David Hilbert : *Grundlagen der Geometrie*), *Journal des Savants* 1902 et *Acta Mathematica* 1912.[11]

3 Note de la 7e édition du *Traité de géométrie* de M.M. Rouché et Comberousse (Gauthier-Villars).

Livre II

Les Approximations de la Mécanique Céleste

1 Préface des *Hypothèses Cosmogoniques* (Hermann).

2 Sur la Stabilité du Système Solaire, *Revue scientifique* 14 mai 1898).

3 Le Problème des Trois Corps (*Revue générale des sciences* 15 janvier 1895).[12]

4 Conférence sur les Comètes (*Bulletin de la Société Industrielle de Mulhouse* 1910).

5 *Le démon d'Arrhenius – Hommage à Louis Olivier*, Paris, 26 7bre 1911 p. 281–287.

Livre III

Problèmes scientifiques actuels
ou Questions scientifiques ou Miscellanées

1 Cournot et les Principes du Calcul Infinitésimal (*Revue de Métaphysique et de Morale* 1905

2 La Lumière et l'Électricité d'après Maxwell et Hertz (*Annuaire Bureau Longitudes*, 1894, *Revue Scientifique* 27 janvier 1894).

3 La télégraphie sans fil – *Journal de l'Université, des Annales*. Paris 25 avril 1909.

4 *Le libre examen en Matière Scientifique* (Bruxelles m Weissenbach 1910).

(350 pages environ)

Copie de la lettre de Gustave Le Bon.

Madame, M. Émile Boutroux et M. Pierre Boutroux m'ont envoyé un jeune professeur M. Rougier qui me signale un nombre assez important d'articles divers de M. Henri Poincaré dont ci-joint la liste. D'après l'avis de MM. Boutroux qui est aussi le mien, ces articles pourraient faire un nouveau volume. Je viens vous demander si vous n'y voyez pas d'inconvénient.

---

[10] Summer 1919.

[11] The 1902 article and the article published in the *Acta mathematica* were quite different. Did Rougier and Le Bon want to publish the two versions of this text? It is quite difficult to decide. For more details concerning this question, see pp. xvii and xxiii.

[12] In fact this article was not published in the *Revue générale des sciences pures et appliquées* in 1895 but in 1891 (cf. p. xxiv).

Le plus important de ces articles est celui que j'ai mis en tête de la liste. Il est malheureusement en anglais et si vous n'avez pas le manuscrit original je serai obligé de le faire retraduire en français. Je vous demanderai également si vous possédez 1° le n° de mai 1902 du *Journal des Savants* contenant l'analyse du Mémoire de David Hilbert sous le titre de Fondements de la Géométrie. 2° le n° des *Acta Mathematica* de 1912 contenant le rapport de Henri Poincaré sur le prix Lobatchevsky attribué à M. David Hilbert. 3° l'opuscule intitulé *Le Démon d'Arrhenius*.

Nous tâcherions si vous n'avez pas ces diverses publications de les faire recopier dans une bibliothèque. Mais je ne publierai ce volume, qui ne peut qu'ajouter à la Gloire de votre illustre mari, seulement dans le cas où vous m'y autoriseriez. Il serait nécessaire que le volume ne parût pas trop tard et nous n'aurions pas trop de deux ou trois mois pour faire les recherches nécessaires. Certains journaux : *The Monist* ont paru à Chicago.

Signé Gustave Le Bon

Ma chérie, mon cher Léon. L'époque est bien mal choisie pour jeter sur le tapis une idée semblable. Je ne sais pas bien de loin ce que nous avons ou non des publications que demande Le Bon[*], mais je suppose que ce qu'il veut en ce moment c'est l'autorisation en principe de publier un nouveau volume.

Qu'en pensez-vous ? Est-ce vrai que c'est l'avis des Boutroux ? En tous cas Émile n'a pas d'opinion réfléchie ; même s'il a dit un mot favorable c'est sans bien savoir au juste de quoi il s'agissait.

Tu vois Jeanne que la Conférence de Bruxelles reparaît.[13] Pourrait-on lui supprimer quelques phrases du début qui sont toutes de circonstances et empruntent au milieu un ton qui n'était pas habituel à ton cher papa. Pour les autres propositions je me demande surtout si Hermann verra d'un bon œil publier ailleurs la préface des *Hypothèses* [*Cosmogoniques*] et d'une manière plus générale je me demande si, aller rechercher tous ces articles sans liens entre eux et dont plusieurs anciens ont été peut-être dépassés par de plus récents, n'est pas surtout une entreprise commerciale.

Ils se mettent tous à vouloir exploiter cette chère grande figure. Les artistes, les auteurs chacun tire à soi ; trop heureux serons-nous, si on ne nous le défigure pas.

Guccia m'annonce l'envoi de la brochure consacrée à ton papa. 1 exemplaire séparé pour moi – 100 brochures à distribuer. Malheureusement ces envois ont dû arriver avant le départ de {ill.} Brangaine et avoir été remontés à l'appartement.[**] Les concierges du 63 ont bien nos clefs de l'escalier de service, mais *sous enveloppe* comme nous faisons maintenant et je recule à leur demander de pénétrer chez nous pour m'envoyer la brochure qui m'est destinée. J'attendrai donc le retour, mais si vous allez à Paris avant ce moment vous pourrez voir pour vous si elle est intéressante et même me l'envoyer après l'avoir lue, si cela en vaut encore la peine. La saison sera dure ici peut-être avant la fin du mois ; tout dépend du temps.

---

[*] Note in the margin: « Que te rappelles-tu à son sujet ? ».

[13] « Le libre examen en matière scientifique », 1909.

[**] Note in the margin: « (J'écris sous la lampe électrique qui m'aveugle. Je croyais d'abord faire tenir les copies sur une seule feuille et écrire ma lettre sur un papier ordinaire. Je m'excuse) ».

Examinez ce que vous pouvez pour Gustave Le Bon[***] et donne-moi votre avis ma chère Jeanne avant que je lui réponde. Il a dû aller à la maison avant de m'écrire ; l'adresse à La {ill.} est de sa main sans rature ; à moins que ce ne soit les Boutroux qui la lui aient donnée. Je vous embrasse de cœur.

Louise Henri Poincaré

Louis Rougier to Louise Poincaré

This letter of Louis Rougier was sent to Louise Poincaré. It was probably the answer to a forgotten letter written by Poincaré's wife to Gustave Le Bon. Judging from its content, it is clear that this editorial project did not fill Louise Poincaré with enthusiasm. Rougier thus endeavored to show that the articles proposed for this new book would not necessarily duplicate those that had already been printed in the *Bibliothèque de Philosophie Scientifique*.

Val S {ill.}, 20 août 1919.

Madame,

Mr Gustave Le Bon me fait parvenir votre lettre. Permettez-moi de vous faire respectueusement remarquer que l'article du *Monist* est :

1° *original* (cela résulte des 1ères lignes et de la note du traducteur) ;

2° *postérieur* aux articles sur la géométrie reproduits dans *Science et hypothèse* de 5 ou 6 ans ;

3° sauf certaines répétitions forcées et telles qu'Henri Poincaré ne les excluait pas dans ses ouvrages de philosophie scientifique précédents, il ne fait pas double emploi avec les articles de *Science et Hypothèse*, *Valeur de la Science*, *Science et Méthode* et les complète sur maints points (cela résulte des 1ères lignes de l'article et de sa lecture).

Les autres articles proposés ne font pas davantage double emploi avec ceux précédemment réunis en volume. Enfin la Conférence sur la Télégraphie sans fil pourrait être remplacée par un Discours à l'École Polytechnique (de 1910 je crois) sur la Nécessité de la Culture Scientifique. Cela ferait encore un volume de 350 p environ.

Veuillez croire, Madame, que je suis votre tout dévoué.

Louis Rougier.

Lyon 26 place Bellecour.

Léon Daum to Louis Rougier

The following text is the draft of a letter sent by Léon Daum to Louis Rougier. In this document, Daum informed Rougier that his family rejected his editorial project. This letter was accompanied by a very long note that precisely explained the motivations of this refusal (cf. next document). The original document contained numerous crossed out passages, abbreviations, spelling and accentuation mistakes; we have tried to reconstitute a clear and legible text.

[***] Note in the margin: « J'écris à Pierre Boutroux ».

[n. d.]

Monsieur,

Madame Henri Poincaré, ma belle-mère, nous a fait part à ma femme et à moi du projet que vous avez soumis à M. Gustave Le Bon au sujet de la publication d'un nouveau volume d'Henri Poincaré.

Nous avons examiné avec soin les divers articles que vous avez signalé et vous trouverez avec cette lettre une note résumant nos observations ; cette étude n'a fait que confirmer l'idée *a priori* que nous avions, à savoir qu'après les « *Dernières pensées* » il n'était pas possible de publier un nouveau volume dans la même collection. Les *Dernières pensées* ont rassemblé les articles ou conférences postérieurs à *Science et Méthode*, que Henri Poincaré aurait sans doute publié lui-même par la suite – Le volume que vous projetez aurait un caractère bien différent.[14]

Sur la question de fond elle-même vous reconnaîtrez sans doute, Monsieur, que ces articles apportent, non pas les vues d'Henri Poincaré sur des questions nouvelles, mais certaines précisions de détail, des variations d'expression de théories développées déjà {ill.} ; ceux qui connaissent l'œuvre d'Henri Poincaré avec assez de compétence pour tirer parti de ce que cette publication ajouterait sont trop peu nombreux pour faire fléchir les raisons que je vous disais tout à l'heure.

Certains articles qui ne se trouvent pas aisément dans les bibliothèques {ill.} seront sans doute publiés dans l'édition intégrale que l'Académie des sciences a entreprise – c'est là que les chercheurs pourront les retrouver.

Enfin, il sera probablement possible d'ajouter à une édition nouvelle des *Dernières Pensées*.

Je souhaite, Monsieur, que vous ne voyiez dans cette lettre que l'intérêt que nous avons pris à la proposition que vous avez faite, et notre reconnaissance grande pour le souci que vous avez d'une mémoire chère.

Je vous prie de croire monsieur à mes sentiments les plus dévoués.

NOTE FROM LÉON DAUM TO LOUIS ROUGIER

We present here the rough papers of the note that probably accompanied Daum's previous letter to Rougier. This note was a very long sales leaflet which extensively criticized each item of the table of contents proposed by Rougier.

[n. d.][15]

Il est vrai que Henri Poincaré ne craignait pas les redites quand il s'agissait d'affirmer plus fortement sa pensée ; elles nous donnent l'évolution de ses idées sur le même sujet ; si nous retrouvons les mêmes formules et les mêmes comparaisons, cela nous aide au contraire à le suivre ; et de même nous n'avons pas cherché à les éviter dans *Dernières Pensées* parce que nous n'y avons publié que des articles ou des Conférences postérieurs à la publication de *Science et Mé-*

---

[14] Crossed out text: « en reproduisant des articles généralement anciens, dont l'intérêt n'est pas aussi actuel et philosophique que le public de la collection pourrait espérer ».

[15] Crossed out text: « 1° Il nous paraît difficile de publier un nouveau volume de philosophie scientifique après *Dernières Pensées* ; ce titre même semble indiquer que ce volume est le dernier. Pour justifier cela il faudrait que la publication des articles proposés s'imposât {ill.} ce que l'étude attentive des articles proposés ne nous a pas paru fournir ».

thode[16] – Mais il n'en est plus de même dans le volume projeté par M^r Le Bon ; ici nous revenons en arrière – et au lieu de redites voulues par Henri Poincaré nous en aurons qu'il avait volontairement laissées de côté quand il a rédigé ses 3 volumes de philosophie scientifique.

L'édition de *Science et Hypothèse* que nous avons entre les mains est la *première édition* ; il y a été apporté depuis quelques modifications qui peuvent peut-être changer d'une page ou deux les références que nous donnons.

2° *Fondements de la Géométrie* – Je pense qu'il n'est pas question de publier intégralement le rapport de 1912 ; les paragraphes sur les invariants, l'arithmétique, les équations intégrales etc.[17] étant purement mathématiques – La partie du rapport qui a trait aux « fondements de la géométrie » reproduit presque textuellement celui de 1902 qui contient en *outre* des *explications* qui en augmentent l'intérêt et la clarté – Ce serait donc le mémoire de 1902 qui serait à publier – Cependant, on retrouve presque textuellement dans *Science et Méthode* pages 156–157 les premières pages du mémoire de 1902 – La question est envisagée à un tout autre point de vue ; mais le fait qu'Henri Poincaré a pris dans son mémoire deux pages qu'il a insérées dans *Science et Méthode* semble prouver que le mémoire intégral ne devait pas être publié dans la Bibliothèque de M. Le Bon –

3° Note de la 7e édition du *Traité de Géométrie* de Rouché et Comberousse – Henri Poincaré évitait soigneusement les accumulations de formules dans les volumes destinés au grand public – Cette note est beaucoup trop technique et purement mathématique pour pouvoir être insérée dans ce volume –

4° Préface des *Hypothèses Cosmogoniques* –[18] Cela entrerait bien en effet dans le cadre habituel des autres volumes *Science et Hypothèse* etc. – Mais les *Hypothèses Cosmogoniques* sont très répandues et cela nous semble peu délicat vis à vis de l'éditeur de publier cette préface en dehors de son volume –

---

[16] Another formulation of this passage can be found on a rough paper of the microfilm : « Il nous paraît difficile de publier un nouveau volume de philosophie scientifique après *Dernières Pensées* ; ce titre même semble indiquer que ce volume est le dernier – (et le public s'étonnerait à bon droit d'en voir surgir encore un). Pour justifier cela il faudrait que la publication des articles proposés s'imposât et nous ne croyons pas que ce soit le cas.

Il est certainement désirable que tous ces articles puissent être consultés ; mais la Bibliothèque de philosophie scientifique s'adresse à un public trop étendu à qui les redites paraîtraient trop nombreuses eu égard aux quelques idées nouvelles que ce volume apporterait. [crossed out text: « Je n'ignore pas qu'il y a dans *Dernières Pensées* quelques répétitions inévitables, si on lit par exemple *Science et Méthode* Chapitre I du *Livre III* et Matière et éther dans *Dernières Pensées*. Comparaison système solaire électron atome mais c'étaient en quelque sorte des répétitions voulues par lui puisque ces conférences et articles sont *tous* postérieurs à la publication de *Science et Méthode* ».].

– Dans *Valeur de la Science* p. 206 nous trouvons pour la première fois cette comparaison. Un physicien japonais etc. ; nous la retrouvons dans *Science et Méthode* Chapitre I du Livre III p. 226.

– Même comparaison dans *Dernières Pensées* p. 200.

– C'est un exemple pris au hasard, mais nous pourrions en trouver d'autres – Ces répétitions sont sans inconvénient ; elles nous donnent quelque chose de l'évolution de sa pensée – Mais publier un article sur Maxwell écrit en 1894, c'est revenir en arrière. Il étudie Maxwell dans *Science et Hypothèse*. Ce n'est sûrement pas par oubli qu'il a laissé de côté cet article quand il a écrit le chapitre XII de *Science et Hypothèse* « L'optique et l'Électricité ».

Pour les savants ce sera un exposé de théories qu'ils connaissent et aux gens du monde cela fera un peu l'effet d'un traité de physique.

Les idées avaient peut-être déjà évolué entre 1894 et 1902 – en 1894 et 1912 *a fortiori* – en 1912 il discutait la théorie de Planck et non plus celle de Maxwell ».

[17] Crossed out text: « n'étant certainement pas à la portée des ».

[18] Crossed out text: « Ce serait en effet tout à fait dans le style ordinaire des volumes publiés par Henri Poincaré mais ».

5° Stabilité du Système Solaire également publié dans l'*Annuaire du Bureau des Longitudes* 1898 et Problème des trois Corps – Ces deux articles *pourraient* être insérés dans le volume en question si on le publiait, mais ils ne s'imposent en aucune façon ; sans doute ils seraient compris par la plupart des lecteurs ; mais Henri Poincaré n'y[19] traite pas ces questions à un point de vue philosophique – et comme exposé purement scientifique, ces notices, déjà anciennes, doivent avoir un peu vieilli.

6° Conférence sur les Comètes – Conférence de vulgarisation scientifique où Henri Poincaré ne voyait certainement pas une portée philosophique justifiant l'insertion dans un volume de Philosophie scientifique.

7° *Le Démon d'Arrhenius* – que nous n'avons pas en ce moment sous la main resterait à étudier –

8° Cournot – serait très intéressant à publier – on pourrait peut-être l'ajouter à une nouvelle édition de *Dernières Pensées*.

9° La lumière et l'électricité d'après Maxwell et Hertz également publié {ill.} – Les objections formulées plus haut 5° nous paraissent ici prendre plus d'importance encore ; Henri Poincaré étudie Maxwell dans *Science et Hypothèse* et ce n'est sûrement pas par oubli qu'il a laissé de côté cet article quand il a écrit le chapitre XII de *Science et Hypothèse* « l'Optique et l'Électricité ». Les savants ne verront dans cet article si ancien qu'un exposé de théories qu'ils connaissent depuis longtemps et les autres[20] n'y trouveront qu'une sorte de traité de physique sans conclusions philosophiques. D'autre part publier un article sur Maxwell écrit en 1894 c'est revenir en arrière et dans un domaine qui a singulièrement évolué pendant ces vingt ans – En 1912 Henri Poincaré discutait la théorie de Planck et non plus celle de Maxwell.

10° La télégraphie sans fil – impossible à publier à la suite de *Science et Hypothèse* etc. ; c'est une conférence faite pour des petites filles ignorantes – Le discours de la distribution de prix d'Henri IV que M⸱ Rougier proposait pour remplacer la conférence des *Annales* est aussi, dans un autre genre, une allocution de circonstance, bien difficile à introduire dans un volume.

11° *Le libre examen en Matière scientifique* – pourrait être publié dans une nouvelle édition de *Dernières Pensées*.

ANOTHER NOTE BY LÉON DAUM

This isolated draft probably belonged to the previous note. It exclusively concerned Poincaré's « On the Foundations of Geometry » published in 1898 in the American philosophical review *The Monist*. In this passage Daum's aim was clearly to show that a large part of this material was used by Poincaré in *La science et l'hypothèse* and *La valeur de la science*.

[n. d.]

L'article du *Monist* est bien un article original, mais il fait double emploi avec certaines parties de *Science et Hypothèse* et surtout avec la *Valeur de la Science* – À la fin de la 2ᵉ partie de *Science et Hypothèse*, page 105, dans le sup-

---

[19] Crossed out text: « voyait pas de portée philosophique ; c'étaient à ses yeux de simples notices scientifiques ».

[20] Crossed out text: « profanes ».

plément, Henri Poincaré dit : « ... je me bornerai à résumer ici ce que j'ai exposé dans la *Revue de Métaphysique et de Morale* et dans *The Monist* – ... »[21] –

J'ai sous les yeux un exemplaire de la première édition de *Science et Hypothèse* (1902) sur lequel il a ajouté de sa main cette note (qui a été insérée, je pense, dans les éditions suivantes) : « Voir en particulier la *Revue de Métaphysique et de Morale*, Mai et Juillet 1903 – » Ces deux articles de la *Revue de Métaphysique et de Morale* semblent être une refonte et un développement de l'article du *Monist* ; avec quelques suppressions évidemment faites à dessein – ; ils ont été en 1905 textuellement reproduits dans la *Valeur de la Science*, chapitres III et IV –

On peut faire à propos de l'article du *Monist* les rapprochements suivants :

p. 3 et 4 – the feeling of direction – on trouve une sorte de résumé de cette partie dans *Science et Hypothèse* pages 73–74 « We mean simply that the various sensations which correspond to the same direction etc. » cf. *Science et Hypothèse* page 76 : « Ce que je vois, c'est que les sensations qui correspondent à des mouvements de même direction – etc. ».

Representation of space – dernières lignes page 6. Cf. *Valeur de la Science* page 67.

Deplacement and alteration – et Classification of deplacements – reproduits presque textuellement dans *Valeur de la Science* pages 83, 84. Le dernier paragraphe de la page 8 du *Monist* est développé dans *Valeur de la Science* pages 88–89 –

Introduction of the notion of group – et chapitres suivants relatifs au groupe – L'étude mathématique des propriétés formelles du groupe a été explicitement supprimée – (voir *Science et Hypothèse* page 83) « Pour être complet ... etc.). La loi d'homogénéité est seule exposée comme plus simple.

Number of dimensions – La théorie telle qu'elle est présentée dans le *Monist* nécessite tout l'exposé mathématique préliminaire des groupes et des sous-groupes – La théorie qui est exposée dans la *Valeur de la Science* et dans *Dernières Pensées* est basée sur la notion de coupure dont il n'est pas fait mention dans le *Monist* – ceci est un fait très instructif au point de vue de l'histoire de la pensée d'Henri Poincaré ; il serait à souhaiter que l'article du *Monist* trouvât sa place dans l'édition intégrale ; mais il n'est pas indiqué de publier après coup[22] – sur une question qui a été longuement traitée par Henri Poincaré – une théorie différente et antérieure en date.

The notion of point – et Discussion of the preceding theory – Cf. *Valeur de la Science* page 102 à 112.

The reasoning of Euclid – se trouve résumé dans *Science et Hypothèse* page 60.

The geometry of Staudt et The axiom of Lie – il n'en est question nulle part ailleurs dans les livres de « Philosophie scientifique » –

Geometry and contradiction ; the use of figures – ne s'y retrouvent pas non plus.

---

[21] Crossed out text: « il a reproduit textuellement dans la *Valeur de la Science* les articles de la *Revue de Métaphysique et de Morale*, mai et juillet 1903 où il traite à peu près la même question que dans *The Monist* – L'article du *Monist* est bien un article original mais il semble qu'il ait été refondu et remanié par Henri Poincaré lui-même dans la *Valeur de la Science*. Quand il écrivait ces lignes en 1902, Henri Poincaré voulait désigner les articles de la *Revue de Métaphysique et de Morale* et l'article du *Monist* qui nous occupe en ce moment ».

[22] Crossed out text: « présenter à un public non spécialiste une théorie dont il ne comp. {ill.} différente de celle qui a été présentée par Henri Poincaré dans une forme développée et définitive ».

Form and matter ; ce paragraphe qui est aussi propre au *Monist* est étroitement lié à la théorie mathématique des groupes qui se trouve dans le *Monist* et nulle part ailleurs –

Conclusions – p. 41. Cf. *Valeur de la Science* p. 127. Page 42, conclusion reproduite textuellement dans *Science et Hypothèse* page 66.

Il semble résulter de cette étude que l'article du *Monist* a été repris et utilisé pour des écrits ultérieurs ce qui nous interdit de le publier aujourd'hui sous une forme que Henri Poincaré n'a pas voulu lui laisser. Parmi les idées du *Monist* qui ne font pas spécifiquement double emploi avec les autres écrits, les unes ont reçu plus tard une expression différente, les autres sont *d'importance secondaire.*[23]

LOUIS ROUGIER TO LÉON DAUM

This last letter was the conclusion of the controversy between Rougier and Poincaré's family. Although he answered the argumentation presented by Léon Daum, Rougier declared himself ready to abandon his editorial project and to accept a more consensual solution : the addition of an appendix to the future editions of *Dernières pensées.*

Lyon 9 septembre 1919

Monsieur,

Je vous remercie des très intéressantes observations que vous avez pris soin de me communiquer. Elles me suggèrent les remarques suivantes.

1° art. du *Monist.* De votre analyse même il résulte que plus de 30 pages sur 42 n'ont pas été reproduites ou utilisées. Or si Henri Poincaré abandonna dans la suite l'exposé de ses idées au moyen de la notion de groupe pour lui préférer la notion de coupure c'est qu'apparemment il trouvait celle-ci plus *intuitive* pour la majorité de ses lecteurs : je ne crois en aucun cas que cette notion de groupe en devint moins fondamentale et prépondérante chez lui. Le démontrer serait un peu long et je m'excuse ; mais à mon avis il n'y a *pas là changement d'opinions mais modification d'exposé* ce qui est bien différent. En m'indiquant en notes les réserves que vous soulevez, il me semble que l'article pourrait être réimprimé : la pensée de Henri Poincaré est trop importante pour que nous en perdions une parcelle. Lisez les ouvrages populaires d'Helmholtz : on y voit reproduits des conférences ou articles sur les fondements de la géométrie qui se répètent parfois littéralement. Plusieurs fois ceci est un culte d'une pensée irrécusable qui s'est éteinte. On a droit de sacrifier l'eurythmie d'une œuvre à son intégralité parfaite. C'est pourquoi, sur cet article, je ne saurais me rallier à vos très remarquables conclusions.

2° L'utilisation de cet article dans *Science et Méthode*, qui se borne à deux paragraphes, est insignifiant. Cet article complète les vues de Poincaré sur la géométrie. Dans tous ses autres ouvrages il semble s'être en effet borné aux géométries d'Euclide, de Lobatchevsky et de Riemann et à l'Analysis situs. Il s'agit cette fois d'une œuvre qui a fait faire à la philosophie des mathématiques un progrès considérable, comparable à ceux que l'on devait à Lobatchevsky, à

---

[23] On an isolated page of the microfilm one can find the following paragraph. It was written by Daum and finally crossed out : « 9° Presque tous les articles ou Conférences proposés pour composer un nouveau volume sont antérieurs à la publication de *Science et Méthode* – Henri Poincaré a donc pu y puiser ce qu'il entendait publier dans la Bibliothèque de philosophie scientifique – s'il ne les a pas insérés dans un de ses 3 volumes, c'est certainement volontairement et non par oubli ; la preuve c'est que nous retrouvons dans les 3 volumes des phrases entières empruntées à ces articles ».

Riemann, à Helmholtz et à Lie. Remarquez *l'insistance* avec laquelle Henri Poincaré reproduit son analyse en la modifiant plus ou moins :

1	*Journal des savants*	mai 1902
2	*Bulletin des sciences mathématiques*	sept. 1902
3	*Ibid.*	mars 1911
4	*Acta mathematica*	juin 1911
5	*Rendiconti del Circolo matematico di Palermo*	nov. 1910

Mr Pierre Boutroux, lors de ma conversation avec lui, était pour la publication de cet article en volume. « Il fait autorité à l'étranger » me disait-il.

3° Vous avez raison. Pourtant Mr Pierre Boutroux semblait opiner pour qu'on le reproduise.

4° Vous seul pouvez estimer ce qu'il est possible de faire avec Hermann.

5° (Stabilité du système solaire et problème des trois corps). Ces questions ne sont pas traitées au point de vue philosophique sans doute – sinon qu'elles montrent les approximations successives de la pensée et des méthodes scientifiques. *Mais il en est absolument de même de plusieurs parties des autres volumes.* Que trouvez-vous de philosophique dans les livres III et IV de *Science et méthode* ? De plus ces articles résument des travaux essentiels de Poincaré. Comme vous le dites vous-même, ils *pourraient* être insérés dans le volume en question.

6° (Conférence sur les comètes) même réflexion que ci-dessus. Pas plus philosophique que « la voie lactée et la théorie des gaz » ou la « géodésie française » que Poincaré a pourtant publiés en volume.

7° *Le Démon d'Arrhenius* : même réflexion. Le sujet est du reste très hautement intéressant.

8° Cournot. Nous sommes d'accord.

9° et 10° (lumière suivant Maxwell, conférence sur la télégraphie sans fil). Vous avez certainement raison.

11° *Le libre examen*. Nous sommes d'accord.

Si vous décidez seulement à faire une nouvelle édition augmentée des *Dernières Pensées*, ce dont M^r Le Bon avait très bien admis, et même avec enthousiasme, la possibilité, je crois qu'il faudrait conserver comme articles :

1° Cournot.

2° *Le libre examen.*

3° L'article sur David Hilbert (celui du *Journal des savants* de 1902).

4° Si possible la préface des *Hypothèses cosmogoniques.*

Sinon un nouveau volume, en abandonnant les articles 9° et 10° et peut-être {ill.}, serait encore publiable avec des avertissements de l'éditeur. Est-il besoin d'ajouter qu'au point de vue purement de l'éditeur un ouvrage signé de Poincaré se vendra toujours. Sur les 24.000 exemplaires de *Science et Hypothèse* y-a-t-il plus de mille acheteurs capables de le comprendre ?

En voyant toutes les difficultés de la publication d'un nouvel ouvrage de Poincaré, je souhaite que dans une nouvelle édition des « *Dernières Pensées* » vous ajoutiez les trois ou quatre articles signalés.

Votre très reconnaissant et dévoué.

L. Rougier

Presentation of the edition

Daum mostly evaluated the relevance of the project from a psychological point of view ; he tried for instance to imagine what Poincaré would have done in this particular case (hence sentences such as : « Poincaré évitait soigneusement les accumulations de formules ... » or « Henri Poincaré ne voyait certainement pas une portée philosophique ... »). He had to identify himself with Poincaré, to determine how he would have composed his philosophical books and to discover the reasons which would have urged the mathematician to choose one article rather than another. In other words, Daum paid much attention to Poincaré's editorial practices and attempted to imagine what would have been his position towards this project. On the other hand, Rougier defended a wider position ; since he did not have any personal or familial relationships with Poincaré's family he had no preconceived ideas concerning what a philosophical book by Poincaré *should be* . His point of view was that of the community of readers, scientists, philosophers and scholars interested in geometrical conventionalism and desirous of obtaining some information about the evolution of Poincarean philosophy.

Eighty years later, on the eve of the centennial of *La science et l'hypothèse*, Rougier's position must be taken into account. Admittedly, such a book cannot be explicitly considered as the fifth volume of Poincaré's philosophical writings : the project was not approved by his successor because of its heterogeneity ; it put on the same level very different kinds of articles that had been written on different occasions and published in very diverse reviews. Probably, Poincaré would not have published such a book without making substantial modifications, corrections and additions.

Nevertheless, Poincaré's philosophy now belongs to philosophers and historians of science and the regeneration of this project might be of interest for scholars and commentators. We consequently chose to scrupulously respect the broad lines of Rougier's programme and to simultaneously throw light on Poincaré's editorial practices and strategies within the *Bibliothèque de Philosophie Scientifique* at Flammarion (cf. postface, page 154).

In order to prepare the present edition, we tried to obtain as much information as possible concerning the bibliographical references of the articles chosen by Rougier. Here are the results of this investigation :

LIVRE I

LES CONVENTIONS GÉOMÉTRIQUES

Chapter I – Des fondements de la géométrie
« On the Foundations of Geometry », *The Monist* IX (October 1898), pp. 1–43. This article was initially written in French and was translated by T. J. McCormack for the American review. Unfortunately the French version was lost and Louis Rougier had to translate the English version into French when he published a new edition of the text (*Des fondements de la géométrie*, Paris, Chiron, Bibliothèque de Synthèse Scientifique, 1921). In his presentation of Poincaré's article, Rougier thus wrote: « Le mémoire d'*Henri Poincaré*, qui inaugure la *Bibliothèque de synthèse scientifique*, a paru en langue anglaise dans une revue américaine *The Monist*, en janvier 1898. L'original français n'en a pas été conservé ; la traduction qui suit s'est appliquée à retrouver, sous un anglais qui semble avoir été littéral, ce que devait être le texte initial. [...] Il nous a

paru que le mémoire oublié de Poincaré reprenait, de ce fait, un regain d'actualité et d'intérêt qui justifiait sa publication, et nous l'offrons au public français comme la meilleure introduction à l'étude de la *Théorie de la Relativité*, dont d'autres volumes de notre collection viseront à donner un exposé général ».

Chapter II – Les fondements de la géométrie

« Les fondements de la géométrie – *Grundlagen der Geometrie* par M. Hilbert, professeur à l'Université de Göttingen. – Festschrift zur Feier der Enthüllung des Gauß-Weber-Denkmals », *Journal des savants* (1902), Paris, Imprimerie Nationale, Hachette, pp. 252–271. This article was also published in the *Bulletin des sciences mathématiques* **26** (1902), pp. 249–272, as well as in *Œuvres scientifiques de Henri Poincaré*, tome **XI**, pp. 92–113. The planned table of contents (see page xiii) mentioned the 1902 article as well as an article published in the *Acta mathematica* in 1912 (in fact 1911). Did Rougier intend to include two different versions of this article in the book, or did he think that those two articles were identical? It is difficult to decide but the fact remains that – besides the 1902 article – Poincaré devoted at least two articles to Hilbert's geometrical works, in particular:

- « Rapport sur les travaux de M. Hilbert », *Bulletin de la Société physico-mathématique de Kasan* **14** (1904), pp. 10–48 ;
- « Rapport sur le prix Bolyai, 18/10/1910 », *Bulletin des sciences mathématiques* **31** (1911), pp. 67–100 ; *Acta Mathematica* **35** (1911), pp. 1–28 ; *Rendiconti del Circolo matematico di Palermo* **31** (1911), pp. 109–132.

These two articles were rather technical and Poincaré would probably not have published them in a book of the *Bibliothèque de Philosophie Scientifique*. We consequently decided only to reprint the article from the *Journal des savants*.[24]

Chapter III – Note sur la géométrie non euclidienne

« Note sur la géométrie non euclidienne », written for the seventh edition of Eugène, Rouché and Charles de Comberousse's *Traité de géométrie, édition revue et augmentée*, partie II « Géométrie dans l'espace », Paris, Gauthier-Villars, 1900, pp. 581–593.[25] In the preceding editions, the note concerning non Euclidean geometries was quite different, since one could read that Euclidean geometry was the only practical geometry and that Euclid's postulate was an experimental truth.[26] The note that was added in 1900 was not entirely written by Poincaré, it was rather technical and referred to several paragraphs of the treatise. For all these reasons we made the two following editorial decisions: first, we changed the numbering of paragraphs so that the chapter begins with paragraph I (we indicated the former numbering in brackets); secondly, we reproduced at the end of the chapter the paragraphs to which Poincaré referred in his note (i.e. paragraphs 193, 321, 938, 952, 958 and 1185).

---

[24] Since 1926 it has also been included as an appendix to *Dernières pensées*.

[25] A new printing of the treatise was made in 1997 in Paris by the editions J. Gabay.

[26] The « Note sur la géométrie non euclidienne » included in the fifth edition of the book (1883) proposed the following conclusion (p. 569): « Si donc il existait dans la nature un écart entre la somme des angles d'un triangle et deux angles droits, c'est dans les plus grands triangles que l'écart se manifesterait le mieux ; or on a constaté par de nombreuses observations astronomiques que dans les plus grands triangles l'écart n'atteignait jamais un centième de seconde. La Géométrie pratique est donc la Géométrie euclidienne, et *il faut admettre le postulatum comme une vérité expérimentale* ». Of course, such a conclusion could not have been written by Poincaré.

LIVRE II

LES APPROXIMATIONS DE LA MÉCANIQUE CELESTE

Chapter IV – Sur les hypothèses cosmogoniques

Foreword to *Leçons sur les hypothèses cosmogoniques, professées à la Sorbonne par H. Poincaré, rédigées par Henri Vergne (docteur ès sciences mathématiques, répétiteur à l'École Centrale)*, Paris, Hermann & Fils, 1911. A second edition of this book was published in 1913 as *Leçons sur les hypothèses cosmogoniques, professées à la Sorbonne par H. Poincaré, rédigées par Henri Vergne (docteur ès sciences mathématiques, répétiteur à l'École Centrale), seconde édition avec un portrait en héliogravure et une notice sur Henri Poincaré par Ernest Lebon*, Paris, Hermann & Fils, 1913.

Chapter V – Sur la stabilité du système solaire

« Sur la stabilité du système solaire », *Revue scientifique* **IX** (14 mai 1898), 4° série, n° 20, pp. 609–613. This article had originally been published in the 1898 *Annuaire du Bureau des Longitudes*. See also *Œuvres scientifiques de Henri Poincaré*, tome **VIII**, pp. 538–547.

Chapter VI – Le problème des trois corps

« Le problème des trois corps », *Revue générale des sciences pures et appliquées* **2** (15 janvier 1891), n° 1, pp. 1–5. It was also reprinted in *Œuvres scientifiques de Henri Poincaré*, tome **VIII**, pp. 529–537. Girolamo Ramunni made a reprint of this article in his book *L'analyse et la recherche*, Paris, Hermann, 1991.

Chapter VII – Conférence sur les comètes

« Les comètes », *Bulletin de la Société industrielle de Mulhouse* **80** (1910), pp. 311–323. This scientific popularization conference was also published as a small brochure with the same title in 1910 (Mulhouse, Imprimerie Veuve Bader & Cie, 1910).

Chapter VIII – Le démon d'Arrhenius

« Le démon d'Arrhenius », published in the collective book *Hommage à Louis Olivier*, Paris, Imprimerie L. Maretheux, 1911, pp. 281–287. It was also reprinted in *Œuvres scientifiques de Henri Poincaré*, tome **VIII**, pp. 564–569.[27]

LIVRE III

PROBLÈMES SCIENTIFIQUES ACTUELS

Chapter IX – Cournot et les principes du calcul infinitésimal

« Cournot et les principes du calcul infinitésimal », *Revue de métaphysique et de morale* **13** (1905), pp. 293–306.[28]

Chapter X – La lumière et l'électricité d'après Maxwell et Hertz

« La lumière et l'électricité d'après Maxwell et Hertz », *Revue scientifique* **XXXI** (27 janvier 1894), 4° série, n° 4, pp. 106–111. This article had originally been published in the 1894 *Annuaire du Bureau des Longitudes*. It was also reprinted in *Œuvres scientifiques de Henri Poincaré*, tome **X**, pp. 557–569.

---

[27] Since 1926 it has also been included as an appendix to *Dernières pensées*.

[28] Since 1926 it has also been included as an appendix to *Dernières pensées*.

Chapter XI – La télégraphie sans fil

« La télégraphie sans fil, conférence de M. Henri Poincaré de l'Académie française, avec le concours de M. Carpentier de l'Institut et du Commandant Ferrié », *Journal de l'Université des annales* 1 (1909), pp. 541–552. This article was the transcription of a popularization lecture pronounced in 1909 on February 1st in a female school. It contained numerous photographic illustrations that we could not include for technical reasons (nonetheless we indicate the headings in footnotes).

Chapter XII – Le libre examen en matière scientifique

Le libre examen en matière scientifique – conférence faite aux Fêtes jubilaires de l'Université de Bruxelles le 21 novembre 1909, extrait de la *Revue de l'Université de Bruxelles* (décembre 1909), Liège, Imprimerie La Meuse, 1909, pp. 5–15.[29]

---

[29] Since 1926 it has also been included as an appendix to *Dernières pensées*.

Acknowledgements

The publication of this book would not have been possible without the help, assistance, support, joy, friendship... of the Poincaré Archives' researchers at Nancy 2 University.

Gerhard Heinzmann, John Hughes, Philippe Nabonnand, and Séverine know why I am deeply indebted to them...

Laurent Rollet
Laboratoire de Philosophie et
d'Histoire des Sciences –
Archives Henri-Poincaré

Scientific Opportunism
L'Opportunisme scientifique

Henri Poincaré

Scientific Opportunism
L'Opportunisme scientifique

Livre I Les Conventions Géométriques 3

Chapitre I Des Fondements de la Géométrie (1898) 5

Chapitre II Les Fondements de la Géométrie (1902) 35

Chapitre III Note sur la Géométrie Non Euclidienne (1900) 49

Livre II Les Approximations de la Mécanique Céleste 63

Chapitre IV Sur les Hypothèses Cosmogoniques (1911) 65

Chapitre V Sur la Stabilité du Système Solaire (1898) 77

Chapitre VI Le Problème des Trois Corps (1891) 85

Chapitre VII Conférence sur les Comètes (1910) 93

Chapitre VIII Le Démon d'Arrhenius (1911) 101

Livre III Problèmes Scientifiques Actuels 105

Chapitre IX Cournot et les Principes du Calcul Infinitésimal (1905) 107

Chapitre X La Lumière et l'Électricité d'après Maxwell et Hertz (1894) 117

Chapitre XI La Télégraphie Sans Fil (1909) 127

Chapitre XII Le Libre Examen en Matière Scientifique (1909) 139

Livre I
Les Conventions Géométriques

Chapitre I
Des Fondements de la Géométrie (1898)

Quoique j'aie déjà eu l'occasion d'exposer mes idées sur les fondements de la géométrie, il ne sera peut-être pas sans intérêt de revenir sur cette question avec de nouveaux développements et de chercher à éclaircir certains points que le lecteur peut avoir trouvés obscurs. C'est au sujet de la définition du point et de la détermination du nombre des dimensions que de nouveaux éclaircissements me paraissent le plus nécessaires ; mais cependant je crois utile de reprendre la question par le commencement.

L'ESPACE SENSIBLE

Nos sensations ne peuvent pas nous donner la notion d'espace. Cette notion est construite par l'esprit avec des éléments qui préexistent en lui, et l'expérience externe n'est pour lui que l'occasion d'exercer ce pouvoir, ou au plus un moyen de déterminer la meilleure manière de l'exercer.

Les sensations par elles-mêmes n'ont aucun caractère spatial.

Cela est évident dans le cas de sensations isolées, des sensations visuelles par exemple. Que pourrait voir un homme qui ne posséderait qu'un œil unique et immobile ? Des images différentes se formeraient sur différents points de sa rétine ; mais serait-il amené à classer ces images comme nous classons nos sensations rétiniennes actuelles ?

Supposons des images formées aux quatre points A, B, C, D de cette rétine immobile. Quelle raison aurait le possesseur de cette rétine de dire, par exemple, que la distance AB est égale à la distance CD ? Constitués comme nous le sommes, nous avons une raison pour parler ainsi, parce que nous savons qu'un *faible* mouvement de notre œil suffira pour amener en C l'image qui était en A et en D l'image qui était en B. Mais ces faibles mouvements de l'œil sont impossibles pour notre homme imaginaire et si nous lui demandions si la distance AB est égale à la distance CD, nous lui semblerions aussi ridicules que le serait pour nous une personne qui nous demanderait s'il y a plus de différence entre une sensation olfactive et une sensation visuelle qu'entre une sensation auditive et une sensation tactile.

Mais ce n'est pas tout. Supposons que deux points A et B soient très proches l'un de l'autre et que la distance AC soit très grande. Notre homme imaginaire aurait-il connaissance de la différence ? Nous la percevons, nous qui pouvons mouvoir nos yeux, parce qu'un très faible mouvement suffit pour faire passer une image d'A en B. Mais pour lui, la question de savoir si la distance AB est très petite comparée à la distance AC ne serait pas seulement insoluble, mais serait dénuée de sens.

La notion de la contiguïté de deux points n'existerait donc pas pour notre homme imaginaire. La rubrique ou catégorie sous laquelle il rangerait ses sensations, si tant est qu'il les range, ne serait pas, par conséquent, l'espace du géomètre et ne serait même probablement pas continue, puisqu'il ne pourrait pas distinguer les petites distances des grandes. Et, même si elle était continue, elle ne saurait être, comme je l'ai amplement montré ailleurs, ni homogène, ni isotrope, ni à trois dimensions.

Il est inutile de répéter pour les autres sens ce que j'ai dit pour la vue. Nos sensations diffèrent les unes des autres qualitativement et ne peuvent donc avoir entre elles de commune mesure, pas plus qu'il n'y en a entre le gramme et le mètre. Même si nous ne comparons que les sensations fournies par la même fibre nerveuse, un effort considérable de l'esprit est nécessaire pour reconnaître que la sensation d'aujourd'hui est de même espèce que la sensation d'hier, mais plus grande ou plus petite ; en d'autres termes pour classer les sensations selon leur nature et ranger ensuite celles de même espèce sur une sorte d'échelle suivant leur intensité. Une pareille classification ne peut être effectuée sans une intervention active de l'esprit et l'objet de cette intervention est de rapporter nos sensations à une sorte de rubrique ou de catégorie qui préexiste en nous.

Cette catégorie doit-elle être regardée comme une « forme de notre sensibilité » ? Non, si l'on entend par là que nos sensations, considérées individuellement, ne pourraient pas exister sans elle. Elle ne nous devient nécessaire que pour comparer nos sensations, pour raisonner sur nos sensations. Elle est donc plutôt une forme de notre entendement.

Voilà donc la première catégorie à laquelle nos sensations sont rapportées. On peut se la représenter comme composée d'un grand nombre de systèmes absolument indépendants les uns des autres. De plus, elle nous permet seulement de comparer entre elles des sensations de même espèce et non de les mesurer, de percevoir qu'une sensation est plus grande qu'une autre sensation, mais non qu'elle est deux fois plus grande ou trois fois plus grande.

Combien une telle catégorie diffère de l'espace du géomètre ! Dirons-nous que le géomètre introduit une catégorie tout à fait de la même espèce lorsqu'il emploie trois systèmes tels que les trois axes de coordonnées ? Mais dans notre catégorie nous n'avons pas seulement trois systèmes, mais autant qu'il y a de fibres nerveuses. De plus, nos systèmes nous apparaissent comme autant de mondes séparés, fondamentalement distincts, tandis que les trois axes de la géométrie remplissent tous le même office et sont interchangeables. Enfin, les coordonnées sont susceptibles d'être mesurées et non pas seulement d'être comparées. Voyons donc comment nous pourrons nous élever de cette catégorie brute, que nous pouvons appeler l'espace sensible, à l'espace géométrique.

LE SENTIMENT DE LA DIRECTION

On dit souvent que certaines de nos sensations sont toujours accompagnées d'un sentiment particulier de la direction qui leur donne un caractère géométrique. Telles sont les sensations visuelles et musculaires. D'autres au contraire, telles que les sensations du goût et de l'odorat ne sont pas accompagnées de ce sentiment et sont, par conséquent, dénuées de tout caractère géométrique. Dans cette théorie, la notion de direction serait préexistante à toute sensation visuelle ou musculaire et en serait même la condition.

Je ne suis pas de cet avis ; demandons-nous d'abord si le sentiment de la direction forme réellement une partie constituante de la sensation. Je ne vois pas très bien comment il peut y avoir *dans* la sensation quelque chose d'autre que la sensation elle-même.

Et observons de plus que la même sensation peut, selon les circonstances, exciter le sentiment de différentes directions. Quelle que soit la position du corps, la contraction du *même* muscle, le biceps du bras droit par exemple, provoquera toujours la *même* sensation musculaire ; et cependant, comme nous sommes avertis par d'autres sensations concomitantes que la position du corps a changé, nous savons aussi très bien que la direction du mouvement a changé.

Le sentiment de la direction ne fait donc pas partie intégrante de la sensation puisqu'il peut varier sans que la sensation varie. Tout ce que nous pouvons dire est que le sentiment de la direction est associé à certaines sensations. Mais qu'est-ce que cela signifie ? Entendons-nous par là que la sensation est associée à quelque chose d'indéfinissable que nous pouvons nous représenter, mais qui n'est cependant pas une sensation ? Non, nous voulons dire simplement que les différentes sensations qui correspondent à la même direction sont associées *les unes aux autres* et que l'une d'elles suscite les autres suivant les lois ordinaires de l'association des idées. Toute association d'idées n'est qu'un produit de l'habitude et il resterait à découvrir comment l'habitude s'est formée.

Mais nous sommes encore loin de l'espace géométrique. Nos sensations ont été classées d'une nouvelle manière : celles qui correspondent à la même direction sont groupées ensemble ; celles qui sont isolées et ne se rapportent à aucune direction ne sont pas considérées. Des innombrables systèmes de sensations dont notre espace sensible était formé, quelques-uns ont disparu, d'autres ont été fondus ensemble. Leur nombre a diminué.

Mais cette nouvelle classification n'est pas encore l'espace ; elle n'implique aucune idée de mesure ; et, de plus, la catégorie restreinte ainsi obtenue ne serait pas un espace isotrope, c'est-à-dire que des directions différentes ne nous apparaîtraient pas comme remplissant le même office et comme interchangeables l'une avec l'autre. Et ainsi, ce « sentiment de la direction », loin d'expliquer ce qu'est l'espace, aurait besoin lui-même d'être expliqué.

Mais aidera-t-il au moins à trouver l'explication que nous cherchons ? Non, parce que les lois de cette association d'idées que nous appelons le sentiment de la direction sont extraordinairement complexes. Comme je l'ai expliqué plus haut, la même sensation musculaire peut correspondre à une foule de directions différentes suivant la position du corps, laquelle nous est connue par d'autres sensations concomitantes. Des associations si complexes ne peuvent être le résultat que d'un processus extrêmement long. Ce n'est donc pas ce chemin qui nous conduira le plus rapidement à notre but. Ne regardons donc pas comme acquis le sentiment de la direction, mais revenons à « l'espace sensible » dont nous étions partis plus haut.

REPRÉSENTATION DE L'ESPACE

L'espace sensible n'a rien de commun avec l'espace géométrique. Je crois que peu de personnes seront disposées à contester cette assertion. Il serait peut-être possible d'épurer la catégorie que j'ai considérée au début de cet article et de construire quelque chose qui ressemblât davantage à l'espace géométrique. Mais, quoi que nous fassions, l'espace ainsi construit ne sera jamais ni infini, ni homogène, ni isotrope ; il ne pourrait le devenir qu'en cessant d'être accessible à nos sens.

Nos représentations ne sont que la reproduction de nos sensations ; nous ne pouvons donc pas figurer l'espace géométrique. Nous ne pouvons pas nous représenter les objets dans l'espace géométrique, mais seulement raisonner sur eux comme s'ils existaient dans cet espace.

Un peintre s'efforcerait en vain de construire sur sa toile un objet possédant trois dimensions. L'image qu'il trace n'en aura jamais que deux, comme sa toile. Quand nous essayons, par exemple, de nous représenter le Soleil et les planètes dans l'espace, tout ce que nous pouvons faire est de nous représenter les sensations visuelles que nous éprouvons quand cinq ou six petites sphères tournent tout près de nous.

L'espace géométrique ne peut donc pas servir de catégorie pour nos représentations. Il n'est pas une forme de notre sensibilité. Il ne peut nous servir que dans nos raisonnements. Il est une forme de notre entendement.

Déplacement et changement d'état

Nous percevons du premier coup que nos sensations varient, que nos impressions sont sujettes au changement. Les lois de ces variations ont été cause que nous avons créé la géométrie et la notion d'espace géométrique. Si nos sensations n'étaient pas variables, il n'y aurait pas de géométrie.

Mais ce n'est pas tout. La géométrie ne serait pas née si nous n'avions pas été amenés à répartir en deux classes les changements que peuvent subir nos impressions. Nous disons tantôt que nos impressions ont changé parce que les objets qui les produisaient ont subi quelque changement d'état et tantôt que nos impressions ont changé parce que les objets ont subi un déplacement. Quel est le fondement de cette distinction ?

Une sphère dont un hémisphère est bleu et l'autre rouge tourne sur elle-même devant nos yeux et montre d'abord un hémisphère bleu et ensuite un hémisphère rouge. Un liquide bleu contenu dans un vase subit une réaction chimique qui le fait devenir rouge. Dans les deux cas l'impression de bleu a été remplacée par celle de rouge. Pourquoi le premier de ces changements est-il classé parmi les déplacements et le second parmi les changements d'état ? Évidemment parce que dans le premier cas il me suffit de tourner autour de la sphère pour me placer de nouveau vis-à-vis de l'autre hémisphère et éprouver ainsi une seconde fois l'impression de bleu.

Un objet se déplace devant mon œil et son image qui se formait d'abord au centre de ma rétine se forme maintenant sur le bord. La sensation qui m'était apportée par une fibre nerveuse partant du centre de la rétine est remplacée par une autre sensation qui m'est apportée par une fibre partant du bord de la rétine. Ces sensations me sont amenées par deux nerfs différents. Elles doivent m'apparaître comme qualitativement différentes, et, s'il n'en était pas ainsi, comment pourrais-je les distinguer ?

Pourquoi alors suis-je amené à penser que c'est la *même* image qui s'est déplacée ? Est-ce parce que l'une de ces sensations succède souvent à l'autre ? Mais des successions analogues sont fréquentes. Ce sont elles qui font naître toutes nos associations d'idées et nous n'en concluons ordinairement pas qu'elles sont dues au déplacement d'un objet qualitativement invariable.

Mais ce qui arrive dans ce cas, c'est que nous pouvons *suivre l'objet de l'œil* et, par un déplacement de l'œil qui est généralement volontaire et accompagné de sensations musculaires, ramener l'image au centre de la rétine et *rétablir ainsi la sensation primitive*.

Je conclurai donc comme il suit :

Parmi les changements que subissent nos impressions, nous distinguons deux classes :

1° Les premiers sont indépendants de notre volonté et ne sont pas accompagnés de sensations musculaires. Ce sont des *changements externes*, pour ainsi dire.

2° Les autres sont volontaires et accompagnés de sensations musculaires. Nous pouvons les appeler *changements internes*.

Nous observons ensuite que dans certains cas, lorsqu'un changement externe a modifié nos impressions, nous pouvons, en provoquant volontairement un changement interne, rétablir nos impressions primitives. Le changement externe peut donc être *corrigé* par un changement interne. Les changements externes peuvent être, par conséquent, subdivisés en deux classes :

1° Les changements qui sont susceptibles d'être corrigés par un changement interne. Ce sont les *déplacements*.

2° Les changements qui n'en sont pas susceptibles. *Ce sont les changements d'état.*

Un être qui ne pourrait pas se mouvoir serait incapable de faire cette distinction. *Un tel être, par conséquent, ne pourrait jamais créer la géométrie*, – même si ses sensations étaient variables et même si les objets qui l'entourent étaient mobiles.

CLASSIFICATION DES DÉPLACEMENTS

Une sphère dont un hémisphère est bleu et l'autre rouge tourne sur elle-même devant moi et me présente d'abord son côté bleu et ensuite son côté rouge. Je regarde ce changement externe comme un déplacement parce que je peux le corriger par un changement interne, c'est-à-dire en tournant autour de la sphère. Répétons l'expérience avec une autre sphère dont un hémisphère est vert et l'autre jaune. L'impression de l'hémisphère jaune succédera à celle du vert comme auparavant celle du rouge succédait à celle du bleu. Pour la même raison je regarderai ce nouveau changement externe comme un déplacement.

Mais ce n'est pas tout. Je dis aussi que ces deux changements externes sont dus au *même* déplacement, c'est-à-dire à une rotation. Cependant, il n'y a pas de rapport entre l'impression de l'hémisphère jaune et celle du rouge, pas plus qu'il n'y en a entre celle de l'hémisphère bleu et celle du vert, et je n'ai aucune raison de dire qu'il existe entre le jaune et le vert la même relation qu'entre le rouge et le bleu. Non, je dis que ces deux changements externes sont dus au même déplacement parce que je les ai *corrigés* par le même changement interne. Mais comment puis-je savoir que les deux changements internes par lesquels j'ai corrigé d'abord le changement externe du bleu au rouge, et ensuite celui du vert au jaune, doivent être considérés comme identiques ? Tout simplement parce qu'ils ont provoqué les *mêmes* sensations musculaires ; et pour cela je n'ai pas besoin de connaître d'avance la géométrie et de me représenter les mouvements de mon corps dans l'espace géométrique.

Ainsi plusieurs changements externes qui n'ont en eux-mêmes rien de commun peuvent être corrigés par le même changement interne. Je les rassemble dans la même classe et les considère comme le même déplacement.

Une classification analogue peut être faite en ce qui concerne les changements internes. Tous les changements internes ne sont pas capables de corriger un changement externe. Seuls ceux qui en sont capables peuvent être appelés déplacements. D'autre part, le même changement externe peut être corrigé par différents changements internes. Une personne qui saurait la géométrie pourrait exprimer cette idée en disant que mon corps peut aller de la position A à la position B par plusieurs chemins différents. Chacun de ces chemins correspond à une série de sensations musculaires et pour le moment je n'ai pas connaissance d'autre chose que de ces sensations musculaires. Il n'y a pas de ressemblance entre deux de ces séries et si je les considère néanmoins comme représentant le *même* déplacement, c'est parce qu'elles sont susceptibles de corriger le même changement externe.

La classification qui précède suggère deux réflexions :

1° La classification n'est pas une donnée brute de l'expérience, parce que la compensation mentionnée plus haut des deux changements, l'un interne et l'autre externe, n'est jamais effectivement réalisée. C'est donc une opération active de l'esprit qui essaie d'insérer les résultats bruts de l'expérience dans une forme préexistante, dans une catégorie. Cette opération consiste à identifier deux changements parce qu'ils possèdent un caractère commun, et cela malgré qu'ils ne le possèdent pas exactement. Néanmoins, le fait même que l'esprit ait l'occasion d'accomplir cette opération est dû à l'expérience, car l'expérience seule peut lui apprendre que la compensation s'est approximativement produite.

2° La classification nous amène en outre à reconnaître l'identité de deux déplacements et il en résulte qu'un déplacement peut être *répété* deux ou plusieurs fois. C'est cette circonstance qui introduit le nombre et permet la mesure là où régnait auparavant la pure qualité.

Introduction de la notion de groupe

Que nous soyons capables d'aller plus loin est dû au fait suivant dont l'importance est capitale.

Il est évident que si nous considérons un changement A et le faisons suivre d'un autre changement B, nous sommes libres de regarder l'*ensemble* des deux changements A suivi de B comme un seul changement qui peut s'écrire A + B et peut être appelé le changement résultant. (Il va sans dire que A + B n'est pas nécessairement identique à B + A). Il en résulte alors que si deux changements A et B sont des déplacements, le changement A + B est aussi un déplacement. Les mathématiciens expriment cela en disant que l'*ensemble des déplacements forme un groupe*. S'il n'en était pas ainsi il n'y aurait pas de géométrie.

Mais comment savons-nous que l'*ensemble* des déplacements est un groupe ? Est-ce par un raisonnement *a priori* ? Est-ce par expérience ? On est tenté de raisonner *a priori* et de dire : si le changement externe A est corrigé par le changement interne A', et le changement externe B par le changement interne B', le changement externe résultant A + B sera corrigé par le changement interne résultant B' + A'. Donc ce changement résultant est par définition un déplacement, ce qui revient à dire que l'*ensemble* des déplacements forme un groupe.

Mais ce raisonnement est sujet à plusieurs objections. Il est clair que les changements A et A' se compensent, c'est-à-dire que si ces deux changements se succèdent, je retrouverai mes impressions primitives –, résultat que je peux écrire comme il suit :

$$A + A' = 0$$

Je vois également que B + B' = 0. Ce sont ces hypothèses que j'ai faites au début et qui m'ont servi à définir les changements A, A', B et B'. Mais est-il certain que nous aurons encore B + B' = 0 *après* les deux changements A et A' ? Est-il certain que ces deux premiers changements se compensent d'une manière telle qu'après eux, non seulement je retrouverai mes impressions primitives, mais que les deux changement B et B' retrouveront toutes leurs propriétés initiales et en particulier celle de se compenser mutuellement ? Si nous admettons cela, nous pourrons en conclure que je retrouverai mes impressions primitives quand les quatre changements se suivront dans l'ordre

$$A, A', B, B' \ ;$$

mais non pas qu'il en sera encore de même quand ils se succéderont dans l'ordre

$$A, B, B', A'.$$

Et ce n'est pas tout. Si deux changements externes α et α' sont regardés comme identiques sur la base de la convention adoptée plus haut, ou, en d'autres termes, sont susceptibles d'être corrigés par le même changement interne A ; si, d'autre part, deux autres changements externes β et β' peuvent être corrigés par le même changement interne B et peuvent par conséquent être regardés aussi comme identiques, avons-nous le droit de conclure que les deux changements $\alpha + \beta$ et $\alpha' + \beta'$ sont susceptibles d'être corrigés par le même changement interne et sont par conséquent identiques ? Une telle proposition n'est aucunement évidente, et, si elle est vraie, elle ne peut être le résultat d'un raisonnement *a priori*.

Par conséquent, cette série de propositions, que je résume en disant que les déplacements forment un groupe, ne nous est pas donnée par un raisonnement *a priori*. Sont-elles donc un résultat d'expérience ? On est enclin à admettre qu'elles le sont ; et cependant on a un sentiment de véritable répugnance à le faire. Des expériences plus précises ne peuvent-elles pas prouver un jour que la loi énoncée plus haut n'est qu'approximative ? Et alors qu'adviendra-t-il de la géométrie ?

Mais nous pouvons être tranquilles sur ce point. La géométrie est à l'abri de toute révision ; aucune expérience, si précise soit-elle, ne peut la renverser. Si cela se pouvait, il y a longtemps que ce serait fait. Nous savons depuis longtemps que toutes les soi-disant lois expérimentales ne sont que des approximations et des approximations grossières.

Que faut-il donc faire ? Quand l'expérience nous apprend qu'un certain phénomène ne correspond pas *du tout* aux lois indiquées, nous l'effaçons de la liste des déplacements. Quand elle nous apprend qu'un certain changement ne leur obéit qu'*approximativement*, nous considérons ce changement, *par une convention artificielle*, comme la résultante de deux autres changements composants. Le premier composant est regardé comme un déplacement satisfaisant *rigoureusement* aux lois dont je viens de parler, tandis que le second composant, qui est petit, est regardé comme une altération qualitative. Ainsi nous disons que les solides naturels ne subissent pas seulement de grands changements de position, mais aussi de petites flexions et de petites dilatations thermiques.

Par un changement externe α par exemple, nous passons de l'*ensemble* d'impressions A à l'*ensemble* B. Nous corrigeons ce changement par un changement interne volontaire β et nous sommes ramenés à l'*ensemble* A. Un nouveau changement externe α' nous fait passer de nouveau de l'*ensemble* A à l'*ensemble* B. Nous devons nous attendre alors à ce que ce changement α' puisse à son tour être corrigé par un autre changement interne volontaire β' qui provoquerait les mêmes sensations musculaires que β et qui ramènerait l'ensemble d'impressions A. Si l'expérience ne confirme pas cette prédiction, nous ne sommes pas embarrassés. Nous disons que le changement α', bien qu'il nous ait fait, comme α, passer de l'*ensemble* A à l'*ensemble* B, n'est cependant pas identique au changement α. Si notre prédiction ne se confirme qu'approximativement, nous disons que le changement α' est un déplacement identique au déplacement α, mais accompagné d'une légère altération qualitative.

En résumé, les lois en question ne nous sont pas imposées par la nature, mais sont imposées par nous à la nature. Mais si nous les imposons à la nature, c'est parce qu'elle nous permet de le faire. Si elle offrait trop de résistance, nous chercherions dans notre arsenal une autre forme qui serait pour elle plus acceptable.

CONSÉQUENCES DE L'EXISTENCE DU GROUPE

Ce premier fait que les déplacements forment un groupe, contient en germe une foule de conséquences importantes. L'espace doit être homogène ; c'est-à-dire que tous ses points sont capables de jouer le même rôle. L'espace doit être isotrope ; c'est-à-dire que toutes les directions qui partent du même point doivent jouer le même rôle.

Si un déplacement D me transporte d'un point à un autre ou change mon orientation, je dois être, après ce déplacement D, encore capable des mêmes mouvements qu'avant le déplacement D, et ces mouvements doivent avoir conservé leurs propriétés fondamentales qui m'ont permis de les classer parmi les déplacements. S'il n'en était pas ainsi, le déplacement D suivi d'un autre déplacement ne serait pas équivalent à un troisième ; en d'autres termes, les déplacements ne formeraient pas un groupe.

Ainsi le nouveau point auquel j'ai été transporté joue le même rôle que celui auquel j'étais initialement ; ma nouvelle orientation joue aussi le même rôle que l'ancienne ; l'espace est homogène et isotrope.

Étant homogène il sera illimité ; car une catégorie qui est limitée ne saurait être homogène puisque ses frontières ne pourraient pas jouer le même rôle que son centre. Mais cela ne veut pas dire qu'il est infini ; car la sphère est une surface sans frontière et cependant elle est finie. Toutes ces conséquences sont contenues en germe dans le fait que nous venons de découvrir. Mais nous sommes encore incapables de les percevoir parce que nous ne savons pas encore ce que c'est qu'une direction ni même ce que c'est qu'un point.

PROPRIÉTÉS DU GROUPE

Nous avons maintenant à étudier les propriétés du groupe. Ces propriétés sont purement formelles. Elles sont indépendantes de toute qualité et en particulier de la nature qualitative des phénomènes qui constituent le changement auquel nous avons donné le nom de déplacement. Nous avons remarqué plus haut que nous pouvions considérer deux changements comme représentant le même déplacement bien que les phénomènes correspondants soient qualitativement tout à fait différents. Les propriétés de ce déplacement restent les mêmes dans les deux cas ; ou du moins les seules propriétés qui nous intéressent, les seules qui soient susceptibles d'être étudiées mathématiquement sont celles dans lesquelles la qualité n'intervient aucunement. Une courte digression est ici nécessaire pour rendre ma pensée compréhensible. Ce que les mathématiciens appellent un groupe est l'*ensemble* d'un certain nombre d'opérations et de toutes les combinaisons qui peuvent être formées avec elles. Dans le groupe qui nous occupe nos opérations sont des déplacements. Il arrive parfois que deux groupes contiennent des opérations qui sont entièrement différentes quant à leur nature, et que néanmoins ces opérations se combinent suivant les mêmes lois. Nous disons alors que les deux groupes sont isomorphes.

Les différentes permutations de six objets forment un groupe et les propriétés de ce groupe sont indépendantes de la nature des objets. Si au lieu de six objets matériels nous prenons six lettres ou même les six faces d'un cube, nous obtenons des groupes qui diffèrent quant à la matière dont ils sont composés, mais qui sont tous isomorphes les uns avec les autres.

Les propriétés dites formelles sont celles qui sont communes à tous les groupes isomorphes. Si je dis, par exemple, que telle ou telle opération répétée trois fois est équivalente à telle ou telle autre répétée quatre fois, j'ai énoncé une propriété formelle, entièrement indépendante de la qualité. De telles propriétés formelles sont susceptibles d'être étudiées mathématiquement. On doit donc les énoncer sous forme de propositions rigoureuses. D'un autre côté, les expériences qui servent à les vérifier ne peuvent jamais être qu'approchées. C'est dire que les expériences en question ne peuvent jamais être le véritable fondement de ces propositions. Nous avons en nous, en puissance, un certain nombre de modèles de groupes et l'expérience nous aide seulement à découvrir lequel de ces modèles s'écarte le moins de la réalité.

CONTINUITÉ

Nous observons d'abord que le groupe est *continu*. Voyons ce que cela veut dire et comment le fait peut être établi.

Le même déplacement peut être répété deux fois, trois fois, etc. Nous obtenons ainsi différents déplacements qui peuvent être regardés comme des *multiples* du premier. Les multiples du même déplacement D forment un groupe ; car la succession de deux de ces multiples est encore un multiple de D. De plus, tous ces multiples sont échangeables ; (vérité qu'on exprime en disant que le groupe qu'ils forment est un *faisceau*) ; c'est-à-dire qu'il est indifférent que nous répétions D d'abord trois fois et ensuite quatre fois ou d'abord quatre fois et ensuite trois fois. C'est là un jugement analytique *a priori*, une pure tautologie. Ce groupe de multiples de D n'est qu'une partie du groupe total. C'est ce qu'on appelle un *sous-groupe*.

Nous découvrons bientôt qu'un déplacement quelconque peut toujours être divisé en deux, trois ou un nombre quelconque de parties ; je veux dire que nous pouvons toujours trouver un autre déplacement qui, répété deux, trois fois, reproduira un déplacement donné. Cette divisibilité à l'infini nous conduit naturellement à la notion de la continuité mathématique ; cependant les choses ne sont pas aussi simples qu'elles le paraissent à première vue.

Nous ne pouvons pas prouver cette divisibilité à l'infini directement. Quand un déplacement est très petit, il est imperceptible pour nous. Quand deux déplacements diffèrent très peu, nous ne pouvons pas les distinguer. Si un déplacement D est extrêmement petit, ses multiples consécutifs seront indiscernables. Il peut arriver alors que nous ne puissions pas distinguer 9D de 10D, ni 10D de 11D, mais que nous puissions néanmoins distinguer 9D de 11D. Si nous voulions transcrire ces données brutes de l'expérience en une formule nous écririons

$$9D = 10D, 10D = 11D, 9D < 11D.$$

Ce serait là la formule du continu physique. Mais une telle formule répugne à la raison. Elle ne correspond à aucun des modèles que nous portons en nous. Nous échappons à ce dilemme par un artifice ; et à ce continu physique – ou si vous préférez à ce continu sensible qui se présente sous une forme intolérable pour nos esprits –, nous substituons le continu mathématique. Séparant nos sensations de ce quelque chose que nous appelons leur cause, nous admettons que le quelque chose en question se conforme au modèle que nous portons en nous et que nos sensations s'en écartent seulement à cause de leur grossièreté.

Le même procédé revient chaque fois que nous soumettons à la mesure les données de nos sens ; il est notamment applicable à l'étude des déplacements. Du point que nous avons atteint maintenant, nous pouvons rendre compte de nos sensations de plusieurs manières différentes.

1° Nous pouvons supposer que chaque déplacement fait partie d'un faisceau formé de tous les multiples d'un certain petit déplacement, beaucoup trop petit pour être perçu par nous. Nous aurions alors un faisceau discontinu qui nous donnerait l'illusion de la continuité physique parce que nos sens grossiers seraient incapables de discerner deux éléments consécutifs quelconques du faisceau.

2° Nous pouvons supposer que chaque déplacement fait partie d'un faisceau plus complexe et plus riche. Tous les déplacements dont ce faisceau se compose seraient échangeables. Deux quelconques d'entre eux seraient des multiples d'un autre déplacement plus petit qui ferait lui-même partie du faisceau et qui pourrait être regardé comme leur plus grand commun diviseur. Enfin tout déplacement du faisceau pourrait être divisé en deux, trois ou un nombre quelconque de parties, dans le sens que j'ai donné plus haut à ce mot et le diviseur ferait encore partie du faisceau. Les différents déplacements du faisceau seraient, pour ainsi dire, commensurables l'un avec l'autre. À chacun d'eux correspondrait un nombre commensurable et *vice-versa*. Ce serait donc déjà une sorte de continu mathématique ; mais cette continuité serait encore imparfaite, car il n'y aurait rien qui correspondît aux nombres incommensurables.

3° Nous pouvons supposer enfin que notre faisceau est parfaitement continu. Tous ses déplacements sont échangeables. À chaque nombre commensurable ou incommensurable correspond un déplacement et *vice-versa*. Le déplacement correspondant au nombre $n\,a$ n'est pas autre chose que le déplacement correspondant au nombre a répété n fois.

Pourquoi est-ce la dernière de ces trois solutions qui a été adoptée ? Les raisons de ce choix sont complexes.

1° Il a été établi par l'expérience que les déplacements qui sont suffisamment grands peuvent être divisés par un nombre quelconque ; et comme les instruments de mesure ont augmenté de précision, cette divisibilité a été démontrée pour des déplacements beaucoup plus petits, à l'égard desquels elle semblait d'abord douteuse. Nous avons ainsi été conduits par induction à supposer que cette divisibilité est une propriété de tous les déplacements, si petits qu'ils soient, et en conséquence à rejeter la première solution et à nous décider en faveur de la divisibilité à l'infini.

2° La première solution, comme la seconde, est incompatible avec les autres propriétés du groupe, que nous connaissons par d'autres expériences. J'expliquerai cela plus loin. La troisième solution s'impose donc à nous par ce fait seul. Le contraire pourrait être arrivé. Il aurait pu se faire que les propriétés du groupe fussent incompatibles avec la continuité. Alors nous aurions sans doute adopté la première solution.

Sous-groupes

La plus importante des propriétés formelles d'un groupe est l'existence des sous-groupes. Il ne faut pas supposer qu'il peut être formé autant de sous-groupes que nous voulons et qu'il suffit de découper un groupe d'une manière arbitraire, comme on découperait une argile inerte, pour obtenir un sous-groupe. Si deux déplacements sont pris au hasard dans un groupe, il sera nécessaire, pour en former un sous-groupe, d'y joindre toutes leurs combinaisons et dans la plupart des cas, il arrive qu'en combinant ces deux déplacements de toutes les manières possibles, nous retrouvons finalement le groupe primitif dans sa forme initiale intacte. Ainsi il peut arriver qu'un groupe ne contienne pas de sous-groupe.

Cependant les groupes se distinguent les uns des autres, au point de vue formel, par le nombre de sous-groupes qu'ils contiennent et par les rapports des sous-groupes entre eux. Un examen superficiel du groupe des déplacements montre tout de suite qu'il contient quelques sous-groupes. Un examen plus approfondi les découvrira tous. Nous verrons que parmi ces sous-groupes, il y en a qui sont : 1° continus, c'est-à-dire dont tous les déplacements sont divisibles à l'infini ; 2° discontinus, c'est-à-dire dont aucun déplacement n'est divisible à l'infini ; 3° mixtes, c'est-à-dire dont certains déplacements sont divisibles à l'infini et d'autres ne le sont pas.

D'un autre point de vue, nous distinguerons, parmi nos sous-groupes, les faisceaux dont les déplacements sont tous échangeables et les sous-groupes qui ne possèdent pas cette propriété.

Une autre manière de classer les déplacements et les sous-groupes est la suivante :

Considérons deux déplacements D et D'. Soit D" un troisième déplacement défini comme la résultante du déplacement D', suivi du déplacement D, suivi lui-même du déplacement inverse de D'. Nous appellerons ce déplacement D" le *transformé* de D par D'.

Du point de vue formel tous les transformés du même déplacement sont en quelque sorte équivalents ; ils jouent le même rôle ; les Allemands disent qu'ils sont *gleichberechtigt*. Ainsi (s'il m'est permis pour un instant d'employer à l'avance le langage ordinaire de la géométrie que nous sommes censés ne pas savoir encore) deux rotations de 60° sont *gleichberechtigt*, deux déplacements hélicoïdaux du même pas et de la même fraction de spire sont *gleichberechtigt*.

Les transformés de tous les déplacements d'un sous-groupe *g* par le même déplacement D' forment un nouveau sous-groupe que nous appellerons le transformé du sous-groupe *g* par le déplacement D'. Les différents transformés du même sous-groupe, jouant le même rôle au point de vue formel, sont *gleicheberechtigt*.

Il arrive généralement que beaucoup des transformés du même sous-groupe sont identiques ; il arrivera même quelquefois que tous les transformés d'un sous-groupe soient identiques les uns aux autres et identiques au sous-groupe primitif. On dit alors que ce sous-groupe est *invariant* (ce qui arrive, par exemple, dans le cas du sous-groupe formé de toutes les translations). L'existence d'un sous-groupe invariant est une propriété formelle de la plus haute importance.

Sous-groupes rotatifs

Le nombre des sous-groupes est infini ; toutefois ils peuvent être divisés en un nombre assez limité de classes dont je ne veux pas donner ici une énumération complète. Mais nous ne percevons pas tous ces sous-groupes avec la même facilité. Certains d'entre eux n'ont été découverts que tout récemment. Leur existence n'est pas une vérité intuitive. Sans doute, elle peut se déduire des propriétés fondamentales du groupe, de propriétés qui sont connues de tout le monde et qui sont, pour ainsi dire, le patrimoine commun de tous les esprits, sans doute elle y est contenue en germe ; cependant ceux qui ont démontré leur existence ont senti à juste titre qu'ils avaient fait une découverte et ont souvent été obligés d'écrire de longs mémoires pour parvenir à leurs conclusions.

D'autres sous-groupes, au contraire, nous sont connus d'une manière bien plus immédiate. Sans beaucoup de réflexion chacun croit en avoir une intuition directe et l'affirmation de leur existence constitue les axiomes d'Euclide. Comment se fait-il que certains sous-groupes ont tout de suite attiré l'attention tandis que d'autres ont échappé à toute recherche pendant beaucoup plus longtemps ? Nous allons expliquer cela par quelques exemples.

Un corps solide ayant un point fixe tourne devant nos yeux. Son image se peint sur notre rétine et chacune des fibres du nerf optique nous transmet une impression ; mais à cause du mouvement du corps solide cette impression est variable. Une de ces fibres, cependant, nous transmet une impression constante. C'est celle à l'extrémité de laquelle l'image du point fixe s'est formée. Nous avons ainsi un changement qui fait varier certaines sensations, mais en laisse d'autres invariables. C'est une propriété du déplacement, mais à première vue il n'apparaît pas que ce soit une propriété formelle. Il semble qu'elle fasse partie des caractères qualitatifs des sensations perçues. Nous allons voir cependant que nous pouvons en dégager une propriété formelle et pour rendre ma pensée plus claire, je vais comparer ce qui se passe dans ce cas avec ce qui arrive dans une autre circonstance qui est analogue en apparence.

Je suppose qu'un certain corps se meut devant mes yeux d'une manière quelconque, mais qu'une certaine région de ce corps est peinte d'une couleur suffisamment uniforme pour ne pas laisser discerner d'ombres. Disons qu'elle est rouge. Si les mouvements ne sont pas de trop grande amplitude et si la région rouge est suffisamment étendue, certaines parties de la rétine resteront constamment dans l'image de cette région, certaines fibres nerveuses me transmettront constamment l'impression du rouge, le déplacement aura laissé certaines sensations invariables.

Mais il y a une différence essentielle entre les deux cas. Revenons au premier. Nous assistions là à un changement externe dans lequel certaines sensations A ne changeaient pas, tandis que d'autres sensations B changeaient. Nous pouvons corriger ce changement externe par un changement interne et dans cette correction les sensations A restent cependant invariables.

Mais voici maintenant un nouveau corps solide qui tourne devant nos yeux et subit les mêmes rotations que le premier. C'est là un nouveau changement externe qui peut être entièrement différent du premier d'un point de vue qualitatif, parce que le nouveau corps qui tourne peut être peint de nouvelles couleurs ou parce que nous sommes avertis de sa rotation par le toucher et non par la vue. Nous découvrons cependant que c'est le *même* déplacement parce qu'il peut être corrigé par le même changement interne. Et nous découvrons aussi que, dans le nouveau changement externe, certaines sensations A', (peut-être totalement différentes de A), sont restées invariables, tandis que d'autres sensations B' ont varié. Ainsi cette propriété de conserver certaines sensations nous apparaît finalement comme une propriété formelle indépendante de la nature qualitative des sensations.

Passons au second exemple. Nous avons d'abord un changement externe dans lequel une certaine sensation C, une sensation de rouge, est demeurée constante. Supposons qu'un autre corps solide, peint différemment, subisse le même déplacement. Voici un nouveau changement externe, et nous savons qu'il représente le même déplacement, parce que nous pouvons le corriger par le même changement interne. Nous découvrons généralement que dans ce nouveau changement externe, il n'arrive pas que certaines sensations demeurent constantes. Ainsi la conservation de la sensation C nous apparaîtra seulement comme une propriété accidentelle, liée à la nature qualitative de la sensation.

Nous sommes ainsi conduits à distinguer parmi les déplacements ceux qui conservent certaines sensations. L'*ensemble* des déplacements qui conservent ainsi un système donné de sensations forme évidemment un sous-groupe que nous pouvons appeler *sous-groupe rotatif.*

Telle est la conclusion que nous tirons de l'expérience. Il est inutile de faire ressortir combien l'expérience est grossière et combien d'autre part la conclusion est précise. L'expérience ne peut donc pas nous imposer la conclusion, mais elle suffit à nous la suggérer. Elle suffit à montrer que, de tous les groupes dont la notion préexiste en nous, les seuls que nous puissions adopter en vue d'y rapporter nos sensations sont ceux qui contiennent un tel sous-groupe.

À côté du sous-groupe rotatif, considérons ses transformés qui peuvent aussi être appelés sous-groupes rotatifs. (Sous-groupes de rotations autour d'un point fixe). Par de nouvelles expériences, toujours très grossières, il apparaît alors :

1° Que deux sous-groupes rotatifs quelconques ont des déplacements communs ;

2° Que ces déplacements communs, tous échangeables entre eux, forment un faisceau qui peut être appelé *faisceau rotatif.* (Rotations autour d'un axe fixe).

3° Qu'un faisceau rotatif quelconque fait partie non seulement de deux sous-groupes rotatifs, mais d'une infinité.

C'est là l'origine de la notion de ligne droite comme le sous-groupe rotatif était l'origine de la notion de point.

Considérons maintenant tous les déplacements d'un faisceau rotatif. Si nous considérons un déplacement quelconque, il ne sera pas, en général, échangeable avec tous les déplacements du faisceau, mais nous découvrirons bientôt qu'il existe des déplacements qui sont échangeables avec tous ceux du faisceau rotatif et qu'ils forment un sous-groupe plus vaste qui peut être appelé sous-groupe hélicoïdal. (Combinaisons de rotations autour d'un axe et de translations parallèles à cet axe). Cela est évident si l'on observe qu'une ligne droite peut glisser le long d'elle-même.

Enfin, nous tirons des mêmes observations grossières des propositions telles que les suivantes :

Tout déplacement suffisamment petit et faisant partie d'un sous-groupe rotatif donné, peut toujours être décomposé en trois autres, appartenant respectivement à trois faisceaux rotatifs donnés. Tout déplacement échangeable avec un sous-groupe rotatif fait partie de ce sous-groupe.

Tout déplacement suffisamment petit peut toujours être décomposé en deux autres, appartenant respectivement à deux sous-groupes rotatifs donnés ou à *six faisceaux rotatifs donnés*.

Je reviendrai plus tard en détail sur l'origine de ces diverses propositions.

Sous-groupes translatifs

Avec ces propositions, nous sommes en mesure, non pas de construire la géométrie d'Euclide, mais de limiter notre choix à un choix entre la géométrie d'Euclide et celles de Lobatchevsky ou de Riemann. Pour aller plus loin, nous avons besoin d'une nouvelle proposition qui prenne la place du *postulatum* des parallèles. La proposition qui en tiendra lieu sera l'affirmation de l'existence d'un sous-groupe *invariant* dont tous les déplacements sont échangeables et qui est formé de toutes les translations.

C'est là ce qui détermine notre choix en faveur de la géométrie d'Euclide, parce que le groupe qui correspond à la géométrie de Lobatchevsky ne contient pas un tel sous-groupe invariant.

Nombre des dimensions

Dans la théorie ordinaire des groupes, nous distinguons l'ordre et le degré. Supposons d'abord le cas le plus simple, celui d'un groupe formé par différentes permutations entre certains objets. Le nombre des objets est appelé le degré ; le nombre des permutations est appelé l'ordre du groupe. Deux tels groupes peuvent être isomorphes et leurs permutations peuvent se combiner suivant les mêmes lois sans que leur degré soit le même. Ainsi considérons les différentes manières dont un cube peut être superposé à lui-même. Les sommets peuvent être échangés l'un avec l'autre comme peuvent l'être aussi les faces et les arêtes ; d'où résultent trois groupes de permutations qui sont évidemment isomorphes entre eux ; mais leur degré peut être huit, six ou douze, puisqu'il y a huit sommets, six faces et douze arêtes.

D'autre part deux groupes isomorphes entre eux ont toujours le même ordre. Le degré est, pour ainsi dire, un élément matériel et l'ordre un élément formel dont l'importance est bien plus grande. La théorie de deux groupes de degré différent peut être la même en ce qui concerne ses propriétés formelles ; exactement comme la théorie mathématique de l'addition de trois vaches et quatre vaches est identique à celle de trois chevaux et quatre chevaux.

Quand nous passons aux groupes continus les définitions de l'ordre et du degré doivent être modifiées, mais sans en sacrifier l'esprit. Les mathématiciens supposent ordinairement que l'objet des opérations du groupe est un *ensemble* d'un certain nombre n de quantités susceptibles de varier d'une manière continue, lesquelles quantités sont appelées *coordonnées*. D'autre part, toute opération du groupe peut être regardée comme faisant partie d'un faisceau analogue au faisceau rotatif et comme un multiple d'un ordre très élevé d'une opération infinitésimale appartenant au même faisceau. En outre, toute opération infinitésimale du groupe peut être décomposée en k autres opérations appartenant à k faisceaux donnés. Le nombre n des coordonnées (ou des dimensions) est alors le *degré* et le nombre k des composantes d'une opération infinitésimale est l'*ordre*. Ici encore deux groupes isomorphes peuvent avoir des degrés différents, mais doivent être du même ordre. Ici encore le degré est un élément relativement matériel et secondaire et l'ordre un élément formel. Étant donné les lois établies plus haut, le groupe de déplacements que nous considérons est ici du sixième ordre, mais son degré est encore inconnu. Ce degré nous sera-t-il donné immédiatement ?

Les déplacements, comme nous l'avons vu, correspondent à des changements dans nos sensations et si nous distinguons dans notre groupe entre la forme et la matière, la matière ne peut pas être autre chose que ce que les déplacements font changer, c'est-à-dire nos sensations. Même si nous supposons que ce que nous avons appelé plus haut espace sensible fût déjà construit, la matière du groupe sera représentée par autant de variables continues qu'il y a de fibres nerveuses ; le « degré » de notre groupe serait extrêmement grand. L'espace n'aurait pas trois dimensions, mais autant qu'il y a de fibres nerveuses. Telle est la conséquence à laquelle nous arrivons si nous considérons comme matière de notre groupe ce qui nous est immédiatement donné. Comment échapperons nous à la difficulté ? Évidemment en remplaçant le groupe qui nous est donné, avec sa forme et sa matière, par un autre groupe *isomorphe*, dont la matière est plus simple.

Mais comment cela peut-il se faire ? Précisément grâce à cette circonstance que les déplacements qui conservent certains éléments sont les mêmes que ceux qui conservent certains autres éléments. Nous convenons alors de remplacer tous ces éléments qui sont conservés par les mêmes déplacements par un seul élément qui n'a qu'une valeur purement schématique. D'où résulte une réduction considérable du degré.

Je vois par exemple un corps solide tournant autour d'un point fixe. Les parties voisines du point fixe sont peintes en rouge. C'est un déplacement et dans ce déplacement je perçois que quelque chose demeure invariable –, à savoir la sensation de rouge qui m'est transmise par une certaine fibre du nerf optique. Quelque temps après, je vois un autre corps solide tournant autour d'un point fixe. Mais les parties voisines du point fixe sont peintes en vert. Les sensations éprouvées sont en elles-mêmes tout à fait différentes, mais je perçois que c'est le même déplacement parce qu'il peut être corrigé par le même changement interne. Ici encore quelque chose reste invariable ; mais ce quelque chose est entièrement différent au point de vue matériel ; c'est la sensation de vert transmise par une certaine fibre nerveuse.

Ces deux choses qui sont matériellement si différentes, je les remplace schématiquement par une seule chose que j'appelle un point et j'exprime ma pensée en disant que dans un cas comme dans l'autre un point du corps est demeuré fixe. Ainsi chacun de nos nouveaux éléments sera ce qui est conservé par tous les déplacements d'un sous-groupe ; à chaque sous-groupe correspondra alors un élément et *vice-versa*.

Considérons les différents transformés du même sous-groupe. Le nombre en est infini et ils peuvent former une infinité continue simple, double ou triple. À chacun de ces transformés on peut faire correspondre un élément ; j'ai alors une infinité simple, double, triple, etc., de ces éléments et le degré de notre groupe continu est 1, 2, 3...

Supposons que nous prenions les différents transformés d'un sous-groupe rotatif. Nous avons ici une infinité triple. La matière de notre groupe se compose donc d'une triple infinité d'éléments. Le degré du groupe est trois. Nous avons en ce cas choisi le point comme élément de l'espace et donné à l'espace trois dimensions.

Supposons que nous prenions les différents transformés d'un sous-groupe hélicoï-dal. Ici nous avons une infinité quadruple. La matière de notre groupe se compose d'une quadruple infinité d'éléments. Son degré est quatre. Nous avons en ce cas choisi la ligne droite comme élément de l'espace –, ce qui donnerait à l'espace quatre dimensions.

Supposons enfin que nous choisissions les différents transformés d'un faisceau rotatif. Le degré serait alors cinq. Nous avons choisi comme élément de l'espace la figure formée par une ligne droite et un point sur cette ligne droite. L'espace aurait cinq dimensions.

Ce sont là trois solutions donc chacune est possible logiquement. Nous préférons la première parce qu'elle est la plus simple et elle est la plus simple parce qu'elle est celle qui donne à l'espace le nombre le plus petit de dimensions. Mais il y a une autre raison qui recommande ce choix. Le sous-groupe rotatif attire d'abord notre attention parce qu'il conserve certaines sensations. Le sous-groupe hélicoïdal ne nous est connu que plus tard et indirectement. Le faisceau rotatif d'autre part n'est lui-même qu'un sous groupe du sous-groupe rotatif.

La notion de point

Je sens que je touche ici au point le plus délicat de cette discussion et je suis obligé de m'arrêter un moment pour justifier plus complètement les assertions qui précèdent et dont certaines personnes pourraient être disposées à douter. Beaucoup de personnes en effet considèrent la notion d'un point de l'espace comme si immédiate et si claire que toute définition en est superflue. Mais je pense qu'on m'accordera qu'une notion aussi subtile que celle du point mathématique sans longueur, largeur, ni épaisseur n'est pas immédiate et qu'elle a besoin d'être expliquée.

Mais en est-il de même pour la notion plus vague et moins exactement définie, mais plus empirique de *place* ? Y a-t-il quelqu'un qui ne s'imagine pas savoir parfaitement ce dont il parle lorsqu'il dit : cet objet occupe la place qui était occupée par cet autre objet ? Pour déterminer la portée de cette assertion et les conclusions qui peuvent en être tirées, cherchons à en analyser la signification. Si je n'ai bougé ni mon corps, ni ma tête, ni mon œil et si l'image de l'objet B affecte les mêmes fibres rétiniennes qu'affectait auparavant l'image de l'objet A ; si encore, bien que je n'aie bougé ni mon bras, ni ma main, les mêmes fibres sensorielles qui aboutissent à l'extrémité du doigt et qui me transmettaient d'abord l'impression que j'attribuais à l'objet A, me transmettent maintenant l'impression que j'attribue à l'objet B ; si ces deux conditions sont remplies, – alors nous convenons ordinairement de dire que l'objet B occupe la place que l'objet A occupait auparavant.

Avant d'analyser une convention aussi compliquée que celle que nous venons d'indiquer, je ferai d'abord une remarque. Je viens d'énoncer deux conditions : l'une relative à la vue et l'autre relative au toucher. La première est nécessaire, mais n'est pas suffisante, car nous disons dans le langage ordinaire que le point de la rétine où une image se forme nous donne seulement connaissance de la direction du rayon visuel, mais que la distance de l'œil demeure inconnue. La seconde condition est à la fois nécessaire et suffisante parce que nous admettons que l'action du toucher ne s'exerce pas à distance et que l'objet A comme l'objet B ne peut agir sur le doigt que par un contact immédiat. Tout cela concorde avec ce que l'expérience nous a appris ; à savoir que la première condition peut être remplie sans que la seconde se réalise, mais que la seconde ne peut pas être remplie sans que la première le soit. Remarquons que nous sommes ici en présence d'un fait que nous ne pouvions pas connaître *a priori* et que l'expérience seule pouvait nous le démontrer.

Mais ce n'est pas tout. Pour déterminer la place d'un objet je n'ai fait usage que d'un œil et d'un doigt. J'aurais pu faire usage de plusieurs autres moyens, – par exemple de tous mes autres doigts. Après avoir été averti que l'objet A a produit sur mon premier doigt une impression tactile, supposons que par une série de mouvements S mon second doigt vienne au contact du même objet A. Ma première impression tactile cesse et est remplacée par une autre impression tactile qui m'est transmise par le nerf du second doigt et que j'attribue encore à l'action de l'objet A. Quelque temps après et sans que j'aie bougé ma main, le même nerf du second doigt me transmet une autre impression tactile que j'attribue à l'action d'un autre objet B. Je dis alors que l'objet B a pris la place de l'objet A.

À ce moment je fais une série de mouvements S' inverse de la série S. Comment sais-je que ces deux séries sont inverses l'une de l'autre ? Parce que l'expérience m'a appris que quand le changement interne S qui correspond à certaines sensations musculaires est suivi par un changement interne S' qui correspond à d'autres sensations musculaires, il se produit une compensation et que mes impressions primitives, d'abord modifiées par le changement S, sont rétablies par le changement S'.

J'exécute la série de mouvements S'. L'effet doit être de ramener mon premier doigt à sa position initiale et de le mettre ainsi au contact de l'objet B qui a pris la place de l'objet A. Je dois donc m'attendre à ce que le nerf de mon premier doigt me transmette une impression tactile attribuable à l'objet B. Et en fait c'est ce qui arrive.

Mais serait-il donc absurde de supposer le contraire ? Et pourquoi serait-ce absurde ? Dirai-je que l'objet B ayant pris la place de l'objet A et mon premier doigt ayant repris sa place initiale, il doit toucher l'objet B comme il touchait auparavant l'objet A ? Cela serait une pure pétition de principe. Et pour le montrer, essayons d'appliquer le même raisonnement à un autre exemple ou plutôt revenons à l'exemple de la vue et du toucher que je citais au début.

L'image de l'objet A fait une impression sur l'une de mes fibres rétiniennes. En même temps, le nerf de l'un de mes doigts me transmet une impression tactile que j'attribue au même objet. Je ne bouge ni mon œil ni ma main. Et un moment après l'image de l'objet B frappe la même fibre rétinienne. Par un raisonnement tout à fait analogue à celui qui précède, je serais tenté de conclure que l'objet B a pris la place de l'objet A et je m'attendrais à ce que le nerf de mon doigt me transmette une impression tactile attribuable à B. Et cependant je me serais trompé. Car il peut arriver que l'image de B se forme sur le même point de la rétine que l'image de A sans que la distance de l'œil soit la même dans les deux cas.

L'expérience a réfuté mon raisonnement. Je m'en tire en disant qu'il ne suffit pas que deux corps forment leur image sur la même fibre rétinienne pour me permettre de dire que les deux corps sont à la même place ; et je m'en tirerais d'une manière analogue dans le cas des deux doigts si les indications du second doigt n'avaient pas été d'accord avec celles du premier, et si l'expérience avait contredit mon raisonnement. Je dirais encore en ce cas que deux objets A et B peuvent faire une impression sur le même doigt par le moyen du toucher et cependant ne pas être à la même place ; en d'autres termes je conclurais que le toucher peut s'exercer à distance. Ou encore je conviendrais de ne considérer A et B comme étant à la même place qu'à la condition qu'il y ait concordance non seulement entre leurs effets sur le premier doigt, mais aussi entre leurs effets sur le second doigt. On pourrait presque dire, à un certain point de vue, que de cette façon une dimension de plus serait attribuée à l'espace.

En résumé, il y certaines lois de *concordance* qui ne peuvent nous être révélées que par l'expérience, et qui sont à la base de la vague notion de place.

Mais même en considérant ces lois de concordance comme acquises, pouvons-nous en déduire la notion beaucoup plus exacte de point et la notion du nombre des dimensions ? Cela reste à examiner.

D'abord une observation. Nous avons parlé de deux objets A et B qui ont formé l'un après l'autre leur image sur le même point de la rétine. Mais ces deux images ne sont pas identiques ; sans cela comment pourrais-je les distinguer ? Elles diffèrent, par exemple, en couleur. L'une est rouge, l'autre est verte. Nous avons donc deux sensations qui diffèrent en qualité et qui me sont certainement transmises par deux fibres nerveuses différentes quoique contiguës. Qu'ont-elles de commun et pourquoi suis-je conduit à les associer ? Il est probable que si l'œil était immobile nous n'aurions jamais pensé à cette association. Ce sont les mouvements de l'œil qui nous ont appris qu'il y a la même relation d'une part entre la sensation de vert au point A de la rétine et la sensation de vert au point B de la rétine et d'autre part entre la sensation de rouge au point A de la rétine et la sensation de rouge au point B de la rétine. Nous avons constaté, en fait, que les mêmes mouvements, correspondant aux mêmes sensations musculaires, nous font passer de la première à la seconde ou de la troisième à la quatrième. S'il n'en était pas ainsi, ces quatre sensations nous apparaîtraient comme qualitativement distinctes et nous ne songerions pas plus à établir entre elles une sorte de proportion qu'entre une sensation olfactive, une sensation gustative, une sensation auditive et une sensation tactile.

Cependant, quelle que soit l'origine de cette association, elle est impliquée dans la notion de place qui n'aurait pas pris naissance sans elle. Analysons donc ses lois. Nous ne pouvons les concevoir que sous deux formes différentes également éloignées de la continuité mathématique : à savoir la discontinuité ou la continuité physique.

Sous la première forme, nos sensations seront divisées en un très grand nombre de « familles », toutes les sensations d'une famille étant associées entre elles et n'étant pas associées à celles des autres familles. Puisque à chaque famille correspondrait une place, nous aurions un nombre fini, mais très grand de places et les places formeraient un ensemble discret. Il n'y aurait aucune raison pour les classer dans un tableau à trois dimensions plutôt que dans un tableau à deux ou à quatre dimensions et nous ne pourrions en déduire ni le point ni l'espace mathématiques.

Sous la seconde forme qui est plus satisfaisante les différentes familles se pénètrent l'une l'autre. A, par exemple, sera associé à B et B à C. Mais A ne nous apparaîtra pas comme associé à C. Nous trouverons que A et C n'appartiennent pas à la même famille, bien que A et B d'une part et B et C d'autre part nous apparaissent comme appartenant à la même famille. Ainsi nous ne pouvons pas distinguer entre un poids de neuf grammes et un poids de dix grammes, ni entre ce dernier poids et un poids de onze grammes. Mais nous percevons sans hésiter la différence entre le premier poids et le troisième. C'est là toujours la formule du continu physique.

Figurons-nous une série de pains à cacheter se recouvrant partiellement l'un l'autre de telle manière que le plan soit entièrement couvert ; ou mieux, figurons-nous quelque chose d'analogue dans un espace à trois dimensions. Si ces pains à cacheter ne formaient par leur superposition qu'une sorte de ruban à une dimension, nous reconnaîtrions cette circonstance au fait que les associations dont je viens de parler obéiraient à une loi qui peut être formulée ainsi : si A est associé à la fois à B, C et D, D est associé à B ou à C. Cette loi ne serait pas vraie si nos pains à cacheter couvraient par leur superposition un plan ou un espace à plus de deux dimensions. Quand je dis par conséquent que toutes les places possibles constituent un ensemble à une dimension ou à plus d'une dimension, je veux simplement dire que la loi indiquée est vraie ou qu'elle est fausse. Quand je dis que ces places constituent un ensemble à deux ou trois dimensions, j'affirme simplement que certaines lois analogues sont vraies.

Tels sont les fondements sur lesquels nous pouvons essayer de construire une théorie *statique* du nombre des dimensions. On voit combien cette manière de définir le nombre des dimensions est compliquée, combien elle est imparfaite et il est inutile de faire remarquer la distance qui sépare encore le continu physique à trois dimensions ainsi compris du véritable continu mathématique à trois dimensions.

DISCUSSION DE LA THÉORIE PRÉCÉDENTE

Sans nous attarder à une foule de détails difficiles, voyons en quoi consistent ces associations sur lesquelles repose la notion de place. Nous verrons que nous sommes finalement ramenés, après un long détour, à la notion de groupe qui nous est apparue au début comme la plus propre à élucider la question du nombre des dimensions.

Par quels moyens différentes « places » sont-elles discernées les unes des autres ? Comment distinguerai-je, par exemple, deux places occupées successivement par l'extrémité d'un de mes doigts ? Évidemment par les mouvements que mon corps a faits dans l'intervalle, mouvements qui me sont révélés par une certaine série de sensations musculaires. Les deux places correspondent à deux attitudes et positions distinctes du corps qui me sont connues seulement par les mouvements que j'ai eu à faire pour changer une certaine attitude initiale et une certaine position initiale ; et ces mouvements eux-mêmes ne me sont connus que par les sensations musculaires qu'ils ont provoquées.

Deux attitudes du corps, ou deux places correspondantes du doigt me paraissent identiques, si les deux mouvements que je dois faire pour les atteindre diffèrent si peu l'un de l'autre que je ne puisse pas distinguer les sensations musculaires correspondantes. Elles me paraîtront non identiques, sans convention nouvelle, si elles correspondent à deux séries de sensations musculaires discernables.

Mais par ces considérations nous avons engendré non un continu physique à trois dimensions, mais un continu physique à un beaucoup plus grand nombre de dimensions ; car je peux faire varier les sensations musculaires correspondant à un très grand nombre de muscles et d'autre part je ne considère pas une sensation musculaire isolée, ni même un ensemble de sensations simultanées, mais une série de sensations successives et je peux faire varier d'une manière arbitraire les lois d'après lesquelles ces sensations se succèdent.

Pourquoi le nombre des dimensions est-il réduit, ou, ce qui est la même chose, pourquoi considérons-nous deux places comme identiques, alors même que les deux attitudes correspondantes du corps sont différentes ? Pourquoi disons-nous dans certains cas que la place occupée par l'extrémité d'un doigt n'a pas changé quoique l'attitude du corps ait changé ?

C'est parce que nous découvrons que, *très souvent*, dans le mouvement qui nous fait passer de l'une à l'autre de ces deux attitudes, la sensation tactile attribuable au contact de ce doigt avec un objet A persiste et demeure constante. Nous *convenons* alors de dire que ces deux attitudes doivent être placées dans la même classe et que cette classe doit comprendre toutes les attitudes correspondant à la même place occupée par le même doigt. Et nous convenons de dire que ces deux attitudes doivent encore être placées dans la même classe même quand elles ne sont accompagnées d'aucune sensation tactile ou qu'elles sont accompagnées de sensations tactiles variables.

Cette convention a été inspirée par l'expérience, parce que l'expérience seule nous avertit que certaines sensations tactiles sont souvent persistantes. Mais pour que des conventions de cette espèce soient légitimes, elles doivent satisfaire à certaines conditions qu'il nous reste maintenant à analyser.

Si je place les attitudes A et B dans la même classe et aussi les attitudes B et C dans la même classe, il s'ensuit nécessairement que les attitudes A et C doivent être regardées comme appartenant à la même classe. Si donc nous convenons de dire que les mouvements qui causent le passage de l'attitude A à l'attitude B ne changent pas la place du doigt, et si la même chose est vraie des mouvements qui causent le passage de l'attitude B à l'attitude C, il s'ensuit nécessairement que la même chose est encore vraie de ceux qui causent le passage de l'attitude A à l'attitude C. En d'autres termes, l'ensemble des mouvements causant un passage d'une attitude à une autre attitude de la même classe constitue un groupe. C'est seulement lorsqu'un tel groupe existe que la convention établie plus haut est admissible. À chaque classe d'attitudes, et par conséquent à chaque place, correspondra donc un groupe et nous sommes ici ramenés encore à la notion de groupe sans laquelle il n'y aurait pas de géométrie.

Néanmoins il y a une différence entre le principe que nous discutons ici et la théorie que j'ai développée plus haut. Ici chaque place m'apparaît comme associée à un certain groupe qui est introduit comme sous-groupe S du groupe G formé par les mouvements qui peuvent donner au corps toutes les positions possibles et toutes les attitudes possibles, les situations relatives des différentes parties du corps pouvant varier d'une manière quelconque. Dans notre autre théorie au contraire chaque point était associé à un sous-groupe S' du groupe G' formé par les déplacements du corps envisagé comme un solide invariable, c'est-à-dire par des déplacements tels que les situations relatives des différentes parties du corps ne varient pas.

Laquelle des deux théories doit-on préférer ? Il est évident que G' est un sous-groupe de G et S' un sous-groupe de S. De plus G' est beaucoup plus simple que G et pour cette raison la théorie que j'ai proposée d'abord et qui est basée sur la considération du groupe G' me paraît plus simple et plus naturelle et en conséquence je m'y tiendrai.

Mais quoi qu'il en soit, l'introduction d'un groupe, plus ou moins compliqué, me paraît absolument nécessaire. Toute théorie purement statique du nombre des dimensions donnera lieu à beaucoup de difficultés et il sera toujours nécessaire de se rabattre sur une théorie dynamique. Je suis heureux d'être d'accord sur ce point avec les idées exposées par le Professeur Newcomb dans sa *Philosophy of Hyperspace*.

LE RAISONNEMENT D'EUCLIDE

Mais pour montrer que l'idée de déplacement et par conséquent l'idée de groupe a joué un rôle prépondérant dans la genèse de la géométrie, il reste à faire voir que cette idée domine tous les raisonnements d'Euclide et des auteurs qui ont écrit après lui sur la géométrie élémentaire.

Euclide commence par énoncer un certain nombre d'axiomes ; mais on ne doit pas s'imaginer que les axiomes qu'il énonce explicitement sont les seuls auxquels il a recours. Si nous analysons soigneusement ses démonstrations, nous y trouverons, sous une forme plus ou moins voilée, un certain nombre d'hypothèses qui sont en réalité des axiomes déguisés ; et nous pourrions en dire presque autant de quelques-unes de ses définitions.

Sa géométrie commence par déclarer que deux figures sont égales si elles sont superposables. Ceci admet qu'elles peuvent être déplacées et aussi que parmi tous les changements qu'elles peuvent subir, nous pouvons distinguer ceux qui peuvent être regardés comme des déplacements sans déformation. Cette définition implique également que deux figures qui sont égales à une troisième sont égales entre elles. Et cela revient à dire que s'il y a un déplacement qui mette la figure A sur la figure B et un second déplacement qui superpose la figure B à la figure C, il y en aura aussi un troisième, la résultante des deux premiers, qui superposera la figure A à la figure C. En d'autres termes on présuppose que les déplacements forment un groupe. La notion de groupe, par conséquent, est introduite dès le début et introduite inévitablement.

Quand je prononce le mot « longueur », un mot que nous estimons souvent inutile de définir, j'admets implicitement que la figure formée par deux points n'est pas toujours superposable à celle qui est formée par deux autres points ; car autrement deux longueurs quelconques seraient égales entre elles. Or, c'est là justement une propriété importante de notre groupe.

J'énonce implicitement une hypothèse analogue quand je prononce le mot « angle ».

Et comment procédons-nous dans nos raisonnements ? En déplaçant nos figures et en leur faisant exécuter certains mouvements. Je veux montrer qu'en un point donné d'une ligne droite on peut toujours élever une perpendiculaire, et pour cela j'imagine une droite mobile tournant autour du point en question. Mais ici je présuppose que le mouvement de cette nouvelle droite est possible, qu'il est continu, et qu'en tournant ainsi elle peut passer de la position dans laquelle elle se confond avec la ligne droite donnée à la position opposée dans laquelle elle se confond avec son prolongement. Ici encore nous avons une hypothèse qui touche aux propriétés du groupe.

Pour démontrer les cas d'égalité des triangles, les figures sont déplacées de telle sorte qu'elles se superposent l'une à l'autre.

Enfin quelle est la méthode employée pour démontrer que par un point donné on peut toujours mener une et une seule perpendiculaire à une droite donnée ? On fait tourner la figure de 180° autour de la ligne droite donnée et on obtient de cette manière le point symétrique au point donné par rapport à la droite donnée. Nous avons ici un exemple fort caractéristique et qui met en évidence le rôle que la ligne droite joue le plus fréquemment dans les démonstrations géométriques, celui d'un axe de rotation.

Ceci implique l'existence du sous-groupe que j'ai appelé le faisceau rotatif. Quand, – ce qui arrive aussi fréquemment –, on fait glisser une ligne droite le long d'elle-même (continuant bien entendu à supposer que la droite peut servir d'axe de rotation) on tient implicitement pour assurée l'existence du sous-groupe hélicoïdal. En résumé le principal fondement des démonstrations d'Euclide est réellement l'existence du groupe et ses propriétés.

Sans doute, il a recours à d'autres axiomes qu'il est plus difficile de rapporter à la notion de groupe. Tel est l'axiome qu'emploient quelques géomètres quand il définissent la ligne droite comme la plus courte distance entre deux points. *Mais ce sont précisément les axiomes de cette nature qu'Euclide énonce.* Les autres, qui sont plus directement associés à l'idée de déplacement et à l'idée de groupe, sont justement ceux qu'il admet implicitement et qu'il ne croit même pas nécessaire d'énoncer. Cela revient à dire que les premiers axiomes (ceux qui sont énoncés) sont le fruit d'une expérience plus récente, tandis que les sous-entendus ont été assimilés les premiers par nous ; par conséquent la notion de groupe existait avant toutes les autres.

La géométrie de Staudt

On sait que Staudt a essayé de construire la géométrie sur des principes différents. Staudt n'admet que les axiomes suivants :

1° Par deux points on peut toujours mener une ligne droite.

2° Par trois points on peut toujours faire passer un plan.

3° Toute ligne droite ayant deux de ses points dans un plan est entièrement contenue dans ce plan.

4° Si trois plans ont un point commun, et un seulement, toute ligne droite coupera au moins un de ces trois plans.

Ces axiomes suffisent à établir toutes les propriétés *descriptives*, relatives aux intersections des lignes droites et des plans. Pour obtenir les propriétés métriques nous commençons par *définir* un faisceau harmonique de quatre droites en prenant comme définition la propriété descriptive bien connue. Alors le rapport anharmonique de quatre points est *défini* et enfin, en supposant que l'un de ces quatre points a été rejeté à l'infini, le rapport de deux longueurs est *défini*.

C'est là le point faible de la théorie précédente, si séduisante qu'elle soit. Arriver à la notion de longueur en la regardant seulement comme un cas particulier du rapport anharmonique est un détour artificiel auquel on répugne. Ce n'est évidemment pas de cette manière que nos notions géométriques se sont formées.

Voyons maintenant si nous pouvons concevoir, sans introduire la notion de groupe et de mouvement, comment les notions qui servent de fondement à cette ingénieuse géométrie ont pris naissance. Voyons quelles expériences auraient pu nous conduire à formuler les axiomes énoncés plus haut.

Si la ligne droite n'est pas donnée comme un axe de rotation, elle ne peut être donnée que d'une façon, comme le trajet d'un rayon lumineux. Je veux dire que les expériences, toujours plus ou moins grossières, qui nous servent de point de départ, devront toutes être applicables au rayon lumineux et que nous devons définir la ligne droite comme une ligne pour laquelle les lois simples auxquelles le rayon lumineux obéit approximativement, seront rigoureusement vraies. L'expérience qu'il nous faudra faire pour vérifier le plus important de nos axiomes, le troisième, sera alors la suivante :

Soient deux fils tendus. Plaçons l'œil à l'extrémité de l'un de ces fils. Nous voyons que le fil est entièrement caché par son extrémité, ce qui nous apprend que le fil est rectiligne, c'est-à-dire suit le trajet d'un rayon lumineux. Faisons la même chose pour le second fil. Nous observons alors ce qui suit : ou bien il n'y aura aucune position de l'œil dans laquelle l'un des fils soit entièrement caché par l'autre, ou bien il y en aura une infinité.

Comment se présente la question du nombre des dimensions quand on suit cet ordre d'idées ? Considérons toutes les positions de l'œil dans lesquelles l'un des fils est caché par l'autre. Supposons que dans l'une de ces positions le point A du premier fil soit caché par le point A' du second, le point B par le point B', le point C par le point C'. Nous découvrons alors que si le corps se déplace de telle façon que le point A soit toujours caché par le point A' et le point B par le point B', le point C reste toujours caché par le point C' et en général un point quelconque du premier fil reste caché par le même point du second fil par lequel il était caché avant que le corps ne se déplace. Nous exprimons ce fait en disant que, bien que le corps se soit déplacé, la position de l'œil n'a pas changé.

Nous voyons ainsi que la position de l'œil est définie par deux conditions, que A soit caché par A' et B par B'. Nous exprimons ce fait en disant que le lieu des points tel que les deux fils se cachent l'un l'autre a deux dimensions.

De même, supposons que pour une certaine position du corps, quatre fils, A, B, C, D cachent quatre points A', B', C', D' ; supposons que le corps se déplace, mais de telle manière que A, B et C continuent à cacher A', B' et C'. Nous découvrirons alors que D continue à cacher D' et nous exprimerons encore ce fait en disant que la position de l'œil n'a pas changé. Cette position sera donc définie par trois conditions et c'est pourquoi nous disons que l'espace a trois dimensions.

On remarquera que la loi ainsi découverte expérimentalement n'est vraie qu'approximativement. Mais ce n'est pas tout. Elle n'est même pas toujours vraie, parce que D ou D' peuvent avoir bougé en même temps que mon corps se déplaçait. Nous déclarons donc simplement que cette loi est souvent approximativement vraie.

Mais nous sommes désireux d'arriver à des axiomes géométriques qui soient rigoureusement et toujours vrais et nous échappons toujours à ce dilemme par le même artifice, en disant que nous convenons de considérer le changement observé comme la résultante de deux autres, l'un qui obéit rigoureusement à la loi et que nous attribuons au déplacement de l'œil et le second qui est généralement très petit et que nous attribuons soit à des altérations qualitatives, soit aux mouvements des corps extérieurs.

Nous n'avons pas pu éviter la considération des mouvements de l'œil et du corps. Cependant, nous pouvons dire que, à un certain point de vue, la géométrie de Staudt est surtout une géométrie visuelle tandis que celle d'Euclide est surtout musculaire.

Sans aucun doute des expériences inconscientes analogues à celles dont je viens de parler peuvent avoir joué un rôle dans le genèse de la géométrie ; mais elles ne sont pas suffisantes. Si nous avions procédé comme le suppose la géométrie de Staudt, quelque Apollonius aurait découvert les propriétés des polaires. Mais ce n'eût été que longtemps après que les progrès de la science auraient fait comprendre ce qu'est une longueur ou un angle. Nous aurions dû attendre quelque Newton pour découvrir les différents cas d'égalité des triangles. Et ce n'est évidemment pas de cette manière que les choses se sont passées.

L'AXIOME DE LIE

C'est Sophus Lie qui a le plus contribué à mettre en évidence l'importance de la notion de groupe et à établir les fondements de la théorie que je viens d'exposer. C'est lui, en fait, qui a donné sa forme actuelle à la théorie mathématique des groupes continus. Mais pour rendre possible l'application de cette théorie à la géométrie, il regarde comme nécessaire un nouvel axiome qu'il énonce en déclarant que l'espace est une *Zahlenmannigfaltigkeit* ; c'est-à-dire qu'à tout point d'une ligne droite correspond un nombre et *vice versa*.

Cet axiome est-il absolument nécessaire ? Et les autres principes que Lie a posés ne pourraient-ils pas en dispenser ? Nous avons vu plus haut, à propos de la continuité, que les groupes les plus connus pouvaient être, à un certain point de vue, répartis en trois classes ; toutes les opérations du groupe peuvent être divisées en faisceaux ; pour les groupes « discontinus », les différentes opérations du même faisceau ne sont qu'une seule opération répétée une fois, deux fois, trois fois, etc. ; pour les groupes « continus » proprement dits, les différentes opérations du même faisceau correspondent à différents nombres entiers, commensurables ou incommensurables ; enfin, pour les groupes qui peuvent être appelés « semi-continus », ces opérations correspondent à différents nombres commensurables.

Or, on peut démontrer qu'il n'existe pas de groupe discontinu ou semi-continu qui possède d'autres propriétés que celles que l'expérience nous a amené à adopter pour le groupe fondamental de la géométrie, et que je rappelle ici brièvement : le groupe contient une infinité de sous-groupes, tous *gleichberechtigt*, que j'appelle sous-groupes rotatifs. Deux sous-groupes rotatifs ont un faisceau commun que j'appelle rotatif et qui est commun non seulement à deux, mais à une infinité de sous-groupes rotatifs. Enfin tout déplacement très petit du groupe peut être regardé comme la résultante de six déplacements appartenant à six faisceaux rotatifs donnés. Un groupe satisfaisant à ces conditions ne peut être ni discontinu, ni semi-continu.

Sans doute, c'est là une propriété excessivement mystérieuse et qu'il n'est pas facile de démontrer. Les géomètres qui l'ignoraient n'en ont pas moins saisi ses conséquences, comme, par exemple, quand ils ont découvert que le rapport d'une diagonale au côté d'un carré est incommensurable. C'est pour cette raison que l'introduction des incommensurables dans la géométrie est devenue nécessaire.

Le groupe doit donc être continu et il semble que l'axiome de Lie soit inutile.

Néanmoins, nous devons remarquer que la classification des groupes esquissée plus haut n'est pas complète ; on peut concevoir des groupes qui n'y soient pas inclus. Nous pourrions donc supposer, que notre groupe n'est ni discontinu, ni semi-continu, ni continu. Mais ce serait là une hypothèse compliquée. Nous la rejetons ou plutôt nous n'y pensons jamais, pour la raison qu'elle n'est pas la plus simple qui soit compatible avec les axiomes adoptés.

Le fondement de l'axiome de Lie reste encore à fournir.

LA GÉOMÉTRIE ET LA CONTRADICTION

En poursuivant toutes les conséquences des différents axiomes géométriques, ne sommes-nous jamais amenés à des contradictions ? Les axiomes ne sont pas des jugements analytiques *a priori* ; ce sont des conventions. Est-il certain que toutes ces conventions soient compatibles ?

Ces conventions, il est vrai, nous ont toutes été suggérées par des expériences, mais par des expériences grossières. Nous découvrons que certaines lois se vérifient approximativement et nous décomposons par convention le phénomène observé en deux autres : un phénomène purement géométrique qui obéit exactement à ces lois et un très petit phénomène perturbateur.

Est-il certain que cette décomposition soit toujours légitime ? Il est certain que ces lois sont *approximativement* compatibles, car l'expérience montre qu'elles sont toutes approximativement réalisées en même temps dans la nature. Mais est-il certain qu'elles seraient compatibles si elles étaient absolument rigoureuses ?

Pour nous la question n'est plus douteuse. La géométrie analytique est d'une construction solide et *tous* les axiomes ont été introduits dans les équations qui lui servent de point de départ : nous n'aurions pas pu écrire ces équations si les axiomes avaient été contradictoires. Maintenant que les équations sont écrites, elles peuvent être combinées de toutes les manières possibles ; l'Analyse est la garantie que des contradictions ne pourront pas s'introduire.

Mais Euclide ne savait pas la géométrie analytique et cependant il n'a jamais douté un instant que ses axiomes ne soient compatibles. D'où lui venait sa confiance ? Était-il dupe d'une illusion ? Et attribuait-il à nos expériences inconscientes plus de valeur qu'elles n'en possèdent réellement ? Ou peut-être, puisque l'idée du groupe préexistait en puissance en lui, en a-t-il eu quelque obscur instinct sans atteindre à sa notion distincte. Je laisserai cette question sans la résoudre quoique j'incline vers la seconde solution.

L'EMPLOI DES FIGURES

On peut se demander pourquoi la géométrie ne peut pas être étudiée sans figures. Cela est facile à expliquer. Quand nous commençons à étudier la géométrie, nous avons déjà fait, dans d'innombrables occasions, les expériences fondamentales qui ont permis à notre notion d'espace de prendre naissance. Mais ces expériences ont été faites sans méthode, sans attention scientifique et pour ainsi dire inconsciemment. Nous avons acquis la faculté de *nous représenter* les expériences géométriques familières sans être obligés d'avoir recours à leurs reproductions matérielles ; mais nous n'en avons pas encore déduit de conclusions logiques. Comment le ferons-nous ? Avant d'énoncer la loi, nous représenterons l'expérience en question d'une manière perceptible en la dépouillant aussi complètement que possible de toutes les circonstances accessoires ou perturbatrices, – exactement comme un physicien élimine dans ses expériences les sources d'erreurs systématiques. C'est ici que les figures sont nécessaires, mais elles sont un instrument à peine moins grossier que la craie qui sert à les tracer, et, de même que les objets matériels ne peuvent pas être représentés dans l'espace géométrique qui fait l'objet de nos études, nous ne pouvons nous les représenter que dans l'espace sensible. Ce ne sont donc pas des figures matérielles que nous étudions, mais nous nous servons d'elles simplement pour étudier quelque chose qui est plus élevé et plus subtil.

LA FORME ET LA MATIÈRE

Nous devons la théorie que je viens d'esquisser à Helmholtz et à Lie. Je ne diffère d'eux que sur un point ; mais la différence n'est probablement que dans l'expression et au fond nous sommes complètement d'accord.

Comme je l'ai expliqué plus haut, nous devons distinguer dans un groupe la forme et la matière. Pour Helmholtz et Lie la matière du groupe existait avant la forme et en géométrie la matière est une *Zahlenmannigfaltigkeit* à trois dimensions. *Le nombre des dimensions est donc posé antérieurement au groupe.* Pour moi au contraire la forme existe avant la matière. Les différentes manières dont un cube peut être superposé à lui-même et les différentes manières dont les racines d'une certaine équation peuvent être échangées constituent deux groupes isomorphes. Elles ne diffèrent que par la matière. Le mathématicien regarderait cette différence comme superficielle et il ne distinguerait pas davantage entre ces deux groupes qu'entre un cube de verre et un cube de métal. Sous cet aspect le groupe existe antérieurement au nombre des dimensions.

Nous échappons aussi de cette façon à une objection qui a souvent été faite à Helmholtz et à Lie : « Mais votre groupe, objecte-t-on, présuppose l'espace ; pour le construire vous êtes obligés d'admettre un continu à trois dimensions. Vous procédez comme si vous saviez déjà la géométrie analytique ». Peut-être cette objection n'était-elle pas tout à fait juste ; le continu à trois dimensions que posaient Helmholtz et Lie était une sorte de grandeur non mesurable analogue aux grandeurs dont nous pouvons dire qu'elles sont devenues plus grandes ou plus petites, mais non qu'elles sont devenues deux fois ou trois fois plus grandes.

C'est seulement par l'introduction du groupe qu'ils en ont fait une grandeur mesurable, c'est-à-dire un véritable espace. Cependant l'origine de ce continu non mesurable à trois dimensions reste imparfaitement expliquée.

Mais dira-t-on, pour étudier un groupe, fût-ce dans ses propriétés formelles, il est nécessaire de le construire et il ne peut être construit sans matière. On pourrait aussi bien dire qu'on ne peut pas étudier les propriétés géométriques d'un cube sans supposer ce cube de bois ou de fer. Le complexe de nos sensations nous a sans doute pourvus d'une sorte de matière, mais il y a un contraste frappant entre la grossièreté de cette matière et la subtile précision de la forme de notre groupe. Il est impossible que ce soit là, à proprement parler, la matière d'un tel groupe. Le groupe des déplacements tel qu'il nous est donné directement par l'expérience est quelque chose d'une nature plus grossière ; il est, pouvons-nous dire, aux groupes continus à proprement parler ce que le continu physique est au continu mathématique. Nous étudions d'abord sa forme conformément à la formule du continu physique et comme il y a quelque chose qui répugne à notre raison dans cette formule, nous la rejetons et nous y substituons celle du groupe continu qui en puissance préexiste en nous, mais que nous ne connaissons initialement que par sa forme. La matière grossière qui nous est fournie par nos sensations n'a été qu'une béquille pour notre infirmité et n'a servi qu'à nous forcer à fixer notre attention sur l'idée pure que nous portions auparavant en nous.

CONCLUSIONS

La géométrie n'est pas une science expérimentale ; l'expérience n'est pour nous que l'occasion de réfléchir sur les idées géométriques qui préexistent en nous. Mais cette occasion est nécessaire ; si elle n'existait pas, nous ne réfléchirions pas, et si nos expériences étaient différentes, nos réflexions seraient sans doute aussi différentes. L'espace n'est pas une forme de notre sensibilité ; c'est un instrument qui nous sert, non à nous représenter les choses, mais à raisonner sur les choses.

Ce que nous appelons la géométrie n'est pas autre chose que l'étude des propriétés formelles d'un certain groupe continu ; si bien que nous pouvons dire que l'espace est un groupe. La notion de ce groupe continu existe dans notre esprit antérieurement à toute expérience ; mais il en est de même pour la notion de beaucoup d'autres groupes continus ; par exemple celui qui correspond à la géométrie de Lobatchevsky. Il y a donc plusieurs géométries possibles et il reste à voir comment le choix se fait entre elles. Parmi les groupes mathématiques continus que notre esprit peut construire, nous choisissons celui qui s'écarte le moins de ce groupe brut, analogue au continu physique, que l'expérience nous a fait connaître comme groupe des déplacements.

Notre choix ne nous est donc pas imposé par l'expérience. Il est simplement guidé par l'expérience. Mais il reste libre : nous choisissons cette géométrie-ci plutôt que celle-là, non parce qu'elle est plus *vraie*, mais parce qu'elle est plus *commode*.

Demander si la géométrie d'Euclide est vraie et celle de Lobatchevsky fausse est aussi absurde que de demander si le système métrique est vrai et celui de la toise, du pied et du pouce faux. Transportés dans un autre monde, nous pourrions sans doute avoir une géométrie différente, non parce que notre géométrie aurait cessé d'être vraie, mais parce qu'elle serait devenue moins commode qu'une autre. Avons-nous le droit de dire que le choix entre les géométries nous est imposé par la raison et, par exemple, que la géométrie euclidienne est seule vraie parce que le principe de la relativité des grandeurs s'impose inévitablement à notre esprit ? Il est absurde, dit-on, de supposer qu'une longueur peut être égale à un nombre abstrait. Mais pourquoi ? Pourquoi est-ce absurde pour une longueur et n'est-ce pas absurde pour un angle ? Il n'y a qu'une réponse possible : cela nous paraît absurde parce que c'est contraire à nos habitudes de pensée. Sans doute la raison a ses préférences, mais ces préférences n'ont pas ce caractère impératif. Elle a ses préférences pour le plus simple, parce que toutes choses égales d'ailleurs, le plus simple est le plus commode. Ainsi nos expériences seraient également compatibles avec la géométrie d'Euclide et avec la géométrie de Lobatchevsky qui supposait la courbure de l'espace très petite. Nous choisissons la géométrie d'Euclide parce qu'elle est la plus simple. Si nos expériences étaient considérablement différentes, la géométrie d'Euclide ne suffirait plus à les représenter commodément, et nous choisirions une géométrie différente.

Qu'on ne dise pas que le groupe d'Euclide nous semble plus simple parce qu'il est le plus conforme à quelque idéal préexistant qui a déjà un caractère géométrique ; il est plus simple parce que certains de ses déplacements sont échangeables, ce qui n'est pas vrai des déplacements correspondants du groupe de Lobatchevsky. Traduit dans le langage analytique, cela veut dire qu'il y a moins de termes dans les équations et il est clair qu'un algébriste qui ne saurait pas ce qu'est l'espace ou la ligne droite regarderait cela néanmoins comme une condition de simplicité.

En résumé, c'est notre esprit qui fournit une catégorie à la nature. Mais cette catégorie n'est pas un lit de Procuste dans lequel nous contraignons violemment la nature, en la mutilant selon que l'exigent nos besoins. Nous offrons à la nature un choix de lits parmi lesquels nous choisissons la couche qui va le mieux à sa taille.

Chapitre II
Les Fondements de la Géométrie (1902)

Quels sont les principes fondamentaux de la géométrie, quelle en est l'origine, la nature et la portée ? Ce sont là des questions qui ont, de tous temps, préoccupé les mathématiciens et les penseurs, mais qui, il y a un siècle environ, ont pris, pour ainsi dire, une figure toute nouvelle, grâce aux idées de Lobatchevsky et de Bolyai.

On s'est longtemps efforcé de démontrer la proposition connue sous le nom de *postulatum* d'Euclide ; on a constamment échoué ; nous connaissons maintenant les raisons de ces échecs. Lobatchevsky est parvenu à construire un édifice logique, aussi cohérent que la géométrie d'Euclide, mais où le célèbre *postulatum* est supposé faux et où la somme des angles d'un triangle est toujours plus petite que deux droits. Riemann a imaginé un autre système logique, également exempt de contradiction, et où cette somme est, au contraire, toujours plus grande que deux droits. Ces deux géométries, celle de Lobatchevsky et celle de Riemann, sont ce qu'on appelle les *géométries non euclidiennes*.

Le *postulatum* d'Euclide ne peut donc être démontré, et cette impossibilité est aussi absolument certaine que n'importe quelle vérité mathématique. Ce qui n'empêche pas l'Académie des sciences de recevoir chaque année plusieurs démonstrations nouvelles auxquelles elle refuse naturellement l'hospitalité des *Comptes rendus*.

On a déjà beaucoup écrit sur les géométries non euclidiennes ; après avoir crié au scandale, on s'est habitué à ce qu'elles ont de paradoxal ; plusieurs personnes sont allées jusqu'à douter du *postulatum*, à se demander si l'espace réel est plan, comme le supposait Euclide, ou s'il ne présente pas une légère « courbure ». Elles croyaient même que l'expérience pouvait leur donner une réponse à cette question. Inutile d'ajouter que c'était méconnaître complètement la nature de la géométrie, qui n'est pas une science expérimentale.

Mais pourquoi, parmi tous les axiomes de la géométrie, le *postulatum* serait-il le seul que l'on pût nier sans dommage pour la logique ? D'où tiendrait-il ce privilège ? On ne le voit pas très bien, et, à ce compte, bien d'autres conceptions sont possibles.

Cependant beaucoup de géomètres contemporains ne semblent pas penser ainsi. En accordant le droit de cité aux deux géométries nouvelles, ils croient sans doute avoir été jusqu'au bout des concessions possibles. C'est pourquoi ils ont imaginé ce qu'ils appellent « la géométrie générale », qui comprend comme cas particuliers les trois systèmes d'Euclide, de Lobatchevsky et de Riemann, et qui n'en comprend pas d'autres. Et cet épithète de « générale » signifie évidemment, dans leur esprit, qu'aucune autre géométrie n'est concevable.

Ils perdront cette illusion s'ils lisent l'ouvrage de M. Hilbert ; ils y verront éclater de toutes parts les cadres dans lesquels ils avaient voulu nous enfermer.

Pour bien comprendre cette tentative nouvelle, il faut se rappeler quelle a été depuis cent ans l'évolution de la pensée mathématique, non seulement en géométrie, mais en arithmétique et en analyse. La notion de nombre s'est éclaircie et précisée ; en même temps, elle a reçu des généralisations diverses. La plus précieuse pour les analystes est celle qui résulte de l'introduction des « imaginaires », dont les mathématiciens modernes ne pourraient plus se passer ; mais on ne s'est pas arrêté là et on a fait entrer dans la science d'autres généralisations du nombre ou, comme on dit, d'autres catégories de nombres complexes.

Les opérations de l'arithmétique ont été, de leur côté, soumises à la critique, et les quaternions d'Hamilton nous ont montré un exemple d'une opération qui présente une analogie presque parfaite avec la multiplication, que l'on peut appeler du même nom et qui, pourtant, n'est pas commutative, c'est-à-dire dont le produit change quand on intervertit l'ordre des facteurs. C'était là en arithmétique une révolution toute pareille à celle qu'avait faite Lobatchevsky en géométrie.

Notre façon de concevoir l'infini s'est également modifiée. M. G. Cantor nous a appris à distinguer des degrés dans l'infini lui-même (qui n'ont d'ailleurs rien de commun avec les infiniment petits des différents ordres créés par Leibnitz en vue du calcul infinitésimal ordinaire). La notion du continu, longtemps regardée comme primitive, a été analysée et réduite à ses éléments.

Mentionnerai-je également les travaux des Italiens, qui se sont efforcés de créer un symbolisme logique universel et de réduire le raisonnement mathématique à des règles purement mécaniques ?

Il faut se rappeler de tout cela si l'on veut comprendre comment des conceptions, qui auraient fait bondir Lobatchevsky lui-même, tout révolutionnaire qu'il fût, nous semblent aujourd'hui presque naturelles et ont pu être proposées par M. Hilbert avec une parfaite tranquillité.

LISTE DES AXIOMES. – La première chose à faire était d'énumérer tous les axiomes de la géométrie. Ce n'était pas si facile qu'on pourrait le croire ; il y a les axiomes que l'on voit et ceux qu'on ne voit pas, ceux qu'on introduit inconsciemment et sans s'en apercevoir. Euclide lui-même, que l'on croit un logicien impeccable, en applique souvent qu'il n'énonce pas.

La liste de M. Hilbert est-elle définitive ? Il est permis de le croire, car elle semble avoir été dressée avec soin. Le savant professeur répartit les axiomes en cinq groupes :

I. *Axiome der Verknüpfung* (je traduirai par *axiomes projectifs*, au lieu de chercher une traduction littérale comme, par exemple, axiomes de la connexion, qui ne saurait être satisfaisante) ;

II. *Axiome der Anordnung* (axiomes de l'ordre) ;

III. Axiome d'Euclide ;

IV. Axiomes de la congruence ou axiomes métriques ;

V. Axiome d'Archimède.

Parmi les axiomes projectifs, nous distinguerons ceux du plan et ceux de l'espace ; les premiers sont ceux qui dérivent de la proposition bien connue : « Par deux points passe une droite et une seule » ; mais je préfère traduire littéralement, afin de bien faire comprendre la pensée de M. Hilbert.

« Imaginons trois systèmes d'objets que nous appellerons points, droites, et plans. Imaginons que ces points, droites et plans soient liés par certaines relations que nous exprimerons par les mots « être situé sur, entre », etc.

« I. 1. Deux points différents A et B déterminent toujours une droite a, ce que nous écrirons : AB = a ou BA = a.

Au lieu du mot « déterminent », nous emploierons également d'autres tournures de phrase qui seront synonymes ; nous dirons : A est situé sur a, A est un point de a, a passe par A, a joint A à B, etc.

« I. 2. Deux points quelconques d'une droite déterminent cette droite, c'est-à-dire que, si AB = a et que AC = a, et si B est différent de C, on a aussi BC = a ».

Voici les réflexions que doivent nous inspirer ces énoncés : les expressions « être situé sur, passer par », etc., ne sont pas destinées à évoquer des images ; elles sont simplement des synonymes du mot *déterminer*. Les mots « point, droite et plan » eux-mêmes ne doivent provoquer dans l'esprit aucune représentation sensible. Ils pourraient indifféremment désigner des objets d'une nature quelconque, pourvu qu'on pût établir entre ces objets une correspondance telle qu'à tout système de deux objets appelés points correspondît un des objets appelés droites et un seul. Et c'est pourquoi il devient nécessaire d'ajouter (I, 2) que, si la droite qui correspond à un système de deux points A et B est la même que celle qui correspond au système des deux points B et C, c'est aussi la même qui correspond au système des deux points A et C.

Ainsi, M. Hilbert a, pour ainsi dire, cherché à mettre les axiomes sous une forme telle qu'ils puissent être appliqués par quelqu'un qui n'en comprendrait pas le sens, parce qu'il n'aurait jamais vu ni points, ni droite, ni plan. Les raisonnements doivent pouvoir, d'après lui, se ramener à des règles purement mécaniques, et il suffit pour faire la géométrie d'appliquer servilement ces règles aux axiomes, sans savoir ce qu'ils veulent dire. On pourra ainsi construire toute la géométrie, je ne dirai pas précisément sans y rien comprendre, mais tout au moins sans y rien voir. On pourrait confier les axiomes à une machine à raisonner, par exemple au « piano raisonneur » de Stanley Jevons, et on en verrait sortir toute la géométrie.

C'est la même préoccupation qui a inspiré certains savants italiens, tels que MM. Peano et Padoa, qui se sont efforcés de créer une « pasigraphie », c'est-à-dire une sorte d'algèbre universelle où tous les raisonnements sont remplacés par des symboles ou des formules. Cette préoccupation peut sembler artificielle et puérile, et il est inutile de faire observer combien elle serait funeste dans l'enseignement et nuisible au développement des esprits, combien elle serait desséchante pour les chercheurs, dont elle tarirait promptement l'originalité. Mais, chez M. Hilbert, elle s'explique et se justifie si l'on se rappelle le but poursuivi. La liste des axiomes est-elle complète ou en avons-nous laissé échapper quelques-uns que nous appliquons inconsciemment ? Voilà ce qu'il faut savoir. Pour cela, nous avons un critère, et nous n'en avons qu'un. Il faut chercher si la géométrie est une conséquence logique des axiomes explicitement énoncés, c'est-à-dire si ces axiomes confiés à la machine à raisonner peuvent en faire sortir toute la suite des propositions. Si oui, on sera certain de n'avoir rien oublié. Car notre machine ne peut fonctionner que conformément aux règles de la logique pour lesquelles elle a été construite ; elle ignore ce vague instinct que nous appelons intuition.

Je ne m'étendrai pas sur les axiomes projectifs de l'espace que l'auteur numérote 1, 3, 4, 5, 6 ; rien n'est changé aux énoncés habituels. Un mot seulement sur l'axiome I, 7, qui se formule ainsi : « Sur toute droite il y a au moins deux points ; sur tout plan il y a au moins trois points non en ligne droite ; dans l'espace il y a au moins quatre points qui ne sont pas dans un même plan ». Cet énoncé est caractéristique. Quiconque aurait laissé à l'intuition une place, si petite qu'elle fût, n'aurait pas songé à dire que sur toute droite il y a au moins deux points, ou bien il aurait ajouté tout de suite qu'il y en a une infinité ; car l'intuition de la droite lui aurait révélé immédiatement et simultanément ces deux vérités.

Passons au second groupe, celui des axiomes de l'ordre. Voici l'énoncé des deux premiers : « Si trois points sont sur une même droite, il y a entre eux une certaine relation que nous exprimons en disant que l'un des points et un seulement est entre les deux autres. Si C est entre A et B, et si D est entre A et C, D sera aussi entre A et B, etc. ». Ici encore nous ne faisons pas intervenir l'intuition ; nous ne cherchons pas à approfondir ce que signifie le mot « entre » ; toute relation satisfaisant aux axiomes pourrait être désignée par le même mot. Voilà qui est bien propre à nous éclairer sur la nature purement formelle des définitions mathématiques ; mais je n'insiste pas, car je n'aurais qu'à répéter ce que j'ai dit à propos du premier groupe.

Mais une autre réflexion s'impose. Les axiomes de l'ordre sont présentés comme dépendant des axiomes projectifs, et ils n'auraient plus aucun sens si l'on n'admettait pas ces derniers, puisqu'on ne saurait ce que c'est que trois points en ligne droite. Et cependant il existe une géométrie particulière, purement qualitative et qui est absolument indépendante de la géométrie projective, qui ne suppose connues ni la notion de droite, ni celle de plan, mais seulement celles de ligne et de surface ; c'est ce qu'on appelle l'*analysis situs*. Le but de cette science, qui a été cultivée par plusieurs grands géomètres comme Euler et Riemann, est l'étude qualitative des positions relatives des diverses parties d'une figure. On laisse de côté les propriétés qui supposent que les proportions de cette figure ont été rigoureusement conservées, et on se borne à étudier celles qui subsisteraient encore si la figure était copiée par un dessinateur malhabile, comme par exemple celles qui se rapporteraient au nombre des points d'intersection des différentes lignes. Il est clair qu'une pareille science doit être autonome et qu'elle doit avoir des axiomes propres. Or ces axiomes sont précisément ceux de l'ordre. Pourquoi alors les faire dépendre de la notion de la ligne droite, puisque cette notion est étrangère à l'*analysis situs* ? On peut placer un point C *entre* deux points A et B sur une courbe quelconque tout aussi bien que sur une droite. Ne serait-il pas préférable de donner aux axiomes du deuxième groupe une forme qui les affranchît de cette dépendance et les séparât complètement du premier groupe ? Il reste à savoir si cela serait possible, en conservant à ces axiomes leur caractère purement logique, c'est-à-dire en fermant complètement la porte à toute intuition.

Le troisième groupe ne contient qu'un seul axiome, qui est le célèbre *postulatum* d'Euclide ; je remarquerai seulement que, contrairement à l'usage ordinaire, il est présenté avant les axiomes métriques. Ces derniers forment le quatrième groupe. Nous y distinguerons trois sous-groupes. Les propositions IV, 1, 2, 3 sont les axiomes métriques des segments ; ces axiomes servent à définir les longueurs. On conviendra de dire qu'un segment pris sur une droite peut être congruent (égal) à un segment pris sur une autre droite ; c'est l'axiome IV, 1 ; mais cette convention n'est pas tout à fait arbitraire ; elle doit être faite de façon que deux segments congruents à un même troisième soient congruents entre eux (IV, 2) ; on définit ensuite par une convention nouvelle l'addition des segments et cette convention, à son tour, doit être faite de façon qu'en additionnant des segments égaux on trouve des sommes égales ; et c'est là l'axiome IV, 3.

Les propositions IV, 4, 5 sont les axiomes correspondants pour les angles, mais cela ne suffit pas encore ; aux deux sous-groupes des axiomes métriques des segments et des angles, il faut adjoindre l'axiome métrique des triangles, que M. Hilbert numérote IV, 6 :

si deux triangles ont un angle égal compris entre côtés égaux, les autres angles de ces deux triangles sont égaux chacun à chacun.

On retrouve là l'un des cas connus de l'égalité des triangles, que l'on démontre d'ordinaire par superposition, et qu'on doit poser en postulat si l'on veut éviter de faire appel à l'intuition. Quand d'ailleurs on se servait de l'intuition, c'est-à-dire de la superposition, on voyait du même coup que les troisièmes côtés étaient égaux dans les deux triangles et les deux propositions étaient unies, pour ainsi dire, dans une même aperception ; ici, au contraire, nous les séparons ; de l'une d'elles nous faisons un postulat, mais nous n'érigeons pas l'autre en postulat, parce qu'elle peut se déduire logiquement de la première. Je regretterai aussi que dans cet exposé des axiomes métriques, il ne reste plus aucune trace d'une notion dont Helmholtz avait le premier compris l'importance, je veux parler du déplacement d'une figure invariable. On aurait pu conserver son rôle naturel à cette notion, sans sacrifier le caractère logique des axiomes. On aurait évité ainsi l'introduction artificielle de cet axiome IV, 6, et les postulats auraient été rattachés à leur véritable origine psychologique.

Le cinquième groupe ne contient qu'un seul axiome, celui d'Archimède, c'est-à-dire que, si l'on se donne deux longueurs quelconques, l et L, on peut toujours trouver un nombre entier n assez grand pour qu'en ajoutant n fois à elle-même la longueur l, on obtienne une longueur totale plus grande que L.

INDÉPENDANCE DES AXIOMES. – La liste des axiomes une fois dressée, il faut voir si elle est exempte de contradictions. Nous savons bien que oui, puisque la géométrie existe ; et M. Hilbert répond oui également, en construisant une géométrie. Mais, chose étrange, cette géométrie n'est pas tout à fait la nôtre ; son espace n'est pas le nôtre ou du moins n'en est qu'une partie. Dans l'espace de M. Hilbert, il n'y a pas tous les points qui sont dans le nôtre, mais ceux seulement qu'on peut, en partant de deux points donnés, construire, par le moyen de la règle et du compas ; par exemple dans cet espace il n'existerait pas, en général, un angle qui serait le tiers d'un angle donné.

Je crois bien que cette conception aurait été regardée par Euclide comme plus raisonnable que la nôtre. Toujours est-il que ce n'est pas la nôtre. Pour retrouver notre géométrie, il faudrait ajouter un axiome : si sur une droite, il y a une double infinité de points A_1, A_2,..., A_n ..., B_1, B_2,..., B_n ... tels que B_q soit compris entre A_q et B_{q-1} et A_p entre B_q et A_{p-1} , quels que soient p et q, il y aura sur cette droite au moins un point C qui sera entre A_p et B_q.

On doit se demander ensuite si les axiomes sont indépendants, c'est-à-dire si l'on peut sacrifier l'un des cinq groupes en conservant les quatre autres et obtenir néanmoins une géométrie cohérente. C'est ainsi qu'en supprimant le groupe III (*postulatum* d'Euclide) on a obtenu la géométrie non euclidienne de Lobatchevsky.

On peut également supprimer le groupe IV. M. Hilbert a réussi à conserver les groupes I, II, III et V ainsi que les deux sous-groupes des axiomes métriques des segments et des angles, tout en rejetant l'axiome métrique des triangles, c'est-à-dire la proposition IV, 6. Pour y parvenir, M. Hilbert conserve la définition ordinaire des angles, de sorte que les axiomes métriques des angles restent vrais, mais il change la définition des longueurs. Il est clair que la convention par laquelle nous avons défini les longueurs reste arbitraire dans une très large mesure ; elle n'est assujettie qu'à une seule condition, qui est de satisfaire aux axiomes métriques des segments ; cette condition limite notre choix, mais ne le supprime pas complètement. Il est clair que l'on peut, de bien des manières, changer la définition de la longueur, *tout en conservant ces axiomes*. Mais, si l'on ne met pas d'accord la convention relative aux angles et la convention relative aux longueurs, l'axiome des triangles ne sera plus vrai en général.

Dans la solution adoptée par M. Hilbert, cet accord n'existe pas, mais la définition choisie pour les longueurs est telle qu'on pourrait trouver une définition des angles qui rétablirait cet accord. Cette solution ne me satisfait qu'à moitié ; les angles ont été définis indépendamment des longueurs, sans qu'on se soit préoccupé de mettre les deux définitions d'accord (ou plutôt en les mettant en désaccord à dessein). Il suffirait de changer *l'une* des deux définitions pour retomber sur la géométrie classique. Je préférerais qu'on donnât des longueurs une définition telle qu'il devînt impossible de trouver une définition des angles satisfaisant aux axiomes métriques des angles et des triangles. Cela ne serait d'ailleurs pas difficile.

Il aurait été facile à M. Hilbert de créer une géométrie où les axiomes de l'ordre seraient abandonnés tandis que tous les autres seraient conservés. Ou plutôt cette géométrie existe déjà, ou plutôt encore il en existe déjà deux. Il y a celle de Riemann, pour laquelle, il est vrai, le *postulatum* d'Euclide (groupe III) est abandonné également, puisque la somme des angles d'un triangle est plus grande que deux droits. Pour bien faire comprendre ma pensée, je me bornerai à considérer une géométrie à deux dimensions. La géométrie de Riemann à deux dimensions n'est autre que la géométrie sphérique, à une condition toutefois, c'est que l'on ne regarde pas comme distincts deux points diamétralement opposés sur la sphère. Les éléments de cette géométrie seront donc les différents diamètres de cette sphère. Or, si l'on envisage trois diamètres d'une sphère situés dans un même plan diamétral, on n'a aucune raison de dire que l'un d'eux est *entre* les deux autres. Le mot *entre* n'a plus de sens, et les axiomes de l'ordre tombent d'eux-mêmes.

Si nous voulons maintenant une géométrie où les axiomes de l'ordre ne subsisteront pas, et où on conservera le *postulatum* d'Euclide avec les autres, nous n'avons qu'à prendre pour éléments les points et les droites *imaginaires* de l'espace ordinaire. Il est clair que les points imaginaires de l'espace ne nous sont pas donnés comme rangés dans un ordre déterminé. On pourrait peut-être les ranger, mais cela ne pourrait pas se faire de telle façon que cet ordre ne soit pas altéré par les diverses opérations de la géométrie (perspective, translation, rotation, etc.). Les axiomes de l'ordre ne sont donc pas applicables à cette géométrie.

LA GÉOMÉTRIE NON ARCHIMÉDIENNE – Mais la conception la plus originale de M. Hilbert, c'est celle de la géométrie non archimédienne, où tous les axiomes restent vrais, sauf celui d'Archimède. Pour cela il fallait d'abord construire un « système de nombres non archimédiens ».

Toutes les fois qu'on veut généraliser une notion quelconque, il faut rompre avec d'anciennes habitudes d'esprit, et cette rupture est quelquefois difficile : elle l'est surtout quand il s'agit d'une notion aussi ancienne que celle de nombre. Qu'est-ce que les nombres ? Ce sont avant tout des éléments que nous savons distinguer les uns des autres ; nous savons en outre définir la somme ou le produit de deux de ces éléments, et enfin nous avons des règles pour reconnaître entre deux nombres quel est le plus grand et quel est le plus petit.

Voilà ce que nous devons considérer comme essentiel ; mais il est clair que, si nous regardons ces règles comme des conventions, nous pouvons appliquer ces conventions à d'autres éléments que nos nombres ordinaires et que nous pouvons même changer ces conventions dans une mesure plus ou moins grande. C'est ainsi que la notion de nombre peut s'élargir presque indéfiniment.

Par exemple, les polynômes peuvent, comme les nombres, subir l'addition et la multiplication et d'après les mêmes règles. Il nous suffirait de définir l'inégalité de deux polynômes, ce que nous pouvons faire par une convention quelconque, par exemple en convenant que de deux polynômes, celui-là sera regardé comme le plus grand dont la valeur numérique est la plus grande quand la variable est positive et très grande.

Avec cette convention, les règles ordinaires du calcul des égalités et des inégalités subsisteraient sans changement. Mais nos nombres vulgaires satisfont à l'axiome d'Archimède, je veux dire que si l'on additionne à lui-même un nombre quelconque un nombre suffisant de fois, la somme finira par dépasser tout autre nombre donné quelconque.

Au contraire, avec nos nouveaux éléments qui sont des polynômes, il n'en est plus de même. Un polynôme du premier degré, additionné à lui-même autant de fois qu'on voudra, restera toujours du premier degré ; il sera donc toujours plus petit que x^2, d'après notre convention, puisque pour x très grand, x^2 est plus grand que tout polynôme du premier degré.

Nos nouveaux nombres sont donc des nombres non archimédiens.

Nos nombres vulgaires rentrent comme cas particuliers parmi ces « nombres non archimédiens ». Les nouveaux nombres viennent s'intercaler pour ainsi dire dans la série de nos nombres vulgaires, de telle façon qu'il y ait par exemple une infinité de nombres nouveaux plus petits qu'un nombre vulgaire donné A et plus grands que tous les nombres vulgaires inférieurs à A.

Cela posé, imaginons un espace à trois dimensions où les coordonnées d'un point seraient mesurées non par des nombres vulgaires, mais par des nombres non archimédiens, mais où les équations habituelles de la droite et du plan subsisteraient, de même que les expressions analytiques des angles et des longueurs. Il est clair que dans cet espace tous les axiomes resteraient vrais, sauf celui d'Archimède.

Sur une droite quelconque, entre nos points vulgaires, viendraient s'intercaler des points nouveaux. Si par exemple D_0 est une droite vulgaire, D_1 la droite non archimédienne correspondante ; si P est un point vulgaire quelconque de D_0, et si ce point partage D_0 en deux demi-droites S et S' (j'ajoute pour préciser que je considère P comme ne faisant partie ni de S, ni de S') ; il y aura sur D_1 une infinité de points nouveaux tant entre P et S qu'entre P et S'. Il y aura également sur D_1 une infinité de points nouveaux qui seront à droite de tous les points vulgaires de D_0. En résumé, notre espace vulgaire n'est qu'une partie de l'espace non archimédien.

Au premier abord, l'esprit se révolte contre de pareilles conceptions. C'est que, par une vieille habitude, il cherche une représentation sensible. Il faut qu'il se débarrasse de cette préoccupation, s'il veut arriver à comprendre, et cela est encore plus nécessaire que pour la géométrie non euclidienne. M. Hilbert ne s'est proposé qu'une chose, construire un système d'éléments susceptibles de certaines relations logiques et il lui suffit de montrer que ces relations n'impliquent pas de contradiction interne.

Qu'on remarque cependant ceci : la géométrie non euclidienne respectait pour ainsi dire notre conception qualitative du continu géométrique tout en bouleversant nos idées sur la mesure de ce continu. La géométrie non archimédienne détruit cette conception ; elle dissèque le continu pour y introduire des éléments nouveaux.

Quoi qu'il en soit, M. Hilbert poursuit les conséquences de ses prémisses ; et il cherche comment on pourrait refaire la géométrie sans se servir de l'axiome d'Archimède. Pas de difficulté en ce qui concerne les chapitres que les écoliers appellent le premier et le deuxième livre. Cet axiome n'y intervient nulle part.

Le troisième livre traite des proportions et de la similitude. Voici en substance la marche que suit M. Hilbert pour le reconstituer sans avoir recours à l'axiome d'Archimède. Il prend la construction habituelle de la quatrième proportionnelle comme définition de la proportion ; mais une pareille définition a besoin d'être justifiée ; il faut montrer d'abord que le résultat est le même quelles que soient les lignes auxiliaires employées dans la construction ; et ensuite que les règles ordinaires du calcul s'appliquent aux proportions ainsi définies. C'est cette justification que M. Hilbert nous donne d'une façon satisfaisante.

Le quatrième livre traite de la mesure des aires planes ; cette mesure peut s'établir facilement sans le secours du principe d'Archimède ; c'est parce que deux polygones équivalents ou bien peuvent être décomposés en triangles de telle façon que les triangles élémentaires de l'un et ceux de l'autre soient égaux chacun à chacun (ou en d'autres termes peuvent être ramenés l'un à l'autre par le procédé du casse-tête chinois), ou bien peuvent être regardés comme des différences de polygones susceptibles de ce mode de décomposition (c'est toujours le même procédé, en admettant non seulement des triangles additifs, mais encore des triangles soustractifs). Mais nous devons observer qu'une circonstance analogue ne paraît pas se retrouver pour deux polyèdres équivalents, de sorte qu'on peut se demander si l'on peut déterminer par exemple le volume de la pyramide sans un appel plus ou moins déguisé au calcul infinitésimal. Il n'est donc pas certain qu'on pourrait se passer aussi facilement de l'axiome d'Archimède dans la mesure des volumes que dans celle des aires planes ; M. Hilbert ne l'a d'ailleurs pas tenté.

Une question restait à traiter toutefois ; étant donné un polygone, est-il possible de le décomposer en triangles et d'enlever l'un des morceaux de façon que le polygone restant soit équivalent au polygone donné, c'est-à-dire de façon qu'en transformant ce polygone restant par le procédé du casse-tête chinois, on puisse retomber sur le polygone primitif. D'ordinaire, on se borne à dire que cela est impossible parce que le tout est plus grand que la partie. C'est là invoquer un axiome nouveau, et, quelque évident qu'il nous paraisse, le logicien serait plus satisfait si on pouvait l'éviter. M. Schur a trouvé la démonstration, il est vrai, mais en s'appuyant sur l'axiome d'Archimède ; M. Hilbert voulait y arriver sans se servir de cet axiome. Voici par quel artifice il y parvient : il admet que la « surface » du triangle est *par définition* le demi-produit de sa base par sa hauteur et il justifie cette définition en montrant que deux triangles équivalents (au point de vue du casse-tête chinois) ont même « surface » (au sens de la nouvelle définition) et que la « surface » d'un triangle décomposable en plusieurs autres est la somme des « surfaces » des triangles composants. Une fois cette justification terminée, tout le reste suit sans difficulté. C'est donc toujours la même marche. Pour éviter d'incessants appels à l'intuition, qui nous fournirait sans cesse de nouveaux axiomes, on transforme ces axiomes en définitions et on justifie après coup ces définitions en montrant qu'elles sont exemptes de contradiction.

LA GÉOMÉTRIE NON ARGUÉSIENNE. – Le théorème fondamental de la géométrie projective est le théorème de Désargues. Deux triangles sont dits *homologues* lorsque les droites qui joignent chacun à chacun les sommets correspondants se coupent en un même point. Désargues a démontré que les points d'intersection des côtés correspondants de deux triangles homologues sont sur une même ligne droite ; la réciproque est également vraie.

Le théorème de Désargues peut s'établir de deux manières : 1° en se servant des axiomes projectifs du plan et des axiomes métriques du plan ; 2° en se servant des axiomes projectifs du plan et de ceux de l'espace. Le théorème pourrait donc être découvert par un animal à deux dimensions, à qui une troisième dimension paraîtrait aussi inconcevable qu'à nous une quatrième, qui par conséquent ignorerait les axiomes projectifs de l'espace, mais qui aurait vu se déplacer, dans le plan qu'il habite, des figures invariables analogues à nos corps solides et qui par conséquent connaîtrait les axiomes métriques. Le théorème pourrait être découvert également par un animal à trois dimensions, qui connaîtrait les axiomes projectifs de l'espace, mais qui, n'ayant jamais vu se déplacer des corps solides, ignorerait les axiomes métriques.

Mais pourrait-on établir le théorème de Désargues sans se servir ni des axiomes projectifs de l'espace, ni des axiomes métriques, mais seulement des axiomes projectifs du plan ? On pensait que non, mais on n'en était pas sûr. M. Hilbert a tranché la question en construisant une géométrie *non arguésienne*, qui est, bien entendu, une géométrie plane. Il n'a, pour cela, qu'à changer un peu la définition de la droite. Si la définition nouvelle diffère peu de la définition ancienne, le nombre des points d'intersection de deux droites restera le même ; deux droites ne pourront toujours se couper qu'en un point, et les axiomes projectifs du plan resteront vrais. Cependant le moindre changement dans cette définition suffit pour que le théorème de Désargues cesse d'être vrai.

LA GÉOMÉTRIE NON PASCALIENNE. – M. Hilbert ne s'arrête pas là, et il introduit encore une nouvelle conception. Pour bien la comprendre, il nous faut d'abord retourner un instant dans le domaine de l'arithmétique. Nous avons vu plus haut s'élargir la notion de nombre par l'introduction des « nombres non archimédiens ». Il nous faut une classification de ces nouveaux nombres et, pour l'obtenir, nous allons classer d'abord les axiomes de l'arithmétique en quatre groupes, qui seront :

1° Les lois d'associativité et de commutativité de l'addition, la loi d'associativité de la multiplication, les deux lois de la distributivité de la multiplication, ou en résumé, toutes les règles de l'addition et de la multiplication sauf la loi de commutativité de la multiplication ;

2° Les axiomes de l'ordre, c'est-à-dire les règles du calcul des inégalités ;

3° La loi de commutativité de la multiplication, d'après laquelle on peut intervertir l'ordre des facteurs sans changer le produit ;

4° L'axiome d'Archimède.

Les nombres qui admettent les axiomes des deux premiers groupes sont dits *arguésiens* ; ils pourront être *pascaliens* ou *non pascaliens*, selon qu'ils satisferont ou ne satisferont pas à l'axiome du troisième groupe ; ils seront *archimédiens* ou *non archimédiens*, suivant qu'ils satisferont ou non à l'axiome du quatrième groupe.

Nous ne tarderons pas à voir la raison de ces dénominations.

Les nombres ordinaires sont à la fois arguésiens, pascaliens, et archimédiens. On peut démontrer la loi de commutativité en partant des axiomes des deux premiers groupes et de l'axiome d'Archimède. Il n'y a donc pas de nombres arguésiens, archimédiens et non pascaliens.

En revanche, nous avons cité plus haut un exemple de nombres arguésiens, pascaliens et non archimédiens.

Après ce que nous venons de dire sur la façon de former les nombres non archimédiens, on doit comprendre que notre caprice ne peut plus, pour ainsi dire, rencontrer d'obstacle. Nous pouvons changer à notre gré les conventions fondamentales et nous devons seulement rechercher si un changement apporté dans l'une d'elles ne nous oblige pas à modifier les autres.

Nous pouvons donc changer les règles conventionnelles de la multiplication de façon que cette opération ne soit plus commutative. Il reste à savoir si cela n'entraînera pas l'abandon des autres règles. M. Hilbert a reconnu que non ; on peut conserver toutes les autres règles, sauf celle d'Archimède. Il a donc créé des nombres arguésiens, non pascaliens, non archimédiens.

Avant d'aller plus loin, je rappelle que Hamilton a depuis longtemps introduit un système de nombres complexes, où la multiplication n'est pas commutative : ce sont les *quaternions*, dont les Anglais font un si fréquent usage en physique mathématique. Mais pour les quaternions, les axiomes de l'ordre ne sont pas vrais ; ce qu'il y a donc d'original dans la conception de M. Hilbert, c'est que ses nouveaux nombres satisfont aux axiomes de l'ordre sans satisfaire à la règle de commutativité.

Revenons à la géométrie. Admettons les axiomes des trois premiers groupes, c'est-à-dire les axiomes projectifs du plan et de l'espace, les axiomes de l'ordre et le postulat d'Euclide ; le théorème de Désargues s'en déduira, puisqu'il est une conséquence des axiomes projectifs de l'espace. Nous voulons constituer notre géométrie *sans nous servir des axiomes métriques* ; le mot de longueur n'a donc encore pour nous aucun sens ; nous n'avons pas le droit de nous servir du compas ; en revanche, nous pouvons nous servir de la règle, puisque nous admettons que par deux points on peut faire passer une droite, en vertu de l'un des axiomes projectifs ; nous savons également mener par un point une parallèle à une droite donnée, puisque nous admettons le *postulatum* d'Euclide. Voyons ce que nous pouvons faire avec ces ressources.

Nous pouvons définir l'homothétie de deux figures ; deux triangles seront dits *homothétiques* quand leurs côtés seront parallèles deux à deux, et nous en conclurons (par le théorème de Désargues, que nous admettons) que les droites qui joignent les sommets correspondants sont concourantes. Nous nous servirons ensuite de l'homothétie pour définir les proportions. Nous pouvons aussi définir l'égalité dans une certaine mesure. Les deux côtés opposés d'un parallélogramme seront égaux *par définition* ; nous savons ainsi reconnaître si deux segments sont égaux entre eux, pourvu qu'ils soient parallèles.

Grâce à ces conventions, nous sommes maintenant en mesure de comparer les longueurs de deux segments, *mais pourvu que ces segments soient parallèles*. La comparaison de deux longueurs dont la direction est différente n'a aucun sens, et il faudrait, pour ainsi dire, une unité de longueur différente pour chaque direction. Inutile d'ajouter que le mot angle n'a aucun sens.

Les longueurs seront ainsi exprimées par des nombres, mais ce ne seront pas forcément des nombres ordinaires. Tout ce que nous pouvons dire, c'est que si le théorème de Désargues est vrai comme nous l'admettons, ces nombres appartiendront à un système satisfaisant aux axiomes arithmétiques des deux premiers groupes, c'est-à-dire un système *arguésien*. Inversement, étant donné un système de nombres arguésiens *quelconques*, on peut construire une géométrie telle que les longueurs des segments d'une droite soient justement exprimées par ces nombres.

Ainsi, à chaque système de nombres arguésiens correspondra une géométrie nouvelle satisfaisant aux axiomes projectifs, à ceux de l'ordre, au théorème de Désargues et au *postulatum* d'Euclide. Quelle est maintenant la signification géométrique de l'axiome arithmétique du troisième groupe, c'est-à-dire de la règle de commutativité de la multiplication ? *La traduction géométrique de cette règle, c'est le théorème de Pascal* ; je veux parler du théorème sur l'hexagone inscrit dans une conique, en supposant que cette conique se réduit à deux droites.

Ainsi le théorème de Pascal sera vrai ou faux, selon que le système sera pascalien ou non pascalien, et comme il y a des systèmes non pascaliens, *il y aura également des géométries non pascaliennes.*

Le théorème de Pascal peut se démontrer en partant des axiomes métriques ; il sera donc vrai si l'on admet que les figures peuvent se transformer non seulement par homothétie et translation, comme nous venons de le faire, mais encore par rotation.

Le théorème de Pascal peut également se déduire de l'axiome d'Archimède, puisque nous venons de voir que tout système de nombres arguésiens et archimédiens est en même temps pascalien ; *toute géométrie non pascalienne est donc en même temps non archimédienne.*

Le Streckenüberträger. – Citons encore une autre conception de M. Hilbert. Il étudie les constructions que l'on pourrait faire, non pas à l'aide de la règle et du compas, mais par le moyen de la règle et d'un instrument particulier, qu'il appelle *Streckenüberträger*, et qui permettrait de porter sur une droite un segment égal à un autre segment pris sur une autre droite. Le *Streckenüberträger* n'est pas l'équivalent du compas ; ce dernier instrument permettrait de construire l'intersection de deux cercles quelconques, ou d'un cercle et d'une droite quelconque ; le *Streckenüberträger* nous donnerait seulement l'intersection d'un cercle et d'une droite *passant par le centre du cercle*. M. Hilbert cherche donc quelles sont les constructions qui seront possibles avec ces deux instruments, et il arrive à une conclusion bien remarquable.

Les constructions qui peuvent se faire par la règle et le compas peuvent se faire également par la règle et le *Streckenüberträger, si ces constructions sont telles que le résultat en soit toujours réel.* Il est clair, en effet, que cette condition est nécessaire, car un cercle est toujours coupé en *deux points réels* par une droite menée par son centre. Mais il était difficile de prévoir que cette condition serait également suffisante.

Géométries diverses. – Je voudrais, avant de terminer, voir quelle place occupent, dans la classification de M. Hilbert, les diverses géométries proposées jusqu'ici. Et d'abord, *les géométries* de Riemann ; je ne veux pas parler de *la* géométrie de Riemann, que j'ai signalée plus haut et qui est l'opposé de celle de Lobatchevsky ; je veux parler des géométries relatives aux espaces à courbure variable envisagés par Riemann dans sa célèbre *Habilitationsschrift.*

Dans cette conception, on attribue par définition une longueur à une courbe quelconque, et c'est sur cette définition que tout repose. Le rôle des droites est joué par les géodésiques, c'est-à-dire par les lignes de longueur minimum menées d'un point à un autre. Les axiomes projectifs ne sont plus vrais ; et il n'y a aucune raison, par exemple, pour que deux points ne puissent être joints que par une seule géodésique. Le postulat d'Euclide ne peut plus, évidemment, avoir aucun sens. L'axiome d'Archimède reste vrai, ainsi que les axiomes de l'ordre, *mutatis mutandis* ; Riemann n'envisage, en effet, que des systèmes de nombres ordinaires. En ce qui concerne les axiomes métriques, on voit aisément que ceux des segments et ceux des angles restent vrais, tandis que l'axiome métrique des triangles (IV, 6) est évidemment faux.

Et ici nous retrouvons l'objection qu'on a le plus souvent faite à Riemann.

Vous parlez de longueur, lui a-t-on dit, or longueur suppose mesure, et pour mesurer il faut pouvoir transporter un instrument de mesure qui doit demeurer invariable ; d'ailleurs vous le reconnaissez vous-même. Il faut donc que l'espace soit partout égal à lui-même, qu'il soit homogène, pour que la congruence y soit possible. Or votre espace ne l'est pas, puisque sa courbure est variable ; il ne peut donc y être question ni de mesure, ni de longueur.

Riemann n'aurait pas eu de peine à répondre. Supposons une géométrie à deux dimensions, pour simplifier ; nous pourrons alors nous représenter l'espace de Riemann comme une surface dans l'espace ordinaire. Nous pourrions mesurer des longueurs sur cette surface à l'aide d'une ficelle, et cependant une figure ne pourrait pas se déplacer en restant appliquée sur cette surface et de façon que les longueurs de tous ses éléments demeurent invariables, car la surface n'est pas en général applicable sur elle-même.

C'est ce que M. Hilbert traduirait en disant que les axiomes métriques des segments sont vrais et que celui des triangles ne l'est pas. Les premiers sont symbolisés pour ainsi dire par notre ficelle ; celui des triangles supposerait le déplacement d'une figure dont tous les éléments auraient une longueur constante.

Quelle sera la place d'une autre géométrie que j'ai proposée autrefois et qui rentre pour ainsi dire dans la même famille que celle de Lobatchevsky et celle de Riemann ; j'ai montré qu'on peut imaginer trois géométries à deux dimensions, qui correspondent respectivement aux trois sortes de surfaces du second degré : l'ellipsoïde, l'hyperboloïde à deux nappes et l'hyperboloïde à une nappe ; la première est celle de Riemann ; la seconde est celle de Lobatchevsky et la troisième est la géométrie nouvelle. On trouverait, de même, quatre géométries à trois dimensions.

Où viendrait se ranger cette géométrie nouvelle dans la classification de M. Hilbert ? Il est aisé de s'en rendre compte. Comme pour celle de Riemann, tous les axiomes subsistent, sauf ceux de l'ordre et celui d'Euclide ; mais tandis que dans la géométrie de Riemann les axiomes de l'ordre sont faux sur toutes les droites, au contraire, dans la géométrie nouvelle, les droites se répartissent en deux classes, les unes, sur lesquelles les axiomes sont vrais ; les autres, sur lesquelles ils sont faux.

CONCLUSION. – Mais ce qui est le plus important, c'est de nous rendre compte de la place qu'occupent les conceptions nouvelles de M. Hilbert dans l'histoire de nos idées sur la philosophie des mathématiques.

Après une première période de naïve confiance où l'on nourrissait l'espoir de tout démontrer, est venu Lobatchevsky, l'inventeur des géométries non euclidiennes.

Mais le véritable sens de cette invention n'a pas été pénétré tout de suite ; Helmholtz a montré d'abord que les propositions de la géométrie euclidienne n'étaient autre chose que les lois des mouvements des corps solides, tandis que celles des autres géométries étaient les lois que pourraient suivre d'autres corps analogues aux corps solides, qui, sans doute, n'existent pas, mais dont l'existence pourrait être conçue sans qu'il en résultât la moindre contradiction ; des corps que l'on pourrait fabriquer, si on le voulait. Ces lois ne pourraient toutefois être regardées comme expérimentales, puisque les solides naturels ne les suivent que grossièrement, et, d'ailleurs, puisque les corps fictifs de la géométrie non euclidienne, n'existant pas, ne peuvent être accessibles à l'expérience. Helmholtz, toutefois, ne s'est jamais expliqué sur ce point avec une parfaite netteté.

Lie a poussé l'analyse beaucoup plus loin. Les lois du mouvement des corps solides invariables ne sont pas des lois expérimentales ; il en est de même *a fortiori* pour les corps fictifs de la géométrie non euclidienne, mais toutes les lois que l'on pourrait imaginer doivent satisfaire à certaines conditions, lesquelles ne sont pas révélées par l'expérience, mais s'imposent au contraire à l'expérience. Ce que la géométrie nous enseigne, c'est que les lois connues du mouvement des solides invariables satisfont à ces conditions. Lie a bien compris tout cela ; il a donc voulu former tous les types possibles de lois cinématiques. Il a cherché de quelle manière peuvent se combiner les divers mouvements possibles d'un système quelconque ou, plus généralement, les diverses transformations possibles d'une figure. Si l'on envisage un certain nombre de transformations et qu'on les combine ensuite de toutes les manières possibles, l'ensemble de toutes ces combinaisons formera ce qu'il appelle un groupe. À chaque groupe correspond une géométrie, et la nôtre, qui correspond au groupe des déplacements d'un corps solide, n'est qu'un cas très particulier. Mais tous les groupes que l'on peut imaginer posséderont certaines propriétés communes, et ce sont précisément ces propriétés communes qui limitent le caprice des inventeurs de géométries ; ce sont elles, d'ailleurs, que Lie a étudiées toute sa vie. Il n'était pourtant pas entièrement satisfait de son œuvre. Il avait, disait-il, toujours envisagé l'espace comme une *Zahlenmannigfaltig-keit*. Il s'était borné à l'étude des groupes continus proprement dits, auxquels s'appliquent les règles de l'analyse infinitésimale ordinaire. Ne s'était-il pas ainsi artificiellement restreint ? N'avait-il pas ainsi négligé un des axiomes indispensables de la géométrie (c'est en somme de l'axiome d'Archimède qu'il s'agit) ? Je ne sais si on trouverait trace de cette préoccupation dans ses œuvres imprimées, mais dans sa correspondance ou dans sa conversation, il exprimait sans cesse ce même regret.

C'est précisément la lacune qu'a comblée M. Hilbert ; les géométries de Lie restaient toutes assujetties aux formes de l'analyse et de l'arithmétique qui semblaient intangibles. M. Hilbert a brisé ces formes, ou, si l'on aime mieux, il les a élargies. Ses espaces ne sont plus des *Zahlenmannigfaltigkeiten*. Les objets qu'il appelle point, droite ou plan deviennent ainsi des êtres purement logiques qu'il est impossible de se représenter. On ne saurait s'imaginer, sous une forme sensible, ces points qui ne sont que des systèmes de trois séries. Peu lui importe ; il lui suffit que ce soient des individus et qu'il ait des règles sûres pour distinguer ces individus les uns des autres, pour établir conventionnellement entre eux des relations d'égalité ou d'inégalité et pour les transformer.

Une autre remarque : les groupes de transformations au sens de Lie ne semblent plus jouer qu'un rôle secondaire. C'est du moins ce qu'il semble quand on lit le texte même de M. Hilbert. Mais, si l'on y regardait de plus près, on verrait que chacune de ces géométries est encore l'étude d'un groupe. Sa géométrie non archimédienne est celle d'un groupe qui contient toutes les transformations du groupe euclidien, correspondant aux divers déplacements d'un solide, mais qui en contient encore d'autres susceptibles de se combiner aux premières, d'après des lois simples.

Lobatchevsky et Riemann rejetaient le *postulatum* d'Euclide, mais ils conservaient les axiomes métriques ; dans la plupart de ses géométries, M. Hilbert fait l'inverse. Cela revient à mettre au premier rang un groupe formé des transformations de l'espace par homothétie et par translation ; et, à la base de la géométrie non pascalienne, c'est un groupe analogue que nous retrouvons, comprenant non seulement les homothéties et les translations de l'espace ordinaire, mais d'autres transformations analogues se combinant aux premières d'après des lois simples.

M. Hilbert semble plutôt dissimuler ces rapprochements, je ne sais pourquoi. Le point de vue logique paraît seul l'intéresser. Étant donné une suite de propositions, il constate que toutes se déduisent logiquement de la première. Quel est le fondement de cette première proposition, quelle en est l'origine psychologique ? Il ne s'en occupe pas. Et même si nous avons par exemple trois propositions A, B, C, et si la logique permet, en partant de l'une quelconque d'entre elles, d'en déduire les deux autres, il lui sera indifférent de regarder A comme un axiome et d'en tirer B et C, ou bien, au contraire, de regarder C comme un axiome et d'en tirer A et B. Les axiomes sont posés, on ne sait pas d'où ils sortent ; il est donc aussi facile de poser A que C.

Son œuvre est donc incomplète, mais ce n'est pas une critique que je lui adresse. Incomplet, il faut bien se résigner à l'être. Il suffit qu'il ait fait faire à la philosophie des mathématiques un progrès considérable comparable à ceux que l'on devait à Lobatchevsky, à Riemann, à Helmholtz et à Lie.

POINCARÉ

Depuis l'impression des lignes qui précèdent, M. Hilbert a publié une note nouvelle sur le même sujet (*Ueber die Grundlagen der Geometrie, Nachrichten der K. Gesellschaft der Wissenschaften zu Göttingen*, 1902, Heft 3). Il semble y avoir fait une tentative pour combler les lacunes que j'ai signalées plus haut. Bien que cette note soit fort succincte, on y voit nettement percer deux préoccupations. D'abord il cherche à présenter les axiomes de l'ordre en les affranchissant de toute dépendance de la géométrie projective ; il se sert pour cela d'un théorème de M. Jordan. Puis il rattache les principes fondamentaux de la géométrie à la notion de groupe. Il se rapproche donc de la façon de voir de Lie, mais il réalise un progrès sur son devancier, puisqu'il débarrasse la théorie des groupes de tout appel aux principes du calcul différentiel.

Chapitre III
Note sur la Géométrie Non Euclidienne (1900)

I (III)

Toutefois[1] il y a encore lieu de se demander si, en poussant plus loin les déductions, Lobatchevsky n'aurait pas fini par se heurter à une contradiction. En d'autres termes, y-a-t-il contradiction d'une part entre les axiomes admis par les géomètres (en mettant de côté le *postulatum* d'Euclide), et d'autre part le *postulatum* de Lobatchevsky ? Pour nous en rendre compte, nous allons énoncer ces axiomes sous la forme suivante, en mettant en évidence ceux que les géomètres ne formulent pas d'ordinaire et qu'ils se contentent d'admettre implicitement.

Axiome 1. – Par deux points, on peut faire passer une droite et une seule ; par trois points, un plan et un seul.

Axiome 2. – Toute droite qui a deux points dans un plan est toute entière dans ce plan, ou bien, ce qui revient au même, l'intersection de deux plans est une droite.

Axiome 3. – Si deux figures sont égales, les lignes et les surfaces de la seconde qui sont homologues aux droites et aux plans de la première, sont aussi des droites et des plans.

Axiome 4. – Dans deux figures égales, les angles homologues sont égaux, ainsi que les distances des couples de points homologues.

Axiome 5. – Une figure peut se déplacer en restant égale à elle-même et de telle sorte que tous les points d'une droite restent fixes (mouvement de rotation).

Axiome 6. – Une figure peut se déplacer en restant égale à elle-même et de telle sorte que tous les points d'une droite se déplacent, mais en restant sur cette droite (mouvement de glissement).

Axiome 7. – Si un point B est sur la droite AC, la distance AC est égale à la somme des distances AB et AC ; dans le cas contraire elle est plus petite.

---

[1] In the previous paragraphs, one could read: « 5° Il résulte des propositions précédentes que deux hypothèses sont seules possibles : Ou bien, dans tous les triangles rectilignes, la somme des angles est égale à deux angles droits ; alors l'angle de parallélisme est toujours droit, et par un point quelconque on ne peut mener qu'une parallèle à une droite. Ou bien, dans tous les triangles rectilignes, la somme des angles est inférieure à deux angles droits ; alors, par un point quelconque, on peut mener deux parallèles à une droite, et l'angle de parallélisme, toujours aigu, varie avec la distance d'un point à un autre. La première hypothèse sert de fondement à la Géométrie ordinaire ou euclidienne. La seconde peut être également admise sans conduire à aucune contradiction ; elle est la base de la Géométrie non euclidienne que Lobatchevsky a établie, jusqu'au développement complet des équations entre les côtés et les angles d'un triangle, soit rectiligne, soit sphérique (tout ce qui va suivre, dans cette Note, est dû à M. Poincaré) ».

Y-a-t-il contradiction entre ces sept axiomes et le *postulatum de Lobatchevsky*, d'après lequel : on peut par un point mener une infinité de plans qui ne rencontrent pas un plan donné.

Afin de lever les derniers doutes à ce sujet, il faut employer un détour. Considérons une sphère qu'on appelle la *sphère absolue* ; appelons *domaine intérieur* l'ensemble des points intérieurs à la sphère absolue.

Considérons une sphère qui coupe orthogonalement la sphère absolue ; la partie de cette sphère qui est dans le domaine intérieur s'appellera *faux plan*.

Soit de même un cercle qui coupe orthogonalement la sphère absolue ; la partie de ce cercle qui est dans le domaine intérieur s'appellera *fausse droite*.

Nous pouvons alors énoncer les deux propositions suivantes :

Proposition 1. – Par deux points du domaine intérieur on peut faire passer une fausse droite et une seule ; par trois points du domaine intérieur on peut faire passer un faux plan et un seul.

Proposition 2. – L'intersection de deux faux plans est une fausse droite.

Supposons maintenant que l'on fasse une transformation par rayons vecteurs réciproques (n° 952)[2], en prenant pour sphère d'inversion un faux plan, c'est-à-dire une sphère coupant orthogonalement la sphère absolue.

Les sphères se transformeront en sphères et les cercles en cercles ; de plus, les angles seront conservés ; la sphère absolue, coupant orthogonalement la sphère d'inversion, se transformera en elle-même ; et à cause de la conservation des angles, les faux plans se transformeront en faux plans et les fausses droites en fausses droites.

Le rapport anharmonique de quatre points sur un cercle, tel qu'il a été défini au n° 321, n'est pas non plus altéré par l'inversion.[3]

Soient A et B deux points quelconques du domaine intérieur ; joignons ces deux points par une fausse droite qui viendra couper la sphère absolue en C et en D.

Appelons *fausse distance* des points A et B le logarithme du rapport anharmonique (ABCD), multiplié par le rayon R de la sphère absolue.

L'inversion transformera A et B en deux points A' et B' et la fausse droite qui les joint en une fausse droite qui coupera la sphère absolue en deux points C' et D' transformés de C et D. On aura donc :

$$\log(ABCD) = \log(A'B'C'D').$$

La fausse distance n'est pas altérée par l'inversion.

Soit une figure F quelconque ; faisons-lui subir un certain nombre de transformations telles que celle dont je viens de parler, c'est-à-dire un certain nombre d'inversions, la sphère d'inversion étant un faux plan. Je dirai que la figure transformée est *congruente* à F ; la congruence sera *directe* si elle résulte d'un nombre pair d'inversions et *inverse* dans le cas contraire.

---

[2] Cf. paragraph 952, p. 59.

[3] Cf. paragraph 321, p. 58.

Nous pouvons alors énoncer les propositions suivantes :

Proposition 3. – Si deux figures sont congruentes, les lignes et les surfaces de la seconde qui sont homologues aux fausses droites et aux faux plans de la première sont aussi des fausses droites et des faux plans.

Proposition 4. – Dans deux figures congruentes, les angles homologues sont égaux ; les fausses distances de deux couples de points homologues sont égales.

Les angles étant conservés, deux figures congruentes infiniment petites sont semblables. Le rapport de similitude est

$$\frac{R^2 - \rho_1^2}{R^2 - \rho_2^2},$$

R étant le rayon de la sphère absolue, ρ_1 et ρ_2 les distances des deux figures à l'*origine*, c'est-à-dire au centre de la sphère absolue. Dans le cas où la sphère absolue se réduit à un plan, ce rapport se réduit à

$$\frac{y_1}{y_2},$$

y_1 et y_2 étant les distances des deux figures au plan absolu.

Soient D une fausse droite, S et S' deux faux plans passant par D. Soient F une figure quelconque, F_1 la figure inverse de F par rapport à S, F_2 la figure inverse de F_1 par rapport à S'. Les points de D n'ont pas été altérés par ces deux inversions.

Supposons que, D et S restant fixes, S' varie d'une manière continue, mais en passant toujours par D. La figure F_2 variera d'une manière continue, mais en restant congruente à elle-même. Ce déplacement continu (accompagné d'ailleurs de déformation) s'appellera une *fausse rotation* ; les points de D resteront fixes.

Soient encore D une fausse droite, S et S' deux faux plans orthogonaux à D.

Soient encore F une figure quelconque, F_1 la figure inverse de F par rapport à S, F_2 la figure inverse de F_1 par rapport à S'. La droite D n'est pas altérée par ces deux inversions ; les points de D sont déplacés, mais ils restent sur D.

Supposons que, D et S restant fixes, S' varie d'une manière continue, mais en restant orthogonal à D. La figure F_2 variera d'une manière continue en restant congruente à elle-même. Ce déplacement continu s'appellera un *faux glissement* ; dans ce mouvement, les points de D se mouvront, mais en restant sur D.

Nous pouvons donc énoncer les deux propositions suivantes :

Proposition 5. – Une figure peut se déplacer en restant congruente à elle-même, et de telle sorte que tous les points d'une fausse droite restent fixes (fausse rotation).

Proposition 6. – Une figure peut se déplacer en restant congruente à elle-même et de telle sorte que tous les points d'une fausse droite se déplacent, mais en restant sur cette fausse droite (faux glissement).

Le lieu des points dont la fausse distance au point A est constante ne doit pas être altéré par les inversions qui ont lieu par rapport à un faux plan passant par A ; ce lieu doit donc couper normalement tous les faux plans qui passent par A.

Considérons la sphère S, lieu des points dont la fausse distance à A est constante ; et d'autre part la sphère S', lieu des points dont la fausse distance à B est constante. Si ces deux sphères sont tangentes, le point de contact ne doit pas être altéré par les inversions qui ont lieu par rapport à un faux plan passant par A et B, puisque ces inversions n'altèrent aucune des deux sphères. Ce point de contact doit donc être sur la fausse droite AB. D'où cette conséquence : de tous les points C qui sont à une fausse distance donnée de A, celui dont la fausse distance à B est la plus petite est sur la fausse droite AB.

Mais si C est sur la fausse droite AB, il résulte des définitions que la fausse distance AB est la somme des fausses distances AC et BC. Nous pouvons donc énoncer la proposition suivante :

Proposition 7. – Si un point B est sur la fausse droite AC, la fausse distance AC est la somme des fausses distances AB et BC. Dans le cas contraire, elle est plus petite.

Il est aisé de vérifier d'autre part que :

Proposition 8. – On peut par un point du domaine intérieur mener une infinité de faux plans qui ne rencontrent pas un faux plan donné.

On remarquera immédiatement que ces huit propositions sont, pour ainsi dire, la traduction des sept axiomes de la Géométrie et du *postulatum* de Lobatchevsky. Il suffit pour passer des uns aux autres de remplacer partout les mots

(1)   *espace, plan, droite, distance, égal, angle,*

par les mots

(2) $\left\{\begin{array}{l}\text{\textit{domaine intérieur, faux plan, fausse droite, fausse distance,}}\\ \text{\textit{directement congruent, angle.}}\end{array}\right.$

(La congruence inverse correspondrait à la symétrie).

Supposons donc que Lobatchevsky, en tirant les conséquences logiques des axiomes et de son *postulatum*, soit arrivé à deux propositions contradictoires. Alors, en traduisant son raisonnement de la façon que je viens de dire, c'est-à-dire en remplaçant les mots (1) par les mots (2) correspondants, on arriverait également à deux propositions contradictoires qui seraient des conséquences logiques des propositions 1 à 8 que nous venons d'énoncer.

Il y aurait donc contradiction entre ces huit propositions ; mais cela est impossible, puisque ces huit propositions sont vraies et appartiennent à la Géométrie ordinaire.

Il est donc certain que Lobatchevsky ne pouvait arriver à une contradiction et que l'on n'y arrivera jamais, quelque loin que l'on pousse les déductions.

Ajoutons qu'un faux plan divise le domaine intérieur (de même qu'un plan divise l'espace) en deux régions entièrement séparées l'une de l'autre.

II (IV)

La puissance de l'origine par rapport à un faux plan (n° 193)[4] est égale à R^2, R étant le rayon de la sphère absolue ; elle est donc constante.

Convenons d'appeler *faux plan* toute sphère telle que la puissance de l'origine par rapport à cette sphère soit égale à une constante donnée K, mais en *supposant cette*

---

[4] Cf. paragraph 193, p. 57.

constante négative. En d'autres termes, supposons que le rayon de la sphère absolue soit imaginaire.

Nous désignerons toujours par *fausse droite* l'intersection de deux faux plans.

Ici, il n'y a plus lieu de distinguer un domaine intérieur : un faux plan n'est plus une portion de sphère, mais une sphère entière.

Un faux plan et une fausse droite se coupent alors en deux points que j'appellerai *points antipodes*. Ces deux points sont en ligne droite avec l'origine et le produit des rayons vecteurs sera égal à K.

Dans le cas du § I (III) (c'est-à-dire quand K était positif et la sphère absolue réelle), une sphère et un cercle orthogonaux à cette sphère absolue se coupaient encore en deux points antipodes ; mais un seul de ces deux points appartenait au domaine intérieur et par conséquent au faux plan et à la fausse droite envisagés.

Si K était positif, les deux points antipodes seraient d'un même côté de l'origine.

Si K est négatif, ils sont de part et d'autre de l'origine.

Quand un point se rapproche de l'origine, son antipode s'éloigne indéfiniment ; nous sommes ainsi amenés à regarder tous les points à l'infini comme un point unique, antipode de l'origine.

Dans ces conditions, un faux plan et une fausse droite se rencontrent toujours, et il en résulte qu'un triangle curviligne dont les côtés sont des fausses droites, a la somme de ses angles plus grande que deux droits (cette somme était au contraire plus petite que deux droits dans le cas du § I (III)).

Nous conserverons la définition de la fausse distance AB ; seulement les points C et D qui figurent dans cette définition sont maintenant imaginaires, puisque la sphère absolue est devenue imaginaire. On peut éviter la considération de ces points imaginaires en remarquant que si A' et B' sont les antipodes de A et B, la fausse distance AB est égale à

$$\sqrt{K}\,\log\frac{1+i\sqrt{(A'\,AB'\,B)}}{1-i\sqrt{(A'\,AB'\,B)}},$$

(A'AB'B) représentant le rapport anharmonique des quatre points.

Nos sept premières propositions subsistent avec un seul changement : la proposition 1 comporte une exception ; si deux points sont antipodes, on peut faire passer par ces deux points une infinité de fausses droites, de même par trois points, dont deux sont antipodes, on peut faire passer une infinité de plans.

Quant à la huitième proposition, elle doit être remplacée par la suivante :

Proposition 8 bis. – Par un point donné, non seulement on ne peut pas mener une infinité de faux plans qui ne rencontrent pas un faux plan donné, mais on n'en peut mener aucun.

On peut conclure de là que l'on pourrait, sans contradiction logique, construire une Géométrie où l'on conserverait les sept axiomes ordinaires, mais en admettant que l'axiome 1 cesse d'être vrai dans certains cas d'exception ; nous voulons dire qu'il y aurait certains couples de points exceptionnels par lesquels on pourrait faire passer, non pas une droite, mais une infinité de droites. De même, par un de ces couples de points exceptionnels et par un troisième point de l'espace, on pourrait faire passer une infinité de plans.

Quant au *postulatum* d'Euclide ou à celui de Lobatchevsky, ils devraient être remplacés par le suivant : par un point, on ne peut mener aucun plan parallèle à un plan donné.

« Traduisons » en effet ces axiomes en remplaçant les mots (1) par les mots (2) nous retrouverons nos huit nouvelles propositions qui étant vraies ne sauraient être contradictoires.

Dans cette nouvelle Géométrie non euclidienne, qui est connue sous le nom de *Géométrie de Riemann*, la somme des angles d'un triangle est supérieure à deux droits. Nous avons vu plus haut que Lobatchevsky avait démontré que cette somme ne peut être qu'égale ou inférieure à deux droits ; c'est que le géomètre russe admettait que l'axiome 1 est vrai *sans aucune exception*.

Ainsi en « traduisant » une proposition quelconque de la Géométrie de Lobatchevsky ou de celle de Riemann, on retrouvera une proposition euclidienne.

Démontrons maintenant que les formules de la Trigonométrie sphérique sont les mêmes dans les trois Géométries. En effet, considérons dans la Géométrie de Lobatchevsky (ou celle de Riemann) une proposition de Trigonométrie sphérique ; ce sera une relation entre les côtés et les angles d'un triangle sphérique, ou, ce qui revient au même, une relation entre les angles plans et les dièdres d'un trièdre non euclidien T. Traduisons cette proposition en remplaçant les mots (1) par les mots (2) : nous obtiendrons une relation entre les angles sous lesquels se coupent trois faux plans, et les angles sous lesquels se coupent les trois fausses droites intersections mutuelles de ces trois faux plans ; c'est-à-dire entre les angles plans et les dièdres du trièdre T' formé par les plans tangents à nos trois faux plans en leur point d'intersection.

La relation n'aura d'ailleurs pas été altérée par la traduction, puisque le mot *angle* se traduit par *angle*. La relation est donc la même entre les éléments du trièdre non euclidien T et ceux du trièdre euclidien T'.

III (V)

Introduisons maintenant une transformation nouvelle que j'appellerai la transformation T. Soit O l'origine, A un point quelconque, A' son antipode ; B le conjugué harmonique de O par rapport au segment AA' ; le point B sera regardé comme le transformé du point A.

Dans cette transformation T :

1° La sphère absolue n'est pas altérée ;

2° Un faux plan est transformé en un plan proprement dit qui n'est autre que le plan polaire de l'origine par rapport à la sphère dont fait partie ce faux plan ;

3° Une fausse droite se transforme en une droite proprement dite ;

4° La fausse distance de deux points A, B est par définition le logarithme du rapport anharmonique (ABCD), les points C et D étant les intersections de la sphère absolue et de la fausse droite AB. Par notre transformation T, les points C et D ne changeront pas, les points A et B seront transformés en A' et B'. Les quatre points A'B'CD seront en ligne droite et le rapport anharmonique (A'B'CD) sera le carré de (ABCD).

Nous pourrons alors appeler *fausse distance de deuxième sorte* des points A' et B' le demi-logarithme de (A'B'CD), ce sera la même chose que la fausse distance des points A et B.

5° Les angles seront altérés par la transformation T conformément aux règles du n° 1185.[5] Soient deux plans quelconques, et les deux plans tangents (imaginaires) menés par leur intersection à la sphère absolue ; soit ρ le rapport anharmonique de ces quatre plans ; l'expression

$$\frac{\log \rho}{2\sqrt{-1}}$$

s'appellera le *faux angle* de ces deux plans. L'angle de deux faux plans est égal au faux angle des deux plans qui sont leurs transformés.

6° Soient deux points A et B inverses l'un de l'autre par rapport au faux plan P ; soient A' et B' leurs transformés, P' le transformé de P (ce sera un plan). Soit Q le pôle du plan P' par rapport à la sphère absolue. Les points Q, A', B' sont sur une même droite qui coupe le plan P' en un point R conjugué harmonique de Q par rapport au segment A'B'. Les points A' et B' sont donc transformés l'un de l'autre par homologie ; mais cette homologie satisfait à des conditions particulières, puisque (*voir* n° 938)[6] le centre d'homologie est le pôle du plan d'homologie par rapport à la sphère absolue et que le rapport d'homologie est égal à –1.

Considérons une figure, et ses transformées successives par une série d'homologies satisfaisant à ces conditions. On dira que ces diverses figures sont *congruentes de la seconde manière*. Il est clair que si deux figures sont congruentes de la première manière, leurs transformées par la transformation T seront congruentes de la seconde manière.

Ces considérations nous font connaître une autre manière de déduire une proposition de la Géométrie ordinaire de toute proposition de la Géométrie non euclidienne.

Il suffit pour cela de la traduire en remplaçant les mot :

(1)   *espace, plan, droite, distance, égal, angle.*

par les mots

(3) $\left\{\begin{array}{l} \textit{domaine intérieur, plan, droite, fausse distance de la} \\ \textit{deuxième sorte, directement congruent de la deuxième} \\ \textit{manière, faux angle.} \end{array}\right.$

Voilà donc une nouvelle interprétation qui, en ce qui concerne la Géométrie de Riemann, soulève l'observation suivante :

Deux points antipodes ont le même transformé par la transformation T ; par conséquent, dans la nouvelle manière d'interpréter la Géométrie de Riemann, un plan et une droite ne peuvent avoir qu'un point commun ; l'axiome 1 est vrai sans comporter aucune exception. Comment se fait-il alors que, contrairement à la démonstration de Lobatchevsky, la somme des angles d'un triangle soit supérieure à deux droits ? C'est que nous avons abandonné une autre des hypothèses fondamentales de la Géométrie : il n'est plus vrai de dire qu'un plan partage l'espace en deux régions de telle façon qu'on ne puisse passer d'une de ces régions à l'autre sans traverser ce plan.

---

[5] Cf. paragraph 1185, p. 59.

[6] Cf. paragraph 938, p. 58.

Il est inutile d'ajouter que toutes ces propriétés peuvent être transformées d'une manière quelconque par homologie. La sphère absolue sera alors remplacée par un ellipsoïde ou un hyperboloïde absolu. À part ce changement, les définitions de la fausse distance de la seconde sorte, de la congruence de la seconde manière, du faux angle ne seront pas changées ; le caractère projectif de ces définitions est en effet manifeste.

IV (VI)

La Géométrie non euclidienne à trois dimensions, étant ainsi constituée, contient, comme cas particulier, la Géométrie plane non euclidienne. Aux figures situées dans un plan non euclidien, correspondront dans l'espace euclidien, les figures situées dans un faux plan quelconque que nous pourrons d'ailleurs choisir arbitrairement. Nous choisirons un faux plan P passant par l'origine et qui sera par conséquent à la fois un faux plan et un plan au sens ordinaire du mot.

Ce faux plan P coupera la sphère absolue suivant un cercle qu'on appellera le *cercle absolu*. Les fausses droites de P couperont orthogonalement ce cercle absolu ; la puissance de l'origine par rapport à ces fausses droites sera égale à K.

Nous allons voir d'abord que la Géométrie de Riemann à deux dimensions ne diffère pas essentiellement de la Géométrie sphérique. Supposons donc K négatif ; construisons une sphère S de rayon $\sqrt{-K}$ ayant pour centre l'origine. Soit F une figure de la sphère, projetons-la stéréographiquement sur le plan P (n° 958).[7] Cette projection conservera les angles, les grands cercles de la sphère se projetteront suivant des fausses droites ; la longueur d'un arc de grand cercle n'est autre chose que la fausse distance des projections de ses extrémités.

Les projections de deux points antipodes de la sphère seront deux points antipodes au sens du paragraphe II (IV) ; c'est ce qui justifie cette dénomination.

À chaque théorème de la Géométrie de Riemann correspondra donc un théorème de la Géométrie sphérique ; il suffit, pour la traduire, de remplacer les mots :

(1)   *droite, égal, longueur, angle,*

par les mots :

(4)   *grand cercle, égal, longueur, angle.*

En particulier, les formules de la Trigonométrie plane de Riemann seront les mêmes que celles de la Trigonométrie sphérique ordinaire. On a, par exemple, en Trigonométrie sphérique,

$$
(5) \qquad \frac{\sin A}{\sin \dfrac{a}{\sqrt{-K}}} = \frac{\sin B}{\sin \dfrac{b}{\sqrt{-K}}} = \frac{\sin C}{\sin \dfrac{c}{\sqrt{-K}}},
$$

A, B, C étant les angles d'un triangle sphérique, et a, b, c les longueurs de ses côtés (le rayon de la sphère étant supposé égal à $\sqrt{-K}$), de telle façon que

---

[7] Cf. paragraph 958, p. 59.

$$\frac{a}{\sqrt{-K}}\,,\ \frac{b}{\sqrt{-K}}\,,\ \frac{c}{\sqrt{-K}}$$

soient les longueurs des côtés correspondants du triangle semblable construit sur la sphère de rayon 1.

La formule (5) sera encore vraie d'un triangle plan dans la Géométrie de Riemann.

Elle sera encore vraie (par continuité) d'un triangle plan dans la Géométrie de Lobatchevsky. Seulement, K étant positif, la formule se présente sous une forme imaginaire. Pour lui rendre la forme réelle servons-nous d'une formule d'Analyse

$$2\sin ix = e^{-x} - e^{x}\ ;$$

notre formule (5) deviendra :

$$(5\ bis)\qquad \frac{\sin A}{e^{\frac{a}{\sqrt{K}}} - e^{-\frac{a}{\sqrt{K}}}} = \frac{\sin B}{e^{\frac{b}{\sqrt{K}}} - e^{-\frac{b}{\sqrt{K}}}} = \frac{\sin C}{e^{\frac{c}{\sqrt{K}}} - e^{-\frac{c}{\sqrt{K}}}}\ .$$

Soient F une figure sphérique quelconque, F' sa projection stéréographique sur le plan P. Comment pourrait-on obtenir la transformée F" de F' par la transformation T du paragraphe III (V) ? Pour cela menons à la sphère S un plan tangent parallèle à P ; faisons la perspective de F sur ce plan, en prenant pour point de vue le centre de la sphère ; et enfin projetons orthogonalement sur le plan P la perspective obtenue ; il est aisé de montrer que la figure ainsi construite n'est autre chose que F". On vérifie immédiatement qu'aux grands cercles de F correspondent les droites de F".

Lorsque K est positif, la sphère S est imaginaire ; on peut donc dire que la Géométrie plane de Lobatchevsky est la Géométrie d'une sphère imaginaire ; mais il y a bien des moyens d'éviter cette sphère imaginaire et d'arriver à la formule (5 bis) et aux formules analogues sans passer par la considération des imaginaires. Nous nous bornerons à indiquer sommairement le suivant :

Considérons un hyperboloïde de révolution à deux nappes. Soit P le plan de symétrie qui ne rencontre pas la surface ; soient N l'une des nappes et V le point où l'axe de symétrie perpendiculaire à P vient rencontrer l'autre nappe. Soit F une figure quelconque tracée sur la nappe N : faisons-en la perspective sur le plan P, en prenant V pour point de vue. Toutes les sections planes de l'hyperboloïde se projetteront suivant des cercles.

Menons par V des parallèles aux génératrices du cône asymptote. Nous obtiendrons un certain cône de révolution qui viendra couper le plan P suivant un cercle C. Ce cercle est la projection des points à l'infini de l'hyperboloïde.

Si nous prenons C pour cercle absolu, les sections diamétrales de l'hyperboloïde se projetteront suivant des fausses droites.

À chaque point de la nappe N correspond ainsi un point du domaine intérieur et par conséquent un point du plan non euclidien. Cette construction joue, pour la Géométrie de Lobatchevsky, le rôle que jouait tout à l'heure la projection stéréographique pour la Géométrie de Riemann.

Soient, dans le plan P, deux figures congruentes, F_1 et F'_1, qui soient les projections de deux figures F et F' de la nappe N ; les coordonnées d'un point de F' sont alors des fonctions linéaires et homogènes des coordonnées du point homologue de F ; il suffit de montrer qu'il en est ainsi quand on suppose que F_1 et F'_1 sont transformées l'une de l'autre par une seule inversion, le cercle d'inversion étant une fausse droite ; or cela se vérifie immédiatement.

Soient

$$z^2 - x^2 - y^2 = 1$$

l'équation de l'hyperboloïde, et

$$(x,\ y,\ z),\ (x',\ y',\ z')$$

les coordonnées de deux points de N. Soit δ la fausse distance des projections de ces deux points ; on vérifie aisément que

$$2(zz' - xx' - yy') = e^{\delta} + e^{-\delta}.$$

Cette formule, d'où l'on peut déduire toutes celles de la Trigonométrie plane non euclidienne, est l'équivalent de la formule de Géométrie analytique qui donne le cosinus de l'angle de deux directions en fonction de leurs cosinus directeurs.

V (VII)

Dans les pages qui précèdent nous n'avons fait usage que des principes de la Géométrie élémentaire ; tout au plus dans le paragraphe précédent avons-nous invoqué une formule d'Analyse, et quelques formules de Géométrie analytique, ce que nous aurions d'ailleurs pu éviter au prix de quelques longueurs. Nous ne saurions cependant clore cette Note sans dire quelques mots des liens qui rattachent la Géométrie plane non euclidienne à la Géométrie infinitésimale des surfaces. Nous renverrons d'ailleurs pour les théorèmes dont nous aurons à nous servir à l'Ouvrage classique de M. Darboux.

Deux surfaces sont dites *applicables l'une sur l'autre*, si l'on peut déformer l'une d'elles (sans altérer les longueurs des lignes tracées sur cette surface et les angles sous lesquels ces lignes se coupent) de manière à l'appliquer sur l'autre sans déchirure ni duplicature.

Une géodésique d'une surface est, par définition, le plus court chemin d'un point à un autre sur cette surface. Il est clair que si deux surfaces sont applicables l'une sur l'autre, les géodésiques de l'une correspondront aux géodésiques de l'autre, puisque la déformation, n'altérant pas les longueurs, conserve les géodésiques.

La courbure totale d'une surface est l'inverse du produit des deux rayons de courbure principaux. On démontre que la condition nécessaire et suffisante pour qu'une surface soit applicable sur une sphère de rayon R, c'est que cette surface ait sa courbure totale constante et égale à

$$\frac{1}{R^2}.$$

Une sphère est applicable d'une infinité de manières sur elle-même ; une surface à courbure totale constante sera donc aussi applicable sur elle-même d'une infinité de manières.

Il est clair que la Géométrie des lignes tracées sur une surface sera la même que la Géométrie des lignes tracées sur une surface applicable sur la première.

Or nous avons vu que la Géométrie plane de Riemann ne diffère pas de la Géométrie de la sphère ; elle ne différera donc pas non plus de la Géométrie des surfaces à courbure totale constante positive.

Les triangles dont les côtés sont trois géodésiques tracées sur une pareille surface auront la somme de leurs angles supérieure à deux droits et leurs éléments seront liés par les formules de la Trigonométrie sphérique.

Mais il y a également des surfaces réelles à courbure totale négative, connues sous le nom de *surfaces de Beltrami*. La Géométrie de ces surfaces ne différera pas de celle de Lobatchevsky.

Les triangles dont les côtés sont trois géodésiques tracées sur une surface de Beltrami auront la somme de leurs angles inférieure à deux droits et leurs éléments seront liés par les formules de la Trigonométrie plane non euclidienne.

Poincaré's note ends at this point. Here are the paragraphs from Rouché and Comberousse's treatise to which he referred in his text.

N° 193 – Si, d'un point pris dans le plan d'un cercle, on mène des sécantes à ce cercle, le produit des distances de ce point aux deux points d'intersection de chaque sécante est constant, quelle que soit la direction de la sécante.

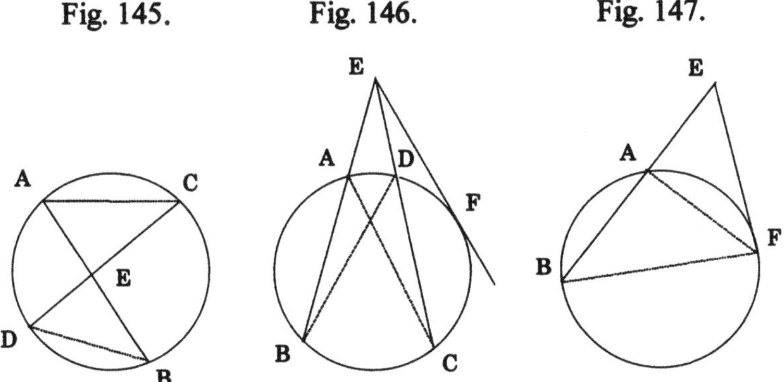

Ainsi, soient EA, ED, deux sécantes issues du point fixe E ; il s'agit de démontrer qu'on a

(1) $EA.EB = EC.ED$.

La figure peut se présenter de deux manières, suivant que le point E est intérieur (*fig.* 145) ou extérieur au cercle (*fig.* 146) ; mais la démonstration est la même dans les deux cas.

Menons les cordes AC et BD ; les angles ACD, ABD, étant inscrits dans le même segment, sont égaux, et par suite les cordes AC, BD, sont anti-parallèles par rapport à l'angle AED. On a donc la relation (1).

Le produit constant EA.EB a reçu le nom de *puissance du point* E *par rapport au cercle considéré.*

N° 321 – On nomme *rapports anharmoniques d'un faisceau* de quatre droites les rapports anharmoniques des quatre points déterminés par ce faisceau sur une transversale quelconque. Ainsi, (ABCD), (ACDB), ... sont des rapports anharmoniques du faisceau formé par les droites OM, ON, OP, OQ [...]. On désigne ces rapports anharmoniques du faisceau par la notation (O.ABCD), (O.ACDB), ...

Il résulte d'ailleurs du n° 318 que le rapport anharmonique d'un faisceau ne change pas de valeur lorsqu'on échange deux rayons quelconques, pourvu qu'on échange en même temps les deux autres ; de sorte qu'on a, par exemple, (O.ABCD) = (O.CDAB).

Il résulte de la seconde démonstration donnée au numéro précédent que le rapport anharmonique (O.ABCD) du faisceau a pour expression

$$\frac{\sin COA}{\sin COB} : \frac{\sin DOA}{\sin DOB} \, .$$

Il est évident, d'après cela, que deux faisceaux qui ont respectivement les mêmes angles ont les mêmes rapports anharmoniques. Voici deux exemples importants de faisceaux de cette nature.

1° *Si l'on joint un point quelconque* O *d'une circonférence à quatre points fixes* A, B, C, D, *de cette circonférence, le rapport anharmonique du faisceau ainsi obtenu est constant, quelle que soit la position du point* O *sur la circonférence*. Il résulte, en effet, des propriétés des angles inscrits que le point O se déplaçant, et les points A, B, C, D, restant fixes sur la circonférence, le faisceau conserve les mêmes angles. Ce rapport constant est ce qu'on appelle le *rapport anharmonique des quatre points* A, B, C, D, *du cercle*.

2° *Si l'on joint le centre d'un cercle aux points où quatre tangentes fixes sont coupées par une cinquième tangente, le rapport anharmonique du faisceau ainsi obtenu est constant, quelle que soit la cinquième tangente.* En effet, l'angle sous lequel on voit du centre la portion d'une tangente mobile comprise entre deux tangentes fixes est évidemment égal à la moitié de l'angle des deux rayons qui aboutissent aux points de contact de ces tangentes fixes. Cet angle est donc constant, et par suite le faisceau considéré conserve les mêmes angles, quelle que soit la position de la cinquième tangente.

On voit par là que le *rapport anharmonique des points suivant lesquels une tangente mobile est coupée par quatre tangentes fixes est constant*. Ce rapport est ce qu'on appelle le *rapport anharmonique des quatre tangentes fixes*.

Le rapport anharmonique de quatre tangentes à un cercle est égal au rapport anharmonique des quatre points de contact ; car le faisceau partant du centre du cercle, et aboutissant aux points d'intersection de ces quatre tangentes avec une cinquième, a ses rayons respectivement perpendiculaires à ceux du faisceau partant du point de contact de la cinquième tangente et aboutissant aux points de contact des quatre tangentes considérées ».

N° 938 – La nouvelle définition donnée au n° 732 pour les figures planes s'étend aux figures de l'espace, lorsqu'on remplace la droite fixe X par un plan fixe.

Ainsi, *étant donnés un point fixe* O *et un plan fixe* Q, *si, sur chaque rayon* O_μ *joignant le point fixe* O *à un point quelconque* μ *du plan* Q, *on prend deux points* m *et* m' *tels que le rapport anharmonique* $(O_{\mu m m'})$ *ait une valeur constante* λ, *les points* m *et* m' *décrivent deux figures* F *et* F' *qu'on dit* HOMOLOGIQUES.

O est le *centre* d'homologie, Q le *plan* d'homologie, et λ le *coefficient* d'homologie.

Le point O est son propre homologue, et il partage cette propriété avec chacun des points du plan Q.

Au lieu de donner la constante λ, on peut donner un premier couple (a, a') de points homologues. Alors, pour obtenir l'homologue d'un point quelconque m de la première figure F, il suffit de prendre l'intersection m' du rayon Om avec la droite $a'\varepsilon$ qui joint le point a' au point ε, où la droite am rencontre le plan d'homologie. Ce tracé est la généralisation de celui du n° 729 et, d'après les considérations développées au n° 732, il équivaut à la définition donnée ci-dessus.

N° 952 – La définition du n° 384 s'applique à des points A, B, C, ... , situés d'une manière quelconque dans l'espace.

Le *cercle d'inversion* devient alors une sphère, et, lorsqu'on fait varier le rayon de cette sphère sans déplacer son centre, les figures inverses de la figure donnée ainsi obtenues sont homothétiques (385) entre elles.

N° 958 – Voici quelques applications des principes qui précèdent.

On nomme *projection stéréographique* d'une figure sphérique la perspective de cette figure faite en prenant pour *point de vue* S un point de la sphère, et pour plan de projection ou *tableau* le plan P du grand cercle dont le pôle est au point de vue S.

D'après le n° 953, on peut considérer le plan diamétral P comme l'inverse de la surface sphérique, en prenant pour origine le point S et pour puissance le double du carré du rayon de la sphère. La projection stéréographique n'est donc qu'un cas particulier de la transformation par rayons vecteurs réciproques, et l'on peut énoncer les propositions suivantes qu'on utilise dans la construction des mappemondes :

1° *Les projections stéréographiques de deux lignes tracées sur la sphère se coupent sous le même angle que ces lignes elles-mêmes ;*

2° *La projection stéréographique d'un cercle de la sphère est un cercle dont le centre est la perspective du sommet du cône circonscrit à la sphère suivant le cercle proposé.*

La projection stéréographique a été connue des Grecs : Ptolémée l'a décrite sous le nom de *planisphère*, et les auteurs du moyen âge l'appelaient *astrolabe*. La construction du centre est due à M. Chasles.

N° 1185 – La solution générale du problème de la *transformation des relations angulaires* est due à M. Laguerre (*Nouvelles annales*, 1853). Elle repose sur le principe suivant :

Le rapport anharmonique

$$(1) \qquad \frac{\sin uog}{\sin vog} : \frac{\sin uoh}{\sin voh}$$

du faisceau formé par les côtés d'un angle uov $= \theta$ *et par les droites qui joignent son sommet aux points cycliques g et h du plan est égal à* $e^{2\theta\sqrt{-1}}$. En effet, m étant un point d'un cercle ayant o pour centre et R pour rayon, on a, en menant mp parallèle à ov jusqu'à sa rencontre avec ou,

$$\overline{op}^{\,2} + \overline{pm}^{\,2} + 2\,op.pm\cos\theta = \mathrm{R}^2 \quad \text{et} \quad \frac{\sin uom}{\sin vom} = -\frac{pm}{op},$$

d'où, en désignant par z ce rapport de sinus,

$$z^2 - 2z\cos\theta + 1 = \frac{\mathrm{R}}{op^2}.$$

Or, si m est l'un des points g ou h, op est infini, et l'on voit que le rapport anharmonique a bien la valeur énoncée, puisqu'il est égal au quotient des racines de l'équation

$$z^2 - 2z\cos\theta + 1 = 0.$$

Cela posé, soit $uov = \theta$ un angle quelconque, UOV sa projection, G et H les projections des points cycliques g et h du plan uov ; en désignant par ρ et nommant *rapport anharmonique relatif à l'angle* UOV le rapport (1), dans lequel on remplace chaque lettre par la lettre majuscule correspondante, on a, en vertu de la projectivité du rapport anharmonique,

$$e^{2\theta\sqrt{-1}} = \rho, \quad \text{d'où} \quad \theta = \frac{1}{2\sqrt{-1}}\log\rho.$$

Telle est la relation entre un angle et sa projection. Donc enfin, à une relation quelconque

$$f(\theta_1, \theta_2, ..., \theta_u) = 0$$

entre les angles $\theta_1, ..., \theta_u$ d'une figure répond, entre les angles $\theta'_1, ..., \theta'_u$ de la figure projection, la relation

$$f\left(\frac{1}{2\sqrt{-1}}\log\rho_1, \frac{1}{2\sqrt{-1}}\log\rho_2, ..., \frac{1}{2\sqrt{-1}}\log\rho_u\right) = 0,$$

où ρ_k désigne le rapport anharmonique relatif à l'angle θ'_k.

Remarquons que, dans le cas particulier de $\theta = \pi/2$, on a $\rho = e^{\pi\sqrt{-1}} = -1$; donc, *à tout angle droit d'une figure répond, dans la figure projection, un angle dont les côtés divisent harmoniquement les droites qui joignent le sommet aux projections des points cycliques.*

Voici quelques applications :

Deux coniques confocales se coupent orthogonalement (1161).

Si deux coniques sont inscrites dans le même quadrilatère, les deux tangentes à l'un des points communs divisent harmoniquement une diagonale quelconque de ce quadrilatère.

Le lieu des angles droits circonscrits à une ellipse ou à une hyperbole est un cercle (990, 1021).

Le lieu des angles circonscrits à une conique, dont les côtés divisent harmoniquement une ligne droite donnée ab, est une conique passant par les points a et b.

Le lieu des angles droits circonscrits à une parabole est la directrice (1048).

Si autour du centre d'un cercle comme sommet on fait tourner un angle de grandeur constante, la corde qu'il intercepte dans le cercle enveloppe un cercle concentrique.

Le lieu des angles circonscrits à une conique, dont les côtés divisent harmoniquement un tangente ab à cette conique, est la droite qui joint les points de contact des tangentes issues de a et de b.

Si autour d'un point fixe on fait tourner deux rayons formant deux faisceaux homographiques dont les rayons doubles soient les tangentes à une conique, la corde interceptée dans la conique enveloppe une autre conique qui a avec la première un double contact sur la polaire du point fixe.

Livre II
Les Approximations de la Mécanique Céleste

Chapitre IV
Sur les Hypothèses Cosmogoniques (1911)

Le problème de l'origine du Monde a de tout temps préoccupé tous les hommes qui réfléchissent ; il est impossible de contempler le spectacle de l'Univers étoilé sans se demander comment il s'est formé ; nous devrions peut-être attendre pour chercher une solution que nous en ayons patiemment rassemblé les éléments, et que nous ayons acquis par là quelque espoir sérieux de la trouver ; mais si nous étions si raisonnables, si nous étions curieux sans impatience, il est probable que nous n'aurions jamais créé la Science et que nous nous serions toujours contentés de vivre notre petite vie. Notre esprit a donc réclamé impérieusement cette solution, bien avant qu'elle fût mûre, et alors qu'il ne possédait que de vagues lueurs, lui permettant de la deviner plutôt que de l'atteindre. Et c'est pour cela que les hypothèses cosmogoniques sont si nombreuses, si variées, qu'il en naît chaque jour de nouvelles, tout aussi incertaines, mais tout aussi plausibles que les théories plus anciennes, au milieu desquelles elles viennent prendre place sans parvenir à les faire oublier.

On pourrait penser que l'Univers a toujours été ce qu'il est aujourd'hui, que les êtres minuscules qui rampent à la surface des astres sont périssables, mais que les astres eux-mêmes ne changent pas, et qu'ils poursuivent glorieusement leur vie éternelle, sans se soucier de leurs misérables et éphémères parasites. Mais il y a deux raisons de rejeter cette manière de voir.

Le système solaire nous présente le spectacle d'une parfaite harmonie ; les orbites des planètes sont toutes presque circulaires, toutes à peu près dans un même plan, toutes parcourues dans le même sens. Ce ne peut être l'effet du hasard ; on pourrait supposer qu'une intelligence infinie a établi cet ordre au début une fois pour toutes et pour toujours, et tout le monde se serait contenté autrefois de cette explication ; aujourd'hui on ne se satisfait plus à si bon marché ; certes il y a encore bien des gens qui tiennent un Dieu créateur pour une hypothèse nécessaire, mais ils ne conçoivent plus l'intervention divine comme le faisaient leurs devanciers ; leur Dieu est moins architecte et plus mécanicien ; et il reste alors à expliquer par quel mécanisme il a tiré l'ordre du chaos. Si l'ordre que nous constatons n'est pas dû au hasard, et si on renonce à l'attribuer à quelque décret divin immédiatement exécutoire, il faut qu'il ait succédé au chaos, il faut donc que les astres aient changé. Et c'est bien ainsi qu'a raisonné Laplace.

D'autre part, le second principe de la Thermodynamique, le principe de Carnot, nous apprend que le Monde tend vers un état final ; l'énergie « se dissipe », c'est-à-dire que le frottement tend constamment à transformer le mouvement en chaleur et que la température tend partout à s'uniformiser. L'état final du Monde est donc un état d'uniformité ; cet état, qu'il doit atteindre, n'est pas atteint encore ; donc le monde change et même il a toujours changé.

Et voilà le champ ouvert aux hypothèses ; la plus vieille est celle de Laplace ; mais sa vieillesse est vigoureuse, et, pour son âge, elle n'a pas trop de rides. Malgré les objections qu'on lui a opposées, malgré les découvertes que les astronomes ont faites et qui auraient bien étonné Laplace, elle est toujours debout, et c'est encore elle qui rend le mieux compte de bien des faits ; c'est elle qui répond le mieux à la question que s'était posé son auteur. Pourquoi l'ordre règne-t-il dans le système solaire, si cet ordre n'est pas dû au hasard ? De temps en temps une brèche s'ouvrait dans le vieil édifice ; mais elle était promptement réparée et l'édifice ne tombait pas.

On sait en quoi consiste cette hypothèse. Le système solaire est sorti d'une nébuleuse qui s'étendait autrefois au delà de l'orbite de Neptune ; cette nébuleuse était animée d'un mouvement de rotation uniforme ; elle ne pouvait être homogène, elle était condensée et même fortement condensée vers le centre ; elle était formée d'un noyau relativement dense qui est devenu le Soleil, entouré d'une atmosphère d'une ténuité extrême qui a donné naissance aux planètes. Elle se contractait par refroidissement, abandonnant de temps en temps à l'équateur des anneaux nébuleux ; ces anneaux étaient instables ou le devenaient promptement ; ils devaient donc se rompre et finalement se rassembler en une seule masse sphéroïdale.

Au moment où le système commence à se former, il y règne déjà un commencement d'ordre ; les mouvements internes de la nébuleuse ne sont pas capricieux et désordonnés ; ils se ramènent à une rotation uniforme ; c'est cette harmonie initiale qui a produit l'harmonie finale que nous admirons, mais cette harmonie initiale est facile à expliquer. Les frottements internes de la masse ont dû promptement détruire les irrégularités de ses mouvements intestins et ne laisser subsister qu'une rotation d'ensemble parfaitement régulière. Promptement ? Cela dépend du sens que l'on attache à ce mot ; les inégalités disparaîtront promptement si l'on regarde quelques milliards d'années comme un délai très court. Quand on veut faire le calcul en attribuant à la matière de la nébuleuse la viscosité des gaz que nous connaissons, on arrive à des chiffres fantastiques. Et ce n'est pas tout : le refroidissement même et la contraction qui en résultent tendent à troubler cette harmonie si lentement conquise, et, pour qu'elle se conserve, il faut que cette contraction et l'évolution entière du système soient aussi prodigieusement lentes. D'autant plus que l'on a établi qu'il faut des centaines de millions d'années pour que les diverses parties d'un même anneau, en se mouvant séparément suivant les lois de Kepler, finissent par se choquer et se coller les unes aux autres ; phénomène qui ne doit être regardé que comme un court épisode dans l'évolution générale. Ces chiffres ne doivent pas nous effrayer ; ils sont en désaccord avec l'âge que d'autres théories attribuent au Soleil et aux étoiles ; mais ces théories soulèvent de leur côté de grandes difficultés. Une réflexion toutefois s'impose ; d'autres systèmes semblables au nôtre devaient subir en même temps la même évolution ; chacun d'eux occupait un espace considérable s'étendant bien au delà du rayon de notre Soleil actuel ; si cette évolution a duré trop longtemps, on est obligé de compter avec la probabilité d'un choc, venant tout détruire avant qu'elle soit terminée.

Pour Faye, l'origine des planètes est toute différente ; c'est à l'intérieur de la masse nébulaire elle-même que les planètes et le Soleil se sont différenciés ; dès qu'un commencement de condensation s'est produit en certains points, ces points sont devenus des centres d'attraction, ils ont attiré la matière environnante, s'en sont nourris pour ainsi dire, jusqu'à ce qu'ils aient fini par absorber toute l'atmosphère très ténue de la nébuleuse primitive et par se mouvoir dans le vide. Cette théorie conduit à de singulières conséquences : Mercure serait plus vieux que Neptune et la Terre elle-même plus vieille que le Soleil. Les planètes étaient autrefois beaucoup plus éloignées du Soleil, et Mercure par exemple était à la distance de Saturne ; elles se sont graduellement rapprochées de l'astre central en conservant des orbites circulaires. On ne peut pas dire que Faye ne rend pas compte de la faiblesse des excentricités et des inclinaisons ; du moins il cherche à le faire et il est bien décidé à donner les coups de pouce nécessaires pour obtenir ce résultat ; mais l'explication qu'il donne est bien imprécise et bien moins satisfaisante pour l'esprit que celle de Laplace. Il avait cru devoir abandonner les idées de Laplace, incapables d'après lui d'expliquer le mouvement rétrograde du satellite de Neptune. Il croyait comme Laplace lui-même, que le sens de rotation d'une planète dépend de la distribution des vitesses dans l'anneau qui lui a donné naissance. Nous savons aujourd'hui que cette distribution ne peut être qu'éphémère, puisque l'anneau est instable, qu'elle ne peut donc avoir aucune influence sur le résultat final ; que les rotations de toutes les planètes ont dû être primitivement rétrogrades quelle que soit leur origine, et que l'influence des marées a pu seule les rendre directes. Dans ces conditions, nous n'avons plus aucune raison de préférer l'hypothèse de Faye à celle de Laplace.

La théorie de M. Du Ligondès dérive à la fois de celle de Faye et de celle de Kant. Pour lui, le point de départ n'est plus la nébuleuse de Laplace, dont les mouvements sont déjà régularisés par le frottement, c'est un chaos véritable. Au lieu d'une masse gazeuse dont les diverses parties sont rendues plus ou moins solidaires les unes des autres par l'effet de la viscosité, et qui forme en tout cas un *continu*, nous n'avons plus qu'un essaim de projectiles se croisant au hasard dans tous les sens. Que sont ces projectiles ? Ce peuvent être des météorites solides, ou d'énormes bulles de gaz, peu importe ; entre eux il n'y a que le vide ou une atmosphère assez ténue pour ne pas gêner la liberté de leurs mouvements. De temps en temps ces mouvements sont troublés, soit parce que ces corps approchent beaucoup les uns des autres, soit parce qu'ils se choquent physiquement. Et ce sont ces chocs qui produisent l'évolution ; s'il n'y avait ni choc, ni résistance passive, ou même si les corps qui se choquent étaient parfaitement élastiques, ces projectiles, malgré l'attraction qu'ils exercent les uns sur les autres, pourraient circuler indéfiniment sans montrer aucune tendance à la concentration ; de même que, dans le vide, les planètes tourneraient perpétuellement autour du Soleil, sans jamais tomber sur l'astre qui les attire. Supposons au contraire deux planètes circulant en sens contraire sur la même orbite circulaire ; avant d'avoir décrit une demi-circonférence, elles se rencontreront, leur vitesse sera détruite par le choc si on les suppose dépourvues d'élasticité, et elles tomberont ensemble sur le Soleil, augmentant ainsi la masse de l'astre central. De pareils chocs peuvent devenir fréquents dans un milieu constitué comme l'imagine M. Du Ligondès ; il y a donc une concentration progressive de la masse ; on la voit peu à peu s'organiser, les planètes et le Soleil se différencient, puis se nourrissent de la matière qui les entoure et finissent par tout absorber. On peut montrer que par le jeu même de ces chocs, on arrive à un système d'orbites peu excentriques et peu inclinées. Bien que se faisant au hasard et pour ainsi dire aveuglément, ces chocs transforment le chaos en un cosmos admirablement réglé, où l'uniformité primitive a fait place à la variété, mais à une variété harmonieuse.

La nébuleuse de M. Du Ligondès, sillonnée en tous sens par des projectiles se mouvant au hasard, ressemble beaucoup au gaz de la théorie cinétique. Peu importe que les projectiles soient de taille très différente, puisque dans un cas ce sont des atomes et dans l'autre des météorites, ou de petits astres. Et cependant la Thermodynamique et la théorie cinétique nous enseignent que les gaz, comme le monde physique tout entier, tendent sans cesse vers l'uniformité. Les lois du hasard et celles des grands nombres tendent à niveler très rapidement les inégalités que le gaz peut présenter, jusqu'à ce que la température et les vitesses deviennent uniformes dans toute la masse. Prenons comme point de départ un système de molécules gazeuses dont les vitesses, au lieu d'être fortuitement réparties, seraient harmonieusement distribuées, de manière à faire une sorte de cosmos pareil au système solaire ; au bout de peu de temps, nous serons retombés dans le chaos, les masses primitivement différenciées se seront confondues en une seule, les vitesses seront de nouveau réparties suivant la loi de Maxwell, qui est celle du hasard. Comment deux mécanismes en apparence identiques ont-ils pu produire deux effets opposés ? La réponse est aisée : dans la théorie cinétique des gaz, on regarde les molécules gazeuses comme parfaitement élastiques, il n'y a rien qui ressemble à une résistance passive, la force vive n'est jamais détruite ; dans l'hypothèse de M. Du Ligondès, les corps en se choquant perdent leur force vive, au moins en partie, et la transforment en chaleur ; nous avons vu que c'était là l'origine d'une tendance à la concentration et par conséquent à la différenciation. Nos projectiles peuvent donc subir deux sortes de perturbations ; de brusques déviations causées par l'attraction newtonienne, quand deux masses viennent à se rapprocher sans se toucher, et des chocs physiques. Les premières perturbations, de beaucoup les plus fréquentes, se font sans perte de force vive, elles sont tout à fait assimilables aux chocs des molécules gazeuses dans la théorie cinétique ; elles tendent donc à maintenir le chaos, ou même à le rétablir, et à faire régner partout la loi de Maxwell. Les chocs physiques au contraire entraînent des résistances passives ; c'est à eux que nous devons l'organisation du cosmos.

Et alors une réflexion s'impose ; on admet en général que les atomes ne sont soumis à aucune résistance passive, de sorte qu'ils se comportent dans le choc comme des corps élastiques ; ils suivent ainsi sans restriction les lois de la Mécanique théorique. Si les corps de dimension sensible semblent s'en écarter à tel point que les phénomènes observés sont irréversibles, c'est qu'ils se composent d'atomes très nombreux et que la loi des grands nombres intervient. Cela va bien si les atomes sont eux-mêmes regardés comme des points matériels et si le mot « atome » doit être entendu au sens étymologique ; mais il est loin d'en être ainsi ; les éléments d'un gaz dans la théorie cinétique sont les « molécules » et chacune d'elles contient plusieurs atomes chimiques ; chaque atome à son tour est formé d'électrons, et il serait puéril de supposer qu'on n'ira jamais plus loin et que les électrons ne se résoudront pas un jour en éléments plus petits. Une molécule en un mot est un édifice aussi compliqué que le système solaire ; ses éléments ultimes très nombreux doivent obéir à la loi des grands nombres, de sorte que dans l'intérieur de l'atome lui-même, il y aura des résistances passives. Ne pourrait-on concevoir que ces résistances jouent le même rôle que dans la théorie de M. Du Ligondès et ne pourraient-elles tendre à produire la différentiation à l'encontre du principe de Carnot ?

Dans la théorie de M. See, les planètes ne se sont pas détachées du Soleil, non plus que la Lune de la Terre. Tous ces astres ont eu de tout temps une existence individuelle.

Les planètes ont été *captées* par le Soleil et la Lune par la Terre. Comment s'est faite cette capture ? Le Soleil était autrefois entouré d'une atmosphère ; dès qu'un astre vagabond y pénétrait, il éprouvait une résistance ; son orbite, d'abord hyperbolique devenait elliptique par suite de la diminution de vitesse ; puis elle se rapprochait de la forme circulaire, en même temps que son rayon décroissait. L'astre ainsi capté aurait fini par tomber sur le Soleil, s'il avait continué à subir la résistance de l'atmosphère solaire, mais cette atmosphère absorbée par le Soleil est devenue de plus en plus ténue et a fini un jour par disparaître ; à partir de ce moment les orbites des planètes n'ont plus varié. Cette théorie rend bien compte de la faiblesse des excentricités, mais elle n'explique pas celle des inclinaisons.

Il ne faudrait pas croire que si notre système solaire a évolué dans le passé, il a atteint aujourd'hui son état définitif ; que l'atmosphère plus ou moins ténue dans laquelle nageaient pour ainsi dire les corps célestes ayant été résorbée et ayant disparu, les planètes, désormais séparées les unes des autres par le vide, sont ainsi soustraites à une résistance passive. Même à distance, ces résistances peuvent entrer en jeu ; on sait qu'on a construit des moteurs qui utilisent la puissance des marées ; ces moteurs ne peuvent créer de l'énergie, il faut qu'ils l'empruntent à une source quelconque, et cette source ne peut être que la force vive des corps célestes. Si l'homme n'avait pas construit de moteurs, l'énergie ainsi empruntée n'aurait pas été utilisée, elle se serait perdue inutilement en frottements, en chocs des vagues sur les côtes ; mais dans un cas comme dans l'autre, la force vive des astres va sans cesse en diminuant ; la vitesse de rotation de la Terre diminue constamment, mais avec une extrême lenteur ; cela est arrivé beaucoup plus rapidement pour la Lune et le processus s'est poursuivi jusqu'à ce que la durée de sa rotation soit devenue exactement égale à celle de sa révolution ; de telle sorte que notre satellite nous présente toujours la même face.

Ce phénomène a joué dans l'évolution cosmogonique un rôle que Sir G. H. Darwin a bien mis en évidence. Deux causes tendaient à modifier la rotation des planètes ; l'action des marées dont nous venons de parler tendait à la ralentir et, plus exactement, à lui donner même sens et même durée qu'à la révolution de l'astre autour du Soleil ; d'autre part, le refroidissement et la contraction, en diminuant le moment d'inertie, tendait au contraire à l'accélérer. La première de ces deux causes a transformé la rotation des planètes primitivement rétrograde en une rotation directe de même durée que la révolution orbitale ; c'est ensuite que la seconde cause, devenue prépondérante, a donné à ces planètes une rotation qui est restée directe, mais qui est devenue beaucoup plus rapide.

La durée du jour va donc sans cesse en augmentant, mais, par une sorte de réaction, celle du mois augmente également, la Lune s'éloigne constamment de la Terre. Au moment de sa formation notre satellite touchait presque la surface de notre globe ; le mois et le jour avaient même durée, cinq ou six de nos heures actuelles ; en revanche, quand de longs siècles seront écoulés, le mois et le jour redeviendront égaux entre eux, à peu près égaux à deux de nos mois actuels, et la Terre présentera toujours la même face à la Lune, comme la Lune à la Terre.

Toutes ces hypothèses, si divergentes d'ailleurs, ont un caractère commun ; ce sont des théories de Mécanique rationnelle, d'Astronomie mathématique ; elles font peu d'emprunts aux sciences physiques ; elles sont par là incomplètes. Les physiciens, dont l'intervention était aussi inévitable qu'elle était désirable, se sont surtout préoccupés de l'origine de la chaleur solaire. Des mesures précises nous ont montré l'étonnante dépense de chaleur que fait le Soleil à chaque seconde. Quelles ressources a-t-il qui lui permettent une telle prodigalité ? Où a-t-il pu emmagasiner une provision d'énergie suffisante pour des millions d'années ? Et quelle a pu être l'origine de cette provision ? On a pu penser d'abord que cette énergie était d'origine chimique, le Soleil brûlerait comme un gros morceau de charbon : cette hypothèse n'est pas tenable ; à ce compte, le Soleil n'aurait été qu'un feu de paille éphémère, à peine capable d'éclairer les hommes pendant la durée de l'histoire.

Et alors Lord Kelvin et Helmholtz ont pensé que l'énergie solaire pouvait être d'origine mécanique ; on a songé d'abord aux météorites qui tombent comme une pluie constante à sa surface, et dont la force vive est constamment détruite et transformée en chaleur. Cela ne suffisait pas encore ; mais si les divers matériaux dont est formé le Soleil ont été autrefois séparés par de grandes distances et se sont ensuite concentrés sous l'influence de l'attraction, le travail de cette attraction a dû être énorme : s'il s'est transformé en force vive, puis en chaleur, nous avons une provision de chaleur dix mille fois plus grande que celle que donnerait la combustion d'un globe de charbon gros comme le Soleil.

La nébuleuse solaire a sans doute été froide au début et elle s'est échauffée parce qu'elle se contractait.

Nous voilà bien loin de la nébuleuse de Laplace, primitivement très étendue parce qu'elle était très chaude, et qui se contractait parce qu'elle se refroidissait. On est ainsi amené à se demander comment va se comporter une masse gazeuse soumise à la gravitation ; elle ne peut perdre de la chaleur sans se refroidir, ni se refroidir sans se contracter, ni se contracter sans s'échauffer. Que va-t-il en résulter en somme ? Sa température va-t-elle s'élever bien qu'elle perde de la chaleur par rayonnement, comme si sa chaleur spécifique était négative ? Ou bien enfin allons-nous avoir à la fois contraction et refroidissement ? On peut donner une réponse à cette question s'il s'agit d'un gaz parfait : s'il est monoatomique ou diatomique, il se contractera quand il perdra de la chaleur par rayonnement, mais sa température augmentera, il se comportera comme si sa chaleur spécifique était négative ; au contraire, il se contractera en se refroidissant, s'il est polyatomique ou bien encore s'il est assez condensé pour s'écarter notablement des lois d'un gaz parfait.

Quoi qu'il en soit, on n'aura ainsi de chaleur que pour 50 millions d'années ; et alors les transformistes et les géologues ont jeté les hauts cris : « Cinquante millions d'années, qu'est-ce c'est que cela ! Comment voulez-vous qu'en aussi peu de temps, nous fassions évoluer les espèces, que nous engloutissions des continents et que nous en fassions surgir de nouveaux, que nous élevions deux chaînes de montagnes pareilles aux Alpes, comme les chaînes calédonienne et hercynienne, et que nous les rasions ensuite par le lent mécanisme de l'érosion ? ». Ces plaintes paraissent légitimes, et il faut bien 200 millions d'années depuis le début du dévonien ; mais alors d'où vient la chaleur solaire, si son origine n'est ni mécanique, ni chimique au sens ordinaire du mot ? La question paraissait sans réponse quand on a découvert le radium. Lui seul paraissait capable de tout expliquer ; tout au moins il nous montrait qu'il reste bien des mystères à découvrir et qu'il ne faut pas se hâter d'affirmer qu'un phénomène est inexplicable.

La théorie de Laplace, comme toutes celles que nous venons d'exposer, ne sort pas des limites du système solaire. Laplace sans aucun doute ne négligeait pas de propos délibéré les autres systèmes, mais il pensait qu'ils devaient tous être plus ou moins semblables au nôtre et que ce qui convenait à l'un convenait aux autres. D'ailleurs ils lui semblaient séparés par de trop grandes distances pour pouvoir réagir les uns sur les autres. Les progrès de l'astronomie stellaire ne nous permettent plus de nous attarder à ce point de vue ; le télescope nous révèle dans le ciel étoilé une variété beaucoup plus riche que tout ce qu'on aurait pu attendre. Nous avons d'abord les étoiles doubles, qui sont loin d'être des exceptions ; on peut estimer que sur trois étoiles il y a *pour le moins* une étoile double. Parfois les deux composantes sont faciles à séparer ; parfois aussi elles se touchent presque et, si l'une d'elles est peu lumineuse, des éclipses périodiques se traduisent pour nous par des variations d'éclat. C'est alors la spectroscopie ou la photométrie qui nous apprennent que nous avons affaire à un système double et qui nous permettent d'en déterminer l'orbite. Est-il possible que le même mécanisme ait pu donner naissance à un système comme le nôtre où un corps central a absorbé la presque totalité de la masse et où des planètes minuscules sont séparées par des distances énormes ; et à un de ces systèmes singuliers où la masse est à peu près également partagée entre deux ou trois composantes et où, dans certains cas, les distances des astres sont comparables à leurs dimensions ?

À ces systèmes doubles, la théorie de Laplace n'est évidemment pas applicable (et d'ailleurs les excentricités ne sont généralement pas très petites) ; mais on peut imaginer d'autres hypothèses ; considérons une nébuleuse en rotation comme celle de Laplace, mais qui en diffère parce que sa masse, au lieu d'être concentrée presque toute entière dans un noyau central, est à peu près uniformément répartie. En se refroidissant, elle se contractera et sa rotation va s'accélérer ; elle s'aplatira de plus en plus ; quand l'aplatissement aura dépassé une certaine limite, elle s'allongera dans un sens de façon à présenter trois axes inégaux ; c'est la figure que, dans le cas d'homogénéité parfaite, on appelle un ellipsoïde de Jacobi ; plus tard encore cette figure s'étranglera dans sa partie médiane et finira par se diviser en deux masses, inégales sans doute, mais comparables. Il est possible que ce soit là l'origine des étoiles doubles ; mais sans sortir de notre système solaire, il est possible que ce soit également celle de la Lune. Ce satellite est plus petit que la Terre, mais le rapport des masses est loin d'être aussi faible que pour les satellites de Jupiter, de Saturne, ou même de Mars.

Ce n'est pas tout : les étoiles simples elles-mêmes ne sont pas toutes pareilles entre elles ; le spectroscope nous a montré combien elles diffèrent, et il est assez naturel de supposer qu'elles diffèrent surtout par l'âge et que les différents types spectraux correspondent à différents types de l'évolution. Si même elles se sont toutes formées en même temps, il peut y avoir bien des raisons pour lesquelles certaines d'entre elles ont vieilli plus vite que les autres. D'autres objets sollicitent encore l'attention de l'astronome : il y a d'abord les amas stellaires, puis les nébuleuses dont les unes sont résolubles, tandis que les autres montrent par leur spectre qu'elles sont entièrement formées d'un gaz très subtil. Ces nébuleuses présentent les formes les plus variées, disques, anneaux, spirales ou amas irréguliers. Les premiers qui les ont examinées avec quelque soin ont été naturellement conduits à les assimiler à la nébuleuse de Laplace, ou à celles des théories rivales qui admettent toutes le même point de départ. Ces nébuleuses sont-elles de futures étoiles ou de futurs amas d'étoiles ; on était d'abord invinciblement porté à le penser ; on en est bien moins sûr aujourd'hui.

Il semble que nous avons sous les yeux des objets qu'il suffit de comparer pour reconstruire tout le passé des astres, comme le naturaliste qui a dans le champ de son microscope des cellules présentant toutes les phases de la division cellulaire, et qui peut reconstituer à coup sûr toute l'histoire de cette division, bien que ces cellules soient désormais fixées et inertes.

La cosmogonie va-t-elle donc sortir de l'âge des hypothèses et de l'imagination pour devenir une science expérimentale, ou tout au moins une science d'observation ? Bien mieux, de temps en temps nous voyons naître une étoile, qui s'allume inopinément dans le ciel, pour diminuer promptement d'éclat et prendre un spectre qui rappelle celui des nébuleuses planétaires ; de sorte qu'on n'a jamais vu une nébuleuse se transformer en étoile comme le voulait Laplace[*], et que, au contraire, on a vu souvent une étoile se transformer en nébuleuse. La nature n'est-elle pas là surprise en flagrant délit dans sa fonction créatrice ?

Il ne faut pas pourtant se leurrer de vaines illusions ; de trop grandes espérances seraient au moins prématurées. Et ce qui le prouve, c'est la diversité des opinions des astronomes sur l'évolution des étoiles, et en particulier sur l'origine des étoiles nouvelles. La première pensée, la plus naturelle, a été que les nébuleuses sont extrêmement chaudes et représentent la première phase de l'évolution, et pour ainsi dire l'enfance des astres, et qu'on rencontre ensuite les étoiles blanches, puis les étoiles jaunes et enfin les étoiles rouges de plus en plus vieilles et en même temps de plus en plus froides. Pour Sir N. Lockyer, l'histoire du monde stellaire a été plus compliquée ; les nébuleuses sont au contraire très froides (et sur ce point je crois que tout le monde est aujourd'hui d'accord et qu'on regarde la lumière dont elles brillent comme d'origine électrique). Elles ne sont en réalité qu'un essaim de météorites ; par leurs chocs incessants, ces météorites s'échauffent, se vaporisent et forment finalement une masse gazeuse extrêmement chaude, en un mot une étoile ; les chocs ont alors cessé et le calme renaît ; par l'effet du rayonnement, l'étoile se refroidit peu à peu et finit par s'éteindre et s'encroûter : elle repasse dans l'ordre inverse par les stades de température qu'elle a parcourus dans son ascension, de sorte que le cycle complet sera : nébuleuse, étoile rouge, étoile jaune, étoile blanche, étoile jaune, étoile rouge, étoile éteinte. Les étoiles de la série ascendante sont néanmoins bien différentes des étoiles correspondantes de la série descendante ; toute la masse des premières est brassée par de violents courants de convection ; les météorites n'ont pas encore entièrement disparu et leurs chocs entretiennent l'agitation ; les secondes jouissent d'un calme relatif ; Sir N. Lockyer croit pouvoir distinguer cette différence par l'étude de leurs spectres.

Les *Novæ*, depuis l'époque de Tycho-Brahé, ont surexcité l'imagination des astronomes. Leur apparition est brusque et a les allures d'un cataclysme. Est-ce une éruption qui serait en grand analogue à celles qui produisent les protubérances solaires ? On a mieux aimé recourir à l'hypothèse d'un choc, et c'est en effet l'idée que l'aspect de ces phénomènes nous suggère irrésistiblement. Mais il y a bien des façons de comprendre les circonstances et les effets d'un choc. Sont-ce deux corps solides qui s'échauffent subitement dès que leur rencontre a détruit leur force vive ? Est-ce un corps solide énorme, ou une étoile peu brillante, ou encore un essaim de météorites qui pénètre dans une nébuleuse et qui doit son incandescence au frottement ? Ou bien encore, comme le veut Arrhenius, les soleils encroûtés ne conservent-ils pas dans leurs flancs une provision d'énergie énorme, sous forme radioactive par exemple ? Cette provision qui demeure inutilisée et comme latente, tant qu'elle reste emprisonnée dans la croûte, ne peut-elle être libérée subitement, si un choc vient à briser cette croûte ? Elle se dépense alors en peu de temps ; de sorte que le choc produirait de la chaleur, non comme quand une balle a frappé une cuirasse qu'elle n'a pu traverser et qu'elle retombe toute rougie sur le sol ; mais comme quand la fusée d'un obus chargé de matières explosives détone à la rencontre d'un obstacle. Il est certain que les *Novæ* se montrent souvent entourées

---

[*] Il ne faut pas tirer de là un argument contre la théorie de Laplace, l'illustre astronome n'ayant jamais prétendu qu'une nébuleuse devait se transformer en étoile en quelques jours ou en quelques mois.

de nébulosités ; mais ces nébulosités sont-elles la cause ou l'effet du phénomène ; est-ce parce que l'étoile les a rencontrées qu'elle est subitement devenue brillante, ou est-ce quelque déchet qu'elle rejette de son sein et comme la fumée de l'explosion ? De tout cela nous ne savons rien.

Le mystère s'accroît quand au lieu de considérer chaque étoile en particulier, on en envisage l'ensemble et qu'on réfléchit sur leurs mutuels rapports. Les étoiles ont-elles pris naissance en même temps, ou s'allument-elles successivement pendant que d'autres s'éteignent ? Si elles ont même date de naissance, les unes ont-elles vieilli plus vite que les autres, et est-ce pour cette raison qu'elles sont aujourd'hui différentes ? Mais alors à côté des étoiles brillantes, n'y-a-t-il pas, en beaucoup plus grand nombre, des étoiles éteintes dont la masse inutile encombre les cieux ? Comment pouvons-nous le savoir ? Peut-être les considérations suivantes, dont la première idée est due à Lord Kelvin, peuvent-elles aider à résoudre la question. La Voie Lactée est formée d'étoiles fort nombreuses, s'attirant mutuellement en se mouvant dans tous les sens ; elle nous offre donc l'image d'un gaz, dont les molécules s'attirent et sont animées de vitesses dans les directions les plus diverses ; chaque étoile joue ainsi le rôle d'une molécule gazeuse. Cette assimilation semble légitime et l'on peut songer à étendre à l'univers stellaire les résultats de la théorie cinétique des gaz. Un gaz soumis à l'attraction newtonienne prendra au bout de peu de temps un état d'équilibre adiabatique où les vitesses moléculaires obéiront à la loi de Maxwell et où la température croîtra vers le centre ; la température centrale dépendra de la masse totale du gaz et de son volume total. Cette température est mesurée par les vitesses moléculaires. Appliquons ces principes à la Voie Lactée ; les vitesses stellaires que nous observons appartiennent aux astres voisins de nous et par conséquent du centre de la Voie Lactée ; elles correspondent donc à la « température centrale », et elles peuvent nous renseigner sur les dimensions et sur la masse totale de cette agglomération d'étoiles assimilée à une énorme bulle gazeuse. On trouve ainsi que le télescope en a presque atteint les limites extrêmes, et qu'il doit y avoir peu d'étoiles obscures ; si en effet il y en avait beaucoup plus que d'astres brillants, elles concourraient à l'attraction totale et les mouvements propres des étoiles seraient beaucoup plus grands que ceux qu'on a observés.

Cela paraît reposer sur des raisonnements irréfutables ; si la Voie Lactée a atteint l'état stable vers lequel elle tend nécessairement, tout ce que nous venons de dire est vrai, et les mouvements propres doivent être répartis conformément à la loi de Maxwell. Le sont-ils ? L'observation seule peut répondre ; or il paraît bien qu'elle répond : non. D'après Kapteyn et d'autres astronomes tout se passe comme si on se trouvait en présence de deux essaims d'étoiles, obéissant séparément à la loi de Maxwell, *mais avec des constantes différentes* ; ces deux essaims se pénètrent d'ailleurs mutuellement et ne sont pas séparés. Il semble que deux voies lactées qui avaient atteint leur état d'équilibre final se sont un jour rencontrées, et n'ont pas encore exercé l'une sur l'autre une action assez prolongée pour que les différences qui les distinguent se soient entièrement nivelées. Elles sont semblables à deux bulles gazeuses qui se seraient rencontrées, mais n'auraient pas encore eu le temps de se mélanger. Nous retrouvons ainsi, sous une forme nouvelle et inattendue, cette intervention du choc, dont l'importance cosmogonique a été mise en évidence par l'étude des *Novæ*, et que nous retrouvons à la base de certaines théories, telles que celle de M. Belot.

Si néanmoins les conclusions de Lord Kelvin subsistent dans leurs traits généraux, et si le nombre des étoiles éteintes n'est pas énorme, nous devons penser que tous les flambeaux de notre ciel se sont allumés à peu près en même temps et que l'âge de la Voie Lactée ne dépasse pas un petit nombre de vies d'étoiles.

L'une des théories cosmogoniques les plus récentes, et à coup sûr l'une des plus originales, est celle de M. Svante Arrhenius. Pour lui, les astres ne sont pas, comme on le pense d'ordinaire, des individus à peu près étrangers les uns aux autres, séparés par des vides immenses et n'échangeant guère que leurs attractions et leur lumière ; ils échangent bien d'autres choses, de l'électricité, de la matière et jusqu'à des germes vivants. La pression de radiation est une force qui émane des corps lumineux et qui repousse les corps légers, c'est elle qui forme les queues des comètes dont la matière très ténue est repoussée par la lumière du Soleil. C'est elle aussi qui, d'après M. Arrhenius, chasserait du Soleil de très petites particules, et les pousserait jusque sur la Terre, jusqu'aux planètes et jusqu'aux lointaines nébuleuses. Ces particules finiraient par s'agglutiner en formant les météorites ; et ces météorites, pénétrant dans la masse des nébuleuses, deviendraient des centres de condensation autour desquels la matière commencerait à se concentrer ; nous retrouvons ensuite toute l'histoire des étoiles, leur naissance presque obscure, leur splendeur, leur décadence aboutissant à l'encroûtement final. Cet encroûtement ne serait pas toutefois la mort définitive ; mais seulement le début d'une longue période de vie latente, obscure et silencieuse jusqu'au jour où un choc libérerait brusquement cette énergie endormie. L'explosion qui en résulterait donnerait naissance à une nébuleuse et le cycle recommencerait.

La vie latente doit être beaucoup plus longue que la vie brillante ; d'où il suit qu'il doit y avoir beaucoup plus d'étoiles obscures que d'étoiles visibles, contrairement aux vues de Lord Kelvin.

Pour M. Arrhenius, le monde est infini et les astres y sont distribués d'une façon sensiblement uniforme ; si nos télescopes semblent assigner des limites à l'Univers, c'est parce qu'ils sont trop faibles, et que la lumière qui nous vient des soleils les plus éloignés est absorbée en route. On a fait à cette hypothèse une double objection. D'une part, si la densité des étoiles est constante dans tout l'espace, leur lumière totalisée devrait donner au ciel entier l'éclat même du Soleil. Cela serait vrai si le vide interstellaire laissait passer toute la lumière qui le traverse sans en rien garder, de sorte que l'éclat apparent d'un astre varierait en raison inverse du carré de la distance. Il suffit, pour échapper à cette difficulté, de supposer que le milieu qui sépare les étoiles est absorbant ; il peut d'ailleurs l'être très peu. L'autre objection, c'est que l'attraction newtonienne serait infinie ou indéterminée ; pour nous tirer d'affaire, il nous faut alors supposer que la loi de Newton n'est pas rigoureusement exacte, et que la gravitation subit une sorte d'absorption, se traduisant par un facteur exponentiel. Si on consent à faire cette hypothèse, les conclusions de Lord Kelvin ne s'imposent plus, car nous les avons établies en partant de la loi de Newton ; la Voie Lactée ne serait plus assimilable à une bulle gazeuse dont la densité et la température augmente vers le centre, mais à ce que nous pouvons voir d'une masse gazeuse *indéfinie* et homogène, de densité et de température uniforme.

Ce n'est pas tout : le monde de M. Arrhenius n'est pas seulement infini dans l'espace, mais il est éternel dans le temps ; c'est surtout ici que ses vues sont géniales et qu'elles nous apparaissent comme suggestives, quelques objections qu'elles soulèvent d'ailleurs. L'Univers est comme une vaste machine thermique, fonctionnant entre une source chaude et une source froide ; la source chaude est représentée par les étoiles et la source froide par les nébuleuses. Mais nos machines thermiques ne tarderaient pas à s'arrêter, si on ne leur fournissait sans cesse de nouveaux combustibles ; abandonnées à elles-mêmes, les deux sources s'épuiseraient, c'est-à-dire que leurs températures s'égaliseraient et finiraient par se mettre en équilibre. C'est là ce qu'exige le principe de Carnot. Et ce principe lui-même est une conséquence des lois de la Mécanique statistique. C'est parce que les molécules sont très nombreuses qu'elles tendent à se mélanger et à ne plus obéir qu'aux lois du hasard. Pour revenir en arrière, il faudrait les *démêler*, détruire le mélange une fois fait ; et cela semble impossible ; il faudrait pour cela le démon de Maxwell, c'est-à-dire un être très délié et très intelligent, capable de trier des objets aussi petits.

Pour que le monde pût recommencer indéfiniment, il faudrait donc une sorte de démon de Maxwell automatique. Ce démon, M. Arrhenius croit l'avoir trouvé. Les nébuleuses sont très froides, mais très peu denses, très peu capables par conséquent de retenir par leur attraction les corps en mouvement qui tendent à en sortir. Les molécules gazeuses sont animées de vitesses diverses, et plus les vitesses sont grandes *en moyenne* plus le gaz est chaud. Le rôle du démon de Maxwell, s'il voulait refroidir une enceinte, serait de trier les molécules *chaudes*, c'est-à-dire celles dont la vitesse est grande et de les expulser de l'enceinte, où ne resteraient que les molécules *froides*. Or, les molécules qui ont le plus de chances de s'échapper de la nébuleuse, sans y être retenues par la gravitation, ce sont précisément les molécules à grande vitesse, les molécules chaudes ; les autres restant seules, la nébuleuse pourra rester froide tout en recevant de la chaleur.

On peut tenter de se placer à d'autres points de vue, de dire par exemple qu'ici la véritable source froide, c'est le vide avec la température du zéro absolu et qu'alors le rendement du cycle de Carnot est égal à 1. D'autre part, ce qui distingue la chaleur de la force vive mécanique, c'est que les corps chauds sont formés de molécules nombreuses dont les vitesses ont des directions diverses, tandis que les vitesses qui produisent la force vive mécanique ont une direction unique ; réunies, les molécules gazeuses forment un gaz qui peut être froid et dont le contact refroidit ; isolées, au contraire, elles seraient des projectiles dont le choc réchaufferait. Or, dans le vide interplanétaire, elles sont séparées par d'énormes distances et pour ainsi dire isolées ; leur énergie s'élèverait donc en dignité, elle cesserait d'être de la simple « Chaleur » pour être promue au rang de « Travail ».

Bien des doutes subsistent toutefois ; le vide ne va-t-il pas se combler, si le monde est infini ; et, s'il ne l'est pas, sa matière en s'échappant, ne va-t-elle pas s'évaporer jusqu'à ce qu'il ne reste rien ? De toutes manières, nous devrions renoncer au rêve du « Retour éternel » et de la perpétuelle renaissance des mondes ; il semble donc que la solution de M. Arrhenius est encore insuffisante ; ce n'est pas assez de mettre un démon dans la source froide, il en faudrait encore un dans la source chaude.

Après cet exposé, on attend sans doute de moi une conclusion, et c'est cela qui m'embarrasse. Plus on étudie cette question de l'origine des astres, moins on est pressé de conclure. Chacune des théories proposées est séduisante par certains côtés. Les unes donnent d'une façon très satisfaisante l'explication d'un certain nombre de faits ; les autres embrassent davantage, mais les explications perdent en précision ce qu'elles gagnent en étendue ; ou bien, au contraire, elles nous donnent une précision trop grande, mais qui n'est qu'illusoire et qui sent le coup de pouce.

S'il n'y avait que le système solaire, je n'hésiterais pas à préférer la vieille hypothèse de Laplace ; il y a très peu de choses à faire pour la remettre à neuf. Mais la variété des systèmes stellaires nous oblige à élargir nos cadres, de sorte que l'hypothèse de Laplace, si elle ne doit pas être entièrement abandonnée, devrait être modifiée de façon à n'être plus qu'une forme, adaptée spécialement au système solaire, d'une hypothèse plus générale qui conviendrait à l'Univers tout entier et qui nous expliquerait à la fois les destins divers des Étoiles, et comment chacune d'elles s'est faite sa place dans le grand tout.

Or, sur ce point, les données sont insuffisantes et nous avons encore beaucoup à attendre de l'observation. Les deux courants d'étoiles de Kapteyn existent-ils et y en a-t-il d'autres ? Que sont les nébuleuses et en particulier les nébuleuses spirales ? Sont-elles à des distances énormes, en dehors de la Voie Lactée, et sont-elles elles-mêmes des voies lactées vues de loin ? Ou bien, malgré la nature de leur spectre, sont-elles incapables d'être assimilées à des amas de vraies étoiles ; devons-nous accepter la mesure de Bohlin au sujet de la parallaxe de la nébuleuse d'Andromède et la conclusion que See en tire, et qui nous représenterait cet objet céleste comme formé de soleils sans doute, mais de soleils gros comme les astéroïdes qui circulent entre Mars et Jupiter ? Est-il possible d'admettre que notre système solaire soit sorti d'une des espèces de nébuleuses que nous connaissons, par exemple des nébuleuses spirales, ou planétaires ou annulaires ? Voilà une question à laquelle on ne pourra tenter de répondre que quand on connaîtra mieux la nature, la distance et par conséquent les dimensions de ces corps.

Un fait qui frappe tout le monde, c'est la forme spirale de certaines nébuleuses ; elle se rencontre beaucoup trop souvent pour qu'on puisse penser qu'elle est due au hasard. On comprend combien est incomplète toute théorie cosmogonique qui en fait abstraction. Or, aucune d'elles n'en rend compte d'une manière satisfaisante et l'explication que j'ai donnée moi-même un jour, par manière de passe-temps, ne vaut pas mieux que les autres. Nous ne pouvons donc terminer que par un point d'interrogation.

Chapitre V
Sur la Stabilité du Système Solaire (1898)

Les personnes qui s'intéressent aux progrès de la mécanique céleste, mais qui ne peuvent les suivre que de loin, doivent éprouver quelque étonnement en voyant combien de fois on a démontré la stabilité du système solaire.

Lagrange l'a établie d'abord, Poisson l'a démontrée de nouveau, d'autres démonstrations sont venues depuis, d'autres viendront encore. Les démonstrations anciennes étaient-elles insuffisantes, ou sont-ce les nouvelles qui sont superflues ?

L'étonnement de ces personnes redoublerait sans doute, si on leur disait qu'un jour peut-être un mathématicien fera voir, par un raisonnement rigoureux, que le système planétaire est instable.

Cela pourra arriver cependant ; il n'y aura là rien de contradictoire, et cependant les démonstrations anciennes conserveront leur valeur.

C'est qu'en effet elles ne sont que des approximations successives ; elles n'ont donc pas la prétention d'enfermer rigoureusement les éléments des orbites entre des limites étroites que jamais elles ne pourront franchir, mais elles nous apprennent du moins que certaines causes, qui semblaient d'abord devoir faire varier ces éléments assez rapidement, ne produisent en réalité que des variations beaucoup plus lentes.

L'attraction de Jupiter, à distance égale, est mille fois plus petite que celle du Soleil ; la force perturbatrice est donc petite, et cependant, si elle agissait toujours dans le même sens, elle ne tarderait pas à produire des effets très appréciables.

Il n'en est pas ainsi, et c'est là le point qu'a établi Lagrange. Au bout d'un petit nombre d'années, deux planètes qui agissent l'une sur l'autre ont occupé sur leurs orbites toutes les positions possibles ; dans ces diverses positions leur action mutuelle était dirigée, tantôt dans un sens, tantôt dans le sens opposé, et cela de telle façon qu'au bout de peu de temps il y ait compensation presque exacte. Les grands axes des orbites ne sont pas absolument invariables, mais leurs variations se réduisent à des oscillations de faible amplitude de part et d'autre d'une valeur moyenne.

Cette valeur moyenne, il est vrai, n'est pas rigoureusement fixe, mais les changements qu'elle éprouve sont extrêmement lents, comme si la force qui les produisait était non plus mille fois, mais un million de fois plus petite que l'attraction solaire. On peut donc *négliger* ces changements qui sont, comme on dit, de l'ordre du carré des masses.

Quant aux autres éléments des orbites, tels que les excentricités et les inclinaisons, ils peuvent éprouver, autour de leurs valeurs moyennes, des oscillations plus amples et plus lentes, mais auxquelles on peut facilement assigner des limites.

Voilà ce qu'ont montré Lagrange et Laplace ; mais Poisson est allé plus loin. Il a voulu étudier les lents changements éprouvés par les valeurs moyennes, changements dont j'ai parlé plus haut et que ses devanciers avaient d'abord négligés.

Il montra que ces changements se réduisaient encore à des oscillations périodiques autour d'une valeur moyenne qui n'éprouvait que des variations mille fois plus lentes encore.

C'était un pas de plus, mais ce n'était encore qu'une approximation ; depuis on a fait d'autres pas en avant, mais sans arriver à une démonstration complète, définitive et rigoureuse.

Il y a un cas qui paraissait échapper à l'analyse de Lagrange et de Poisson. Si les deux moyens mouvements sont commensurables entre eux, au bout d'un certain nombre de révolutions, les deux planètes et le Soleil se retrouveront dans la même situation relative et la force perturbatrice agira dans le même sens qu'au début. La compensation dont j'ai parlé plus haut ne se produit plus alors, et l'on peut craindre que les effets des perturbations ne finissent par s'accumuler et devenir considérables. Des travaux plus récents, entre autres ceux de Delaunay, de Tisserand, de Gyldén, ont fait voir que cette accumulation ne se produit pas. L'amplitude des oscillations est un peu augmentée, mais reste pourtant très petite. Ce cas particulier n'échappe donc pas à la règle générale.

Non seulement on s'est débarrassé de ces exceptions apparentes, mais on s'est mieux rendu compte des raisons profondes de ces compensations qu'avaient remarquées les fondateurs de la mécanique céleste. On a poussé plus loin que Poisson l'approximation, mais on n'en est encore qu'à une approximation.

On peut démontrer, dans certains cas particuliers, que les éléments de l'orbite d'une planète redeviendront une infinité de fois très voisins des éléments initiaux, et cela est probablement vrai aussi dans le cas général, mais cela ne suffit pas ; il faudrait faire voir que non seulement ces éléments finiront par reprendre leurs valeurs primitives, mais qu'ils ne s'en écarteront jamais beaucoup.

Cette dernière démonstration, on ne l'a jamais donnée d'une manière rigoureuse, et il est même probable que la proposition n'est pas rigoureusement vraie. Ce qui est vrai seulement, c'est que les éléments ne pourront s'écarter sensiblement de leur valeur primitive qu'avec une extrême lenteur et au bout d'un temps tout à fait énorme.

Aller plus loin, affirmer que ces éléments resteront non pas *très longtemps*, mais *toujours*, compris entre des limites étroites, c'est ce que nous ne pouvons faire.

Mais ce n'est pas ainsi que le problème se pose.

Le mathématicien ne considère que des astres fictifs, réduits à de simples points matériels, et soumis à l'action *exclusive* de leurs attractions mutuelles qui suit *rigoureusement* la loi de Newton.

Comment se comporterait un pareil système : serait-il stable ? C'est là un problème aussi difficile qu'intéressant pour l'analyste. Mais ce n'est pas celui qui correspond au cas de la nature.

Les astres réels ne sont pas des points matériels, et ils sont soumis à d'autres forces que l'attraction newtonienne.

Ces forces complémentaires devraient avoir pour effet de modifier peu à peu les orbites, alors même que les astres fictifs envisagés par le mathématicien jouiraient de la stabilité absolue.

Ce que nous devons nous demander alors, c'est si cette stabilité sera plus vite détruite par le simple jeu de l'attraction newtonienne, ou par ces forces complémentaires.

Quand l'approximation sera poussée assez loin pour que nous soyons certains que les variations très lentes, que l'attraction newtonienne fait subir aux orbites des astres fictifs, ne peuvent être que très petites pendant le temps qui suffit aux forces complémentaires pour achever la destruction du système ; quand, dis-je, l'approximation sera poussée jusque-là, il sera inutile d'aller plus loin, du moins au point de vue des applications, et nous devrons nous considérer comme satisfaits.

Or il semble bien que ce point soit atteint ; sans vouloir citer de chiffres, je crois que les effets de ces forces complémentaires sont beaucoup plus grands que ceux des termes négligés par les analystes dans les démonstrations les plus récentes de la stabilité.

Voyons en effet quelles sont les plus importantes de ces forces complémentaires.

La première idée qui vient à l'esprit, c'est que la loi de Newton n'est sans doute pas absolument exacte ; que l'attraction n'est pas rigoureusement proportionnelle à l'inverse du carré des distances, mais à quelque autre fonction des distances. C'est ainsi que M. Newcomb a dernièrement cherché à expliquer le mouvement du périhélie de Mercure.

Mais on voit bien vite que cela ne saurait influer sur la stabilité. Il est vrai que, d'après un théorème de Jacobi, il y aurait instabilité si l'attraction était en raison inverse du cube de la distance.

Il est aisé, par un raisonnement grossier, de se rendre compte pourquoi : avec une pareille loi, l'attraction serait considérable aux petites distances et extrêmement faible aux grandes distances. Si donc, pour une raison quelconque, la distance d'une des planètes au corps central venait à augmenter, l'attraction diminuerait rapidement et ne serait plus capable de la retenir.

Mais cela n'a lieu que pour des lois très différentes de celle du carré des distances. Toutes les lois, assez voisines de celle de Newton pour être acceptables, sont équivalentes au point de vue de la stabilité.

Mais il y a une autre raison qui s'oppose à ce que les astres se meuvent sans s'écarter jamais beaucoup de leur orbite primitive.

D'après la seconde loi thermodynamique, connue sous le nom de *principe de Carnot*, il y a une dissipation continuelle de l'énergie, qui tend à perdre la forme du travail mécanique pour prendre la forme de la chaleur ; il existe une certaine fonction, nommée *entropie*, dont il est inutile de rappeler ici la définition ; l'entropie, d'après cette seconde loi, peut rester constante ou diminuer, mais ne peut jamais augmenter. Dès qu'elle s'est écartée de sa valeur primitive, ce qu'elle ne peut faire qu'en diminuant, elle ne peut plus jamais y revenir, puisque pour cela il faudrait augmenter.

Le monde, par conséquent, ne pourra jamais revenir à son état primitif ou dans un état peu différent, dès que son entropie a changé. C'est le contraire de la stabilité.

Or l'entropie diminue toutes les fois que se produit un phénomène irréversible, tel que le frottement de deux solides, le mouvement d'un liquide visqueux, l'échange de chaleur entre deux corps de température différente, l'échauffement d'un conducteur par le passage d'un courant.

Si nous observons alors qu'il n'y a pas en réalité de phénomène réversible, que la réversibilité n'est qu'un cas limite, un cas idéal dont la nature peut approcher plus ou moins, mais qu'elle ne peut jamais atteindre, nous serons amenés à conclure que l'instabilité est la loi de tous les phénomènes naturels.

Les mouvements des corps célestes seraient-ils seuls à y échapper ? On pourrait le croire en voyant qu'ils se passent dans le vide et sont ainsi soustraits au frottement.

Mais le vide interplanétaire est-il absolu, ou bien les astres se meuvent-ils dans un milieu extrêmement ténu, dont la résistance est excessivement faible, mais qui est cependant résistant ?

Les astronomes n'ont pu expliquer le mouvement de la comète d'Encke qu'en supposant l'existence d'un pareil milieu. Mais le milieu résistant qui rendrait compte des anomalies de cette comète, s'il existe, se trouve confiné dans le voisinage immédiat du Soleil. Cette comète y pénétrerait, mais aux distances où sont les planètes, l'action de ce milieu cesserait de se faire sentir ou deviendrait beaucoup plus faible.

Il aurait pour effet indirect d'accélérer le mouvement des planètes ; perdant de l'énergie, elles tendraient à tomber sur le Soleil ; et, en vertu de la troisième loi de Kepler, la durée de la révolution diminuerait en même temps que la distance au corps central. Mais il est impossible de se faire idée de la rapidité avec laquelle cet effet se produirait, puisque nous n'avons aucune notion sur la densité de ce milieu hypothétique.

Une autre cause, dont je vais parler maintenant, doit avoir, semble-t-il, une action plus prompte. Soupçonnée depuis longtemps, elle a été surtout mise en lumière par Delaunay et après lui par G. Darwin.

Les marées, conséquences directes des mouvements célestes, ne s'arrêteraient que si ces mouvements cessaient eux-mêmes ; cependant les oscillations des mers sont accompagnées de frottements et par conséquent produisent de la chaleur. Cette chaleur ne peut être empruntée qu'à l'énergie qui produit les marées, c'est-à-dire à la force vive des corps célestes.

Nous pouvons donc prévoir que cette force vive se dissipe peu à peu par cette cause, et un peu de réflexion nous fera comprendre par quel mécanisme.

La surface des mers, soulevée par les marées, présente une sorte de bourrelet. Si la pleine mer avait lieu au moment du passage de la Lune au méridien, cette surface serait celle d'un ellipsoïde dont l'axe irait passer par la Lune. Tout serait symétrique par rapport à cet axe, et l'attraction de la Lune sur ce bourrelet ne pourrait ni ralentir, ni accélérer la rotation terrestre.

C'est ce qui arriverait s'il n'y avait pas de frottement ; mais, par suite des frottements, la pleine mer est en retard sur le passage de la Lune ; la symétrie cesse ; l'attraction de la Lune sur le bourrelet ne passe plus par le centre de la Terre et tend à ralentir la rotation de notre globe.

Delaunay estimait que, pour cette cause, la durée du jour sidéral augmente d'une seconde en cent mille ans. C'est ainsi qu'il voulait expliquer l'accélération séculaire du mouvement de la Lune. La lunaison nous semblerait devenir de plus en plus courte, parce que l'unité de temps à laquelle nous la rapportons, le jour, deviendrait de plus en plus longue.

Quoi qu'on doive penser du chiffre donné par Delaunay et de l'explication qu'il propose pour les anomalies du mouvement lunaire, il est difficile de contester l'effet produit par les marées.

C'est même ce qui peut nous aider à comprendre un fait bien connu, mais bien surprenant. On sait que la durée de la rotation de la Lune est précisément égale à celle de sa révolution ; de telle sorte que, s'il y avait des mers sur cet astre, ces mers n'auraient pas de marées, du moins de marées dues à l'attraction de la Terre ; car pour un observateur situé en un point de la surface de la Lune, la Terre serait toujours à la même hauteur au-dessus de l'horizon.

On sait également que Laplace a cherché l'explication de cette étrange coïncidence.

Comment les deux vitesses peuvent-elles être *exactement* les mêmes ? La probabilité d'une égalité *rigoureuse* due au simple hasard est évidemment nulle.

Laplace suppose que la Lune a la forme d'un ellipsoïde allongé ; cet ellipsoïde se comporte comme un pendule qui serait en équilibre quand le grand axe est dirigé suivant la droite qui joint les centres des deux astres.

Si la vitesse *initiale* de rotation diffère peu de la vitesse de révolution, l'ellipsoïde oscillera de part et d'autre de sa position d'équilibre sans jamais s'en écarter beaucoup. C'est ainsi que se comporte un pendule qui a reçu une faible impulsion.

La vitesse *moyenne* de rotation est alors exactement la même que celle de la position d'équilibre autour de laquelle le grand axe oscille ; elle est donc la même que celle de la droite qui joint les centres des deux astres. Elle est donc rigoureusement égale à la vitesse de révolution.

Si, au contraire, la vitesse initiale diffère notablement de la vitesse de révolution, le grand axe n'oscillera plus autour de sa position d'équilibre, comme un pendule qui, sous une forte impulsion, décrit un cercle complet.

Il suffit donc que la vitesse de révolution soit *à peu près* égale à la vitesse *initiale* de rotation, pour qu'elle soit *exactement* égale à la vitesse *moyenne* de rotation. Une égalité rigoureuse n'étant plus nécessaire, le paradoxe se trouve écarté.

L'explication est incomplète cependant. Quelle est la raison de cette égalité approchée, dont la probabilité n'est plus nulle, il est vrai, mais reste assez faible ? Et surtout, pourquoi la Lune n'éprouve-t-elle d'oscillations sensibles de part et d'autre de sa position d'équilibre (si nous éliminons, bien entendu, ses diverses librations dues à d'autres causes qui sont bien connues) ? Ces oscillations devaient exister à l'origine ; il faut qu'elles se soient éteintes par une sorte de frottement ; et tout porte à croire que le mécanisme de ce frottement est celui que je viens d'analyser à propos des marées de nos océans.

Quand la Lune n'était pas encore solidifiée et formait un sphéroïde fluide, ce sphéroïde a dû subir des marées énormes, à cause de la proximité de la Terre et de sa masse. Ces marées n'ont dû cesser que quand les oscillations ont été presque complètement éteintes.

Il semble que les satellites de Jupiter et les deux planètes les plus voisines du Soleil, Mercure et Vénus, ont aussi une rotation dont la durée est la même que celle de leur révolution : c'est sans doute pour la même raison.

On pourrait croire que cette action des marées n'a aucun rapport avec notre sujet ; je n'ai encore parlé que des rotations et, dans les études relatives à la stabilité du système solaire, on ne s'occupe que des mouvements de translation. Mais un peu d'attention montre que la même action se fait sentir également sur les translations.

Nous venons de voir que l'attraction de la Lune sur la Terre ne passe pas exactement par le centre de la Terre. L'attraction de la Terre sur la Lune, qui est égale et directement opposée, ne passera pas non plus par ce centre, c'est-à-dire par le foyer de l'orbite lunaire.

Il en résulte une force perturbatrice, minime à la vérité, mais qui fait gagner de l'énergie à la Lune. La force vive de translation ainsi gagnée par la Lune est évidemment plus petite que la force vive de rotation perdue par la Terre ; puisqu'une partie de l'énergie doit se transformer en chaleur, à cause des frottements engendrés par les marées.

Un calcul très simple montre que, la révolution de la Lune durant vingt-huit jours sidéraux environ, la Lune gagne vingt-huit fois moins de force vive que la Terre n'en perd.

J'ai expliqué plus haut l'action d'un milieu résistant ; j'ai montré comment, en faisant perdre de l'énergie aux planètes, elle accélère leur mouvement ; au contraire, l'action des marées, en faisant gagner de l'énergie à la Lune, ralentit son mouvement ; le mois s'allonge donc en même temps que le jour.

Quel est l'état final vers lequel tendrait le système si cette cause agissait seule ? Évidemment cette action ne s'arrêterait que quand les marées auraient cessé, c'est-à-dire quand la rotation de la Terre aurait même durée que la révolution lunaire.

Ce n'est pas tout, dans l'état final, l'orbite de la Lune devrait être devenue circulaire. S'il en était autrement, les variations de la distance de la Lune à la Terre suffiraient pour produire des marées.

Comme le mouvement de rotation n'aurait pas changé, il serait aisé de calculer quelle serait la vitesse angulaire commune de la Terre et de la Lune. On trouve que, dans cet état limite, le mois comme le jour durerait environ 65 de nos jours actuels.

Tel serait l'état final s'il n'y avait pas de milieu résistant et si la Terre et la Lune existaient seules.

Mais le Soleil produit aussi des marées, l'attraction des planètes en produit également sur le Soleil.

Le système solaire tendrait donc vers un état limite où le Soleil, toutes les planètes et leurs satellites tourneraient, avec une même vitesse, autour d'un même axe, comme s'ils étaient des parties d'un même corps solide invariable. La vitesse angulaire finale différerait, d'ailleurs, peu de la vitesse de révolution de Jupiter.

Ce serait là l'état final du système solaire, s'il n'y avait pas de milieu résistant, mais l'action de ce milieu, s'il existe, ne permettrait pas à cet état de subsister et finirait par précipiter toutes les planètes dans le Soleil.

Il ne faudrait pas croire qu'un globe solide, qui ne serait pas recouvert par des mers, se trouverait, grâce à l'absence des marées, soustrait à des actions analogues à celles dont nous venons de parler. Et cela, en admettant même que la solidification ait atteint le centre de ce globe.

Cet astre, que nous supposons solide, ne serait pas pour cela un corps solide invariable : de pareils corps n'existent que dans les traités de mécanique rationnelle.

Il serait élastique et subirait, sous l'attraction des corps célestes voisins, des déformations analogues aux marées et du même ordre de grandeur.

Si l'élasticité était parfaite, ces déformations se passeraient sans perte de travail et sans production de chaleur. Mais il n'y a pas de corps parfaitement élastique. Il y aura donc encore là développement de chaleur, qui aura lieu aux dépens de l'énergie de rotation et de translation des astres et qui produira absolument les mêmes effets que la chaleur engendrée par le frottement des marées.

Ce n'est pas tout ; la Terre est magnétique, et il en est probablement de même des autres planètes et du Soleil. On connaît l'expérience du disque de Foucault ; un disque en cuivre, tournant en présence d'un électro-aimant, éprouve une grande résistance et s'échauffe dès que l'électro-aimant entre en action. Un conducteur en mouvement dans un champ magnétique est parcouru par des courants d'induction qui l'échauffent ; la chaleur engendrée ne peut être empruntée qu'à la force vive du conducteur. On peut donc prévoir que les actions électrodynamiques de l'électro-aimant sur les courants d'induction doivent s'opposer au mouvement du conducteur. Ainsi s'explique l'expérience de Foucault.

Les astres doivent éprouver une résistance analogue, car ils sont magnétiques et conducteurs.

Le même phénomène se produira donc, bien qu'extrêmement atténué par la distance ; mais les effets, se produisant toujours dans le même sens, finiront par s'accumuler ; ils s'ajoutent, d'ailleurs, à ceux des marées, et tendent à amener le système au même état final.

Ainsi les corps célestes n'échappent pas à cette loi de Carnot, d'après laquelle le monde tend vers un état de repos final. Ils n'y échapperaient même pas s'ils étaient séparés par le vide absolu.

Leur énergie se dissipe, et, bien que cette dissipation n'ait lieu qu'avec une extrême lenteur, elle est assez rapide pour que l'on n'ait pas à se préoccuper des termes négligés dans les démonstrations actuelles de la stabilité du système solaire.[*]

---

[*] Extrait de l'*Annuaire du Bureau des Longitudes* pour 1898.

Chapitre VI
Le Problème des Trois Corps (1891)

La loi de Newton est la plus simple de toutes les lois physiques ; mais elle a pour expression mathématique une équation différentielle, et pour obtenir les coordonnées des astres, il faut intégrer cette équation. Ce problème est un des plus difficiles de l'Analyse, et malgré les recherches persévérantes des géomètres, il est encore bien loin d'être résolu.

I

Quel sera le mouvement de n points matériels, s'attirant mutuellement en raison directe de leurs masses et en raison inverse du carré des distances ? Si $n = 2$, c'est-à-dire si l'on a affaire à une planète isolée et au Soleil, en négligeant les perturbations dues aux autres planètes, l'intégration est facile ; les deux corps décrivent des ellipses, en se conformant aux lois de Kepler. La difficulté commence si le nombre n des corps est égal à trois ; le *problème des trois corps* a défié jusqu'ici tous les efforts des analystes.

L'intégration complète et rigoureuse étant manifestement impossible, les astronomes ont dû procéder par approximations successives ; l'emploi de cette méthode était facilité par la petitesse des masses des planètes, comparées à celle du Soleil. On a donc été conduit à développer les coordonnées des astres, suivant les puissances croissantes des masses.

Ce mode de développement n'est pas sans inconvénient ; je n'en citerai qu'un : supposons qu'il entre dans l'expression d'une de ces coordonnées un terme périodique dont la période soit très longue, et d'autant plus longue que les masses troublantes sont plus petites, et développons ce terme suivant les puissances croissantes des masses ; quelque loin que nous poussions l'approximation, la valeur approchée de ce terme ira en croissant indéfiniment, tandis que la vraie valeur reste toujours finie. C'est ainsi qu'en développant $\sin mt$ suivant les puissances croissantes de m et négligeant les termes en m^3, on trouve

$$mt - \frac{1}{6} m^3 t^3 \, ,$$

polynôme susceptible de croître indéfiniment, tandis que $\sin mt$ est toujours plus petit que 1. La véritable nature de la fonction est donc complètement dissimulée.

Cette méthode a été cependant jusqu'ici très suffisante pour les besoins de la pratique ; les masses sont, en effet, tellement petites qu'on peut, le plus souvent, négliger leurs carrés et se borner ainsi à la première approximation.

Mais on ne peut espérer qu'il en soit toujours ainsi ; il ne s'agit pas seulement, en effet, de calculer les éphémérides des astres quelques années d'avance pour les besoins de la navigation ou pour que les astronomes puissent retrouver les petites planètes déjà connues. Le but final de la Mécanique céleste est plus élevé ; il s'agit de résoudre cette importante question : la loi de Newton peut-elle expliquer à elle seule tous les phénomènes astronomiques ? Le seul moyen d'y parvenir est de faire des observations aussi précises que possible, de les prolonger pendant de longues années ou même de longs siècles et de les comparer ensuite aux résultats du calcul. Il est donc inutile de demander au calcul plus de précision qu'aux observations, mais on ne doit pas non plus lui en demander moins. Aussi l'approximation dont nous pouvons nous contenter aujourd'hui deviendra-t-elle un jour insuffisante. Et, en effet, en admettant même, ce qui est très improbable, que les instruments de mesure ne se perfectionnent plus, l'accumulation seule des observations pendant plusieurs siècles nous fera connaître avec plus de précision les coefficients des diverses inégalités.

On peut donc prévoir le moment où les méthodes anciennes, malgré la perfection que leur a donnée Le Verrier, devront être abandonnées définitivement. Nous ne serons pas pris au dépourvu. Delaunay, Hill, Gyldén, Lindstedt ont imaginé de nouveaux procédés d'approximation successive plus rapides et plus satisfaisants à tous égards que les anciens ; en particulier, ils se sont affranchis de l'inconvénient que je signalais plus haut.

Les développements auxquels ils parviennent pourraient même être regardés comme une solution complète du problème des trois corps, si la convergence en était établie. Il n'en est malheureusement pas ainsi.

Faute de cette convergence, ils ne peuvent pas donner une approximation indéfinie ; ils donneront plus de décimales exactes que les anciens procédés, mais ils n'en donneront pas autant qu'on voudra. Si on l'oubliait, on serait conduit à des conséquences erronées. On en serait vite averti, d'ailleurs, car ces conséquences ne seraient pas les mêmes, selon qu'on appliquerait les méthodes de Delaunay ou celles de Lindstedt, et ces contradictions suffiraient pour montrer qu'un au moins des deux développements n'est pas convergent.

II

Ne peut-on cependant établir aucun résultat relatif au mouvement des trois corps avec cette absolue rigueur à laquelle les géomètres sont habitués ? S'il est possible d'en découvrir, ne pourrait-on y trouver un terrain solide sur lequel on s'appuierait pour marcher à de nouvelles conquêtes ? N'aurait-on pas ouvert une brèche qui permettrait enfin d'entrer dans la forteresse ? On ne peut s'empêcher de le penser, et c'est ce qui donne quelque prix aux rares théorèmes susceptibles d'une démonstration rigoureuse, quand même ils ne semblent pas immédiatement applicables à l'astronomie.

Telles sont les propriétés des solutions particulières remarquables du problème des trois corps.

Le mouvement des trois astres dépend en effet de leurs positions et de leurs vitesses initiales : si l'on se donne ces conditions initiales du mouvement, on aura défini une solution particulière du problème. Il peut se faire que quelques-unes de ces solutions particulières soient plus simples, plus abordables au calcul, que la solution générale ; il peut se faire que pour certaines positions initiales des trois corps, les lois de leur mouvement présentent des propriétés remarquables.

Parmi ces solutions particulières, les unes ne sont intéressantes que par leur bizarrerie ; les autres sont, comme nous le verrons, susceptibles d'applications astronomiques. Lagrange et Laplace ont déjà abordé le problème par ce côté, et ils ont découvert ainsi un théorème important. Il peut arriver que les orbites des trois corps se réduisent à des ellipses. La position et la vitesse initiales de notre satellite auraient pu être telles que la Lune fut constamment pleine ; elles auraient pu être telles que la Lune fût constamment nouvelle ; elles auraient pu aussi être telles que cet astre fût constamment à 60° du Soleil dans une phase intermédiaire entre la nouvelle Lune et le premier quartier.

Ce sont là des solutions particulières très simples ; il y en a de plus compliquées qui sont cependant remarquables. Si les conditions du mouvement avaient été différentes de ce qu'elles sont, les phases auraient pu suivre des lois bien étranges ; dans une des solutions possibles, la Lune, d'abord nouvelle, commence par croître ; mais, avant d'atteindre le premier quartier, elle se met à décroître pour redevenir nouvelle et ainsi de suite ; elle a donc constamment la forme d'un croissant. Dans une autre solution, plus étrange encore, elle passe trois fois par le premier quartier entre la nouvelle Lune et la pleine Lune ; dans cet intervalle, elle croît d'abord, décroît ensuite, pour se mettre de nouveau à croître.

Ces solutions sont trop différentes des véritables trajectoires des astres, pour pouvoir jamais être réellement utiles à l'Astronomie. Elles n'ont qu'un intérêt de curiosité. Il n'en est pas de même de celles dont je vais maintenant parler.

Il y a d'abord les *solutions périodiques*. Ce sont celles où les distances des trois corps sont des fonctions périodiques du temps ; à des intervalles périodiques, les trois corps se retrouvent donc dans les mêmes positions relatives. Les solutions périodiques sont de plusieurs sortes. Dans celles que j'ai appelées de la première sorte, les inclinaisons sont nulles et les trois corps se meuvent dans un même plan ; les excentricités sont très petites et les orbites sont presque circulaires : les moyens mouvements ne sont pas commensurables ; les deux planètes passent en même temps au périhélie, qui, loin d'être fixe, tourne avec une rapidité comparable à celle des planètes elles-mêmes, de telle façon que ces deux astres sont au périhélie à chaque conjonction. C'est à cette catégorie qu'appartient la première solution périodique qui ait été découverte et que son inventeur, M. Hill, a prise pour point de départ dans sa théorie de la Lune.

Dans les solutions de la seconde sorte, les inclinaisons sont encore nulles, mais les excentricités sont finies ; le mouvement du périhélie est très lent ; les moyens mouvements sont près d'être commensurables ; les périodes anomalistiques (on appelle ainsi le temps qui s'écoule entre deux passages consécutifs de l'astre au périhélie), le sont exactement. À certaines époques, deux planètes passent en même temps au périhélie. Dans les solutions de la troisième sorte les inclinaisons sont finies, les orbites sont presque circulaires ; le mouvement des périhélies est très lent et égal à celui des nœuds ; les périodes anomalistiques sont commensurables ; à certaines époques les planètes passent en même temps aux périhélies. Je laisse de côté de nombreuses catégories de solutions périodiques plus compliquées et qu'il serait trop long d'énumérer.

Il y a ensuite les *solutions asymptotiques*. Pour bien faire comprendre ce qu'on doit entendre par là, qu'on me permette d'employer un exemple simple. Imaginons d'abord une Terre et un Soleil isolés dans l'espace, se mouvant par conséquent d'après les lois de Kepler. Supposons encore pour simplifier, que leur mouvement soit circulaire. Donnons maintenant à cette Terre deux satellites L_1 et L_2 dont la masse sera infiniment petite de telle sorte qu'ils ne troubleront pas le mouvement circulaire de la Terre et du Soleil, et qu'ils ne se troubleront pas non plus mutuellement, chacun d'eux se mouvant comme s'il était seul. Choisissons la position initiale de L_1 de façon que cette Lune décrive une orbite périodique ; nous pourrons alors choisir celle de L_2 de façon que ce second satellite décrive ce que nous appellerons une orbite asymptotique. D'abord assez éloignée de L_1, il s'en rapprochera indéfiniment, de sorte qu'après un temps infiniment long, son orbite différera infiniment peu de celle de L_1. Supposons un observateur placé sur la Terre et tournant lentement sur lui-même de façon à regarder constamment le Soleil. Le Soleil lui paraîtra immobile et la Lune L_1 dont le mouvement est périodique lui semblera décrire une courbe fermée C. La Lune L_2 décrira alors pour lui une sorte de spirale dont les spires de plus en plus serrées se rapprocheront indéfiniment de la courbe C. Il y a une infinité de pareilles orbites asymptotiques. L'ensemble de ces orbites forme une surface continue S qui passe par la courbe C et sur laquelle sont tracées les spires dont je viens de parler.[*]

Mais il y a une autre catégorie de solutions asymptotiques. Il peut arriver, si l'on choisit convenablement la position initiale de L_2, que cette Lune aille en s'éloignant de L_1, de telle façon qu'à une époque très reculée dans le passé, son orbite diffère très peu de celle de L_1. Pour notre observateur, ce satellite décrira encore une courbe en spirale dont les spires se rapprocheront indéfiniment de la courbe C ; mais il la décrira en sens contraire en s'éloignant constamment de C. L'ensemble de ces nouvelles orbites asymptotiques formera une seconde surface continue S' passant également par la courbe D.

Enfin il y a une infinité de solutions *doublement asymptotiques* ; c'est là un point que j'ai eu beaucoup de peine à établir rigoureusement. Il peut arriver que le satellite L_2, d'abord très rapproché de l'orbite de L_1, s'en éloigne d'abord beaucoup et s'en rapproche ensuite de nouveau indéfiniment. À une époque très reculée dans le passé, cette Lune se trouvait sur la surface S', et y décrivait des spires en s'éloignant de C ; elle s'est ensuite beaucoup éloignée de C ; mais dans un temps très long elle se retrouvera sur la surface S et décrira de nouveau des spires en se rapprochant de C.

Soient L_2, L_3,..., L_n, $n-1$ lunes décrivant des orbites doublement asymptotiques ; à une époque reculée, ces $n-1$ lunes se meuvent en suivant des spirales sur S' ; en parcourant cette surface on rencontre ces $n-1$ orbites dans un certain ordre. Au bout d'un temps très long, nos satellites se retrouveront sur S et décriront de nouveau des spirales ; mais en parcourant cette surface S, on rencontrera les orbites des $n-1$ lunes *dans un ordre tout différent*. Ce fait, pour peu qu'on prenne la peine d'y réfléchir, semblera une preuve éclatante de la complexité du problème des Trois corps et de l'impossibilité de le résoudre avec les instruments actuels de l'Analyse.

III

L'astronomie ne nous offre aucun exemple d'un système de trois ou de plusieurs corps dont les conditions initiales du mouvement soient telles qu'ils décrivent exactement des orbites périodiques ou asymptotiques. D'ailleurs *a priori* la probabilité pour que cette circonstance se présentât était manifestement nulle. On ne peut pas en conclure que les considérations précédentes ne sont intéressantes que pour le géomètre et inutiles à l'astronome. Il peut arriver, en effet, et il arrive quelquefois que les conditions initiales du mouvement diffèrent peu de celles qui correspondent à une solution périodique. L'étude de cette solution présente alors un double intérêt.

---

[*] Il peut arriver, si l'inclinaison des orbites est nulle, que S se réduise à une surface infiniment aplatie, formée de plusieurs feuillets plans superposés, et analogues aux surfaces de Riemann.

D'abord, le plus souvent, le mouvement de l'astre présentera une inégalité dont le coefficient sera très grand, mais très peu différent de ce qu'il serait si l'orbite était rigoureusement périodique. Le calcul de cette solution périodique fournira alors ce coefficient plus rapidement et plus exactement que les méthodes anciennes. C'est ce qui est arrivé dans la théorie de la Lune de M. Hill pour le calcul de cette grande inégalité appelée variation.

En second lieu, l'orbite périodique peut être prise comme première approximation, comme « orbite intermédiaire » pour employer le langage de M. Gyldén. La seconde approximation conduit alors à un calcul relativement facile, parce que les équations sont linéaires et à coefficients périodiques. C'est ainsi que M. Hill a calculé le mouvement du périgée et qu'il aurait pu calculer également le mouvement du nœud et la grande inégalité connue sous le nom d'évection.

Je pourrais citer beaucoup d'autres exemples. Un des satellites de Saturne a un mouvement très troublé ; son périsaturne tourne très rapidement ; M. Tisserand a rattaché sa théorie à l'étude d'une solution périodique de la première sorte. La même méthode est applicable à une certaine petite planète dont le moyen mouvement est sensiblement double de celui de Jupiter et que M. Harzer a étudiée.

Gauß a cru pouvoir affirmer que les mouvements moyens de Jupiter et de Pallas étaient entre eux exactement dans le rapport de 7 à 18. Si ses vues venaient à se confirmer, ce qui est encore douteux, la théorie de Pallas se ramènerait à celle d'une solution périodique de la seconde sorte.

Mais l'exemple le plus frappant nous est fourni par l'étude des satellites de Jupiter. Les relations qui ont lieu entre leurs moyens mouvements, et dont la découverte est le plus beau titre de gloire de Laplace, montrent que leur orbite diffère fort peu d'une orbite périodique : en y regardant de près, on voit que la méthode spatiale créée par le génie de ce grand géomètre ne diffère pas de celle que nous préconisons ici.

IV

Les équations différentielles du problème des trois corps admettent un certain nombre d'intégrales qui sont connues depuis longtemps ; ce sont celles du mouvement du centre de gravité, celles des aires, celle des forces vives. Il était extrêmement probable qu'elles ne pouvaient avoir d'autres intégrales algébriques ; ce n'est cependant que dans ces dernières années que M. Bruns a pu le démontrer rigoureusement. Mais on peut aller plus loin ; en dehors des intégrales connues, le problème des trois corps n'admet aucune intégrale analytique et uniforme ; les propriétés des solutions périodiques et asymptotiques, étudiées avec attention, suffisent pour l'établir. On peut en conclure que les divers développements proposés jusqu'ici sont divergents ; car leur convergence entraînerait l'existence d'une intégrale uniforme.

Dirai-je pour cela que le problème est insoluble ? Ce mot n'a pas de sens ; nous savons depuis 1882 que la quadrature du cercle est impossible avec la règle et le compas, et pourtant nous connaissons π avec beaucoup plus de décimales que n'en pourrait donner aucune construction graphique. Tout ce que nous pouvons dire, c'est que le problème des trois corps ne peut être résolu avec les instruments dont nous disposons actuellement ; ceux qu'il faudra imaginer et employer pour obtenir la solution devront certainement être très différents et d'une nature beaucoup plus compliquée.

V

Une des questions qui ont le plus préoccupé les chercheurs est celle de la stabilité du système solaire. C'est à vrai dire une question mathématique plutôt que physique. Si l'on découvrait une démonstration générale et rigoureuse, on n'en devrait pas conclure que le système solaire est éternel. Il peut en effet être soumis à d'autres forces que celle de Newton, et les astres ne se réduisent pas à des points matériels. Bien des causes peuvent dissiper peu à peu l'énergie du système ; on n'est pas absolument certain qu'il n'existe pas de milieu résistant ; d'autre part les marées absorbent de l'énergie qui est incessamment convertie en chaleur par la viscosité des mers, et cette énergie ne peut être empruntée qu'à la force vive des corps célestes. De plus si tous les astres sont des aimants comme la Terre, leurs mouvements doivent produire, par une induction mutuelle, des courants dans leur masse et par conséquent de la chaleur qui est encore empruntée à leur force vive. Mais toutes ces causes de destruction agiraient beaucoup plus lentement que les perturbations, et si ces dernières n'étaient pas capables d'en altérer la stabilité, le système solaire serait assuré d'une existence beaucoup plus longue. La question de la stabilité conserve donc toujours un grand intérêt.

Lagrange, par une démonstration d'une admirable simplicité, a montré que, si l'on néglige les carrés des masses, les grands axes des orbites demeurent invariables, ou plutôt que leurs variations se réduisent à des oscillations périodiques d'amplitude finie autour de leur valeur moyenne. Poisson a étendu la démonstration au cas où l'on tient compte des carrés des masses en négligeant leurs cubes ; mais, malgré la virtuosité analytique dont il a fait preuve, son analyse montre déjà les défauts des anciennes méthodes. Il montre en effet que les grands axes éprouvent autour de leur valeur moyenne des oscillations périodiques ; mais, d'après ses formules, l'amplitude de ces oscillations pourrait croître au delà de toute limite ; ce n'est là qu'une apparence due au mode de développement, et si l'on ne négligeait pas certains termes, on pourrait prouver que cette amplitude reste finie. Après Poisson on a cherché à trouver une démonstration générale ou au moins à établir l'invariabilité des grands axes en tenant compte du cube des masses. Mathieu avait cru un instant y réussir ; mais M. Spiru-Aretu a montré ensuite qu'il s'était trompé. Il avait ainsi plutôt condamné les anciennes méthodes que démontré l'instabilité du système. La question restait entière.

Toutes ces recherches ont exigé de grands efforts qui nous semblent aujourd'hui bien inutiles ; les méthodes de M. Gyldén et celles de M. Lindstedt ne donnent en effet, si loin que l'on pousse l'approximation, que des termes périodiques, de sorte que tous les éléments des orbites ne peuvent éprouver que des oscillations autour de leur valeur moyenne. La question serait donc résolue, si ces développements étaient convergents. Nous savons malheureusement qu'il n'en est rien.

Incapables pour le moment de résoudre le problème général, nous pouvons nous borner à un cas particulier. Imaginons trois masses se mouvant dans un même plan, la première très grande, la seconde assez petite, la troisième infiniment petite et par conséquent hors d'état de troubler les deux autres. Supposons de plus que les deux grandes masses aient un mouvement circulaire et uniforme. Tel serait le cas du Soleil, de Jupiter et d'une petite planète, si l'on négligeait l'inclinaison des orbites et l'excentricité de Jupiter. Dans ce cas, MM. Hill et Bohlin ont démontré que le rayon vecteur de la petite planète reste toujours inférieur à une limite finie.

Cela ne suffit pas toutefois pour la stabilité ; il faut encore que la petite masse repasse une infinité de fois aussi près que l'on veut de sa position initiale.

Il est évident qu'il n'en est pas ainsi pour toutes les solutions particulières, c'est-à-dire quelles que soient les conditions initiales du mouvement ; l'existence des solutions asymptotiques en est une preuve suffisante. Mais d'autre part on peut rigoureusement démontrer que l'on peut choisir ces conditions initiales de façon que l'astre repasse une infinité de fois dans le voisinage de sa position primitive. Il y a donc une infinité de solutions particulières qui sont instables, au sens que nous venons de donner à ce mot et une infinité d'autres qui sont stables. J'ajouterai que les premières sont exceptionnelles (ce qui permet de dire qu'il y a stabilité en général). Voici ce que j'entends par là, car ce mot par lui-même n'a aucun sens. Je veux dire qu'il y a une probabilité nulle pour que les conditions initiales du mouvement soient celles qui correspondent à une solution instable. On objectera qu'il y a une infinité de manières de définir cette probabilité. Mais cela reste vrai quelle que soit la définition que l'on adopte, à une condition toutefois : soient x et y les coordonnées de la troisième masse, x' et y' les composantes de sa vitesse. J'appelle P $dx\ dy\ dx'\ dy'$ la probabilité pour que x soit compris entre x_0 et $x_0 + dx$, y entre y_0 et $y_0 + dy$, x' entre x'_0 et $x'_0 + dx'$, y' entre y'_0 et $y'_0 + dy'$. Nous pouvons définir la probabilité comme nous le voulons et par conséquent nous donner arbitrairement P en fonction de x_0, y_0, x'_0 et y'_0. Eh bien, le résultat que j'ai énoncé plus haut reste vrai, quelle que soit cette fonction P, *pourvu qu'elle soit continue.*

Chapitre VII
Conférence sur les Comètes (1910)

Les amateurs de comètes ont été favorisés cette année ; ils ont eu deux belles comètes visibles à l'œil nu ou du moins qui auraient dû l'être si le temps l'avait permis. La première, la plus belle des deux, n'avait pas été annoncée ; la seconde, au contraire, avait été prédite ; on avait calculé son orbite d'avance et elle est arrivée à point nommé avec une exactitude que pourraient envier les trains de l'Ouest-État ; mais ce n'est pas cette exactitude qui a fait la popularité de la comète de Halley ; on avait annoncé que sa rencontre avec la Terre amènerait la fin du monde dans la nuit du 18 mai. En France, cela se borna à quelques chansons, mais il y a eu des pays où l'on a eu réellement peur, et on a vu des pharmaciens qui ont fait fortune en débitant je ne sais quel antidote contre le cyanogène. Je ne vous apprendrai rien en vous disant que le monde a continué à vivre après le 18 mai. Mais alors ce fut une autre antienne ; comme la comète ne se montrait pas, beaucoup de gens se sont imaginé qu'elle n'avait jamais existé et que les astronomes étaient des mystificateurs. Toujours est-il qu'on en a beaucoup parlé et la comète de Halley était encore une actualité quand j'ai choisi le sujet de cette conférence ; aujourd'hui elle est peut-être un peu oubliée ; sans doute, il est trop tard pour parler encore d'elle. Cependant, peut-être y-a-t-il quelque intérêt à rechercher si réellement notre planète vient d'échapper à aussi grand danger qu'on l'a dit.

La comète de Halley est chère aux astronomes parce que c'est la première dont le retour a été prédit. Halley l'ayant observée au XVIIe siècle, calcula son orbite avec assez d'exactitude pour annoncer qu'elle reviendrait au bout de 75 ans. Il mourut, bien entendu, avant l'échéance, mais ses successeurs revirent l'astre chevelu en 1759 et il revint encore à point nommé en 1835. On l'attendait en 1910 et dès l'année dernière on espérait pouvoir le voir avec de bons instruments. Deux astronomes anglais calculèrent avec soin les circonstances de ce retour ; ce n'est pas chose facile, les comètes sont exposées à une foule de mauvaises rencontres dans ces espaces célestes où il rôde tant de planètes ; chacune de ces rencontres, même à très grande distance, les détourne légèrement de leur route, il fallait n'oublier aucune de ces rencontres et en prévoir les effets. Quoi qu'il en soit, on m'a montré l'année dernière, à Greenwich, une plaque photographique représentant une portion du ciel étoilé ; on y voyait une petite tache à peine perceptible, c'était la comète qui se trouvait exactement au point calculé d'avance. Depuis elle a grossi et si on ne l'a pas vue à Paris à cause du mauvais temps, ou parce qu'elle était trop bas sur l'horizon, on l'a admirée d'un grand nombre de points du globe.

Mais arrivons au point qui nous intéresse. Avons-nous réellement traversé la queue de la comète ? Nous pouvons d'abord répondre hardiment, *non*, nous ne sommes pas passés à travers la queue le 18 mai ; si nous y étions passés, ce ne pourrait être que deux jours après. Pourquoi avait-on pu croire que nous rencontrerions cette queue précisément dans la nuit en question ? On avait calculé que le noyau de la comète passerait à ce moment devant le Soleil et cela est arrivé effectivement ; on ne pouvait pas le voir en

Europe parce que le Soleil et la comète étaient couchés à l'heure du passage. On ne l'a pas vu non plus aux antipodes, parce que le Soleil est tellement brillant et la matière du noyau si peu dense et par conséquent si transparente que l'éclat du disque solaire n'en était pas affaibli ; mais on a pu observer le noyau un peu avant et un peu après le passage et on s'est assuré que sa trajectoire apparente passait bien devant le Soleil. Ainsi, à un certain moment, le Soleil, le noyau et la Terre se sont trouvés en ligne droite. Si la queue était rectiligne, si elle était dirigée à l'opposé du Soleil, et si elle était assez longue, elle devait donc rencontrer la Terre. Les deux dernières conditions étaient certainement remplies ; mais pouvait-on admettre que la queue était en ligne droite. On a souvent observé des comètes à queue recourbée ; si la queue paraît souvent rectiligne, cela peut être par un effet de perspective, parce que l'œil est placé dans le plan de la courbe. Cette courbure paraît varier d'une comète à l'autre et dépendre de la composition de la queue, c'est ce que nous verrons plus loin. On ne pouvait donc prévoir quelle serait cette courbure, ni si elle serait assez faible pour que la rencontre restât possible ; les observations ne nous apprenaient rien non plus, parce que le mauvais temps avait empêché de rien voir en Europe dans les jours qui avaient précédé le passage, et que celles qui nous venaient des autres continents nous arrivaient par le télégraphe et sous une forme singulièrement succincte. Mais si la queue avait été rectiligne on aurait dû la voir le lendemain très courte et opposée au Soleil ; ce n'est pas du tout cela qu'on a vu ; le soir on voyait le noyau avec une courte queue se perdant sous l'horizon du côté du Soleil, et le matin, le noyau et le Soleil n'étant pas encore levés, on voyait encore une certaine longueur de queue ; c'est ce qu'on vit le 19 et le 20 mai au matin. La Terre n'avait donc pas encore franchi la queue ; le 21 seulement cette queue du matin avait disparu, nous venions seulement de dépasser la queue.

La queue était donc notablement courbe et si nous l'avons traversée, ce n'est que dans la nuit du 20 au 21. Quelle que soit sa courbure, nous l'aurions rencontrée tôt ou tard si l'orbite de la comète et celle de la Terre avaient été dans un même plan. Mais il n'en est plus de même si les deux orbites sont inclinées l'une sur l'autre ; nous pouvons alors dépasser la queue sans passer dedans, mais en passant dessus ou dessous. L'axe de la queue était évidemment dans le plan de l'orbite de la comète ; l'inclinaison de ce plan étant de 18°, la Terre était à plus d'un million de kilomètres de ce plan dans la nuit du 20 mai. Ne vous effrayez pas de ce chiffre, cela n'est pas énorme ; la question est de savoir si l'épaisseur de la queue était de plus de 2.000.000 de kilomètres. Il semble que non d'après les observations faites, et alors nous devons conclure que nous n'avons pas traversé la queue, que nous l'avons tout au plus frôlée en effleurant les parties extérieures les moins denses.

Déjà en 1861, on a dit que nous étions passés dans la queue d'une comète ; les données me manquent pour vous dire si cette hypothèse est conforme aux faits ; en tout cas les choses se sont passées d'une façon aussi peu tragique que le 18 mai dernier. Mais une autre question se pose : si réellement nous avions traversé le queue d'une comète que serait-il arrivé ? Pour y répondre, il est nécessaire que je vous rappelle rapidement ce que nous savons des comètes en général.

Et d'abord, d'où viennent les comètes ? Sont-elles étrangères à notre système solaire ; traversent-elles en tous sens les espaces immenses qui séparent les étoiles ? Sont-elles des messagères qui vont d'une constellation à l'autre ; ou bien, au contraire, ces astres sont-ils des membres fantaisistes de notre système, des satellites très excentriques du Soleil ? Dans ce dernier cas, elles doivent toutes décrire des courbes fermées, des ellipses ; dans le premier, leurs trajectoires doivent s'étendre à l'infini ; c'est ce que nous appelons des hyperboles. La plupart décrivent des courbes tellement allongées qu'il est impossible de savoir si elles sont fermées ou non, si, par conséquent, l'astre qui les décrit nous reviendra un jour, ou si nous sommes destinés à ne le revoir jamais ; je ne parle pas de nous, bien entendu, mais de nos descendants les plus lointains ; car, si la comète doit revenir, ce sera souvent dans 10.000 ans, peut-être dans 50.000 ans. Mais le calcul des probabilités nous montre que si les comètes n'appartenaient pas au système solaire, elles devraient, en majorité, avoir des orbites franchement hyperboliques, sur lesquelles il n'y aurait pas moyen de se tromper : or, il n'y en a pas une seule qui soit dans ce cas.

La conclusion, c'est que les comètes ont appartenu de tout temps au système solaire, qu'elles ne nous apportent pas des nouvelles des mondes plus lointains, de ceux qui gravitent autour des étoiles. En général, elles décrivent des orbites beaucoup plus allongées que les planètes, elles s'éloignent beaucoup plus du Soleil et on peut admettre qu'elles mettent plusieurs milliers d'années à faire une révolution complète. La première comète de cette année, la plus belle des deux, n'avait pas été annoncée parce qu'elle n'était pas encore passée dans notre voisinage depuis les temps historiques ; c'était la première fois qu'on la voyait. Nous avons vu toutefois que la seconde, celle de Halley, revient tous les 75 ans ; il y en a d'autres dont le retour est encore plus fréquent, tous les 6 ans, par exemple. À quoi cela tient-il ; ont-elles une autre origine que les autres, une origine qui ferait d'elles des intermédiaires entre les comètes proprement dites et les planètes ? Pas le moins du monde ; autrefois, elles mettaient comme les autres des milliers d'années à faire le tour de leur orbite, mais il leur est arrivé dans le cours de leur histoire une mésaventure ; elles ont rencontré une grosse planète ; je ne veux pas dire qu'elles l'ont choquée ; elles sont simplement passées assez près pour que leur trajectoire soit profondément troublée ; déviées de leur route, elles ont quitté la grande ellipse allongée qu'elles décrivaient, pour suivre une autre ellipse plus petite, plus semblable à un cercle, qu'elles peuvent parcourir en moins de temps. C'est ainsi que la comète de Halley a été captée, comme on dit, par Neptune, et la plupart des autres comètes périodiques par Jupiter.

Quel est maintenant l'avenir des comètes ? Nous voyons les planètes graviter autour du Soleil sans subir de changement sensible ; sans doute, elles ne sont pas éternelles, elles périront un jour, mais dans si longtemps ! En est-il de même des comètes ? Non, ces astres périclitent rapidement et nous en avons vu disparaître sous nos yeux.

Ainsi, il y avait une comète, celle de Biéla, qui avait été captée par Jupiter et qui revenait tous les 6 ans. À un de ses passages, il y a une cinquantaine d'années, comme on avait été quelques jours sans pouvoir l'observer, à cause du mauvais temps, on l'a revue divisée en deux par je ne sais quel cataclysme ; les deux noyaux semblaient s'éloigner l'un de l'autre. On les revit encore à l'apparition suivante. Six ans après encore, on attendait la comète, on ne la vit pas reparaître et, depuis, elle n'est plus revenue ; mais, au lieu et place de la comète défunte, on a une pluie d'étoiles filantes qui reviennent maintenant régulièrement ; si l'on calcule l'orbite de ces étoiles filantes, on trouve qu'elle coïncide avec celle que suivait autrefois la comète ; c'est pourquoi ces étoiles filantes que l'on revoit tous les ans, le 27 novembre, ont reçu le nom de Biélides. Schiaparelli, le grand astronome italien qui vient de mourir, a généralisé ce résultat ; il a reconnu qu'un grand nombre d'essaims de météores ont des orbites en connexion intime avec celles de comètes vivantes ou disparues. Sans doute la coïncidence n'est pas parfaite, puisque l'orbite de la comète ne rencontrant pas celle de la Terre, nous ne verrions pas les météores, s'ils ne s'en écartaient un peu. D'ailleurs, ces étoiles filantes suivent à peu près la route de la comète, mais elles sont répandues tout le long de cette route, plus ou moins en retard sur la comète qui leur a donné naissance.

Ceci me rappelle une histoire de fin du monde. L'essaim des Léonides circule dans l'orbite de la comète de 1866 ; on voit tous les ans des étoiles filantes le 13 novembre ; mais, tous les 33 ans, le nombre des météores aperçus est un maximum, parce que la durée de la révolution de la comète est de 33 ans. Or, les journaux bien informés avaient annoncé que la fin du monde devait avoir lieu le 13 novembre 1899. Tout éploré, un journaliste vint m'interviewer, je le rassurai en lui disant que le même phénomène s'était déjà produit en 1833 et en 1866.

Ainsi, les comètes se désagrègent peu à peu et finissent par se résoudre en un essaim d'étoiles filantes ; comment se fait-il alors qu'il y ait encore des comètes depuis le temps que le monde dure ? C'est que cette lente destruction des astres chevelus paraît ne se produire qu'au moment où ils passent près du Soleil. Tant qu'une comète ne passe au périhélie que tous les 10.000 ans, par exemple, elle peut évidemment durer longtemps ; mais vient-elle à être captée par une planète, comme nous l'avons dit tout à l'heure, elle devient périodique, se rapproche davantage du Soleil et revient tous les siècles, ou même tous les 10 ans, se réchauffer à ses rayons. Désormais, ses jours sont comptés et l'œuvre de mort se poursuit rapidement.

Pourquoi maintenant les comètes ont-elles des queues ? Et si elles n'avaient pas de queue, il faut bien le reconnaître, personne, en dehors des professionnels, ne ferait attention à elles. C'est là une question dont on a proposé bien des solutions plus ou moins saugrenues ; il y en a une maintenant qui est à la mode et qui paraît appuyée d'assez bonnes raisons pour qu'on puisse se demander si elle n'est pas destinée à durer. Mais ceci nécessite quelques explications. Maxwell, en se fondant sur des considérations théoriques, était arrivé à cette conclusion que la lumière devait repousser les corps qu'elle frappe ; depuis, Bartholi[1], par d'autres considérations théoriques aussi, mais entièrement différentes, était arrivé à la même conclusion. Il restait à vérifier ces hypothèses et la difficulté provenait de la petitesse de cette répulsion. C'est dans ce but que fut imaginé un instrument que vous connaissez bien, le radiomètre ; on espérait qu'il tournerait sous l'influence de la lumière, comme l'exigeait la théorie. Il tourna, en effet ; il tourna même beaucoup plus vite qu'on ne s'y attendait ; malheureusement, il tournait à l'envers. Il y avait donc un effet que personne n'avait prévu, qui était beaucoup plus considérable que celui qu'on avait calculé et qui le masquait complètement ; il fallait en découvrir la cause : on y parvint sans trop de peine ; la rotation est due aux mouvements déterminés dans l'air très raréfié qui remplit l'appareil par les inégalités d'échauffement.

On essaya alors d'éliminer cet effet perturbateur en prenant des palettes très minces et brillantes des deux côtés ; l'appareil ne tourna pas, mais il subit une légère déviation ; on m'a dit que cette déviation est en accord avec la théorie. J'ai entendu parler aussi d'une expérience plus frappante. On fait tomber dans un sablier un mélange de limaille de fer et de poudre de lycopode ; à un certain moment, on dirige sur ce mélange un faisceau lumineux ; le fer, qui est plus lourd, continue son chemin vertical, mais le

---

[1] *Bartoli* (Adolfo Giuseppe).

lycopode, repoussé par la lumière, se trouve dévié et séparé de la limaille. On aurait là, pense-t-on, une reproduction artificielle des queues cométaires ; la limaille représenterait le noyau, formé de matières plus lourdes, qui continuerait à parcourir son ellipse avec la sagesse d'une simple planète ; le lycopode, ce serait la queue qui, au lieu de rester sur cette ellipse, serait déviée et rejetée au loin par la répulsion due à la lumière solaire.

La queue serait donc formée de particules très ténues, assez ténues pour que cette répulsion l'emporte sur l'attraction newtonienne. On conçoit, en effet, que cette attraction est proportionnelle aux masses, tandis que la répulsion, qui agit superficiellement, est proportionnelle aux surfaces ; si donc on considère deux sphères et que la plus grande ait un rayon double, la plus grande sera attirée huit fois plus et repoussée quatre fois plus que la petite ; il peut donc se faire que la répulsion prédomine pour la plus petite et l'attraction pour la plus grande.

Quelle peut être la dimension de ces particules ? On peut s'en rendre compte. Un astronome russe, M. Bredichin[2], a étudié les formes des queues cométaires ; il a reconnu que la théorie précédente pouvait en rendre compte ; que la courbure des queues était variable, sans doute d'après la composition des particules, et que cette courbure dénotait différents types de particules, pour lesquels la répulsion était soit cinq fois, soit sept fois, soit même vingt fois plus grande que l'attraction. À quelles dimensions cela nous conduit-il pour ces corpuscules ? Cela dépend naturellement de la densité qu'on leur attribue ; mais remarquons qu'ils ne peuvent être gazeux ; les gaz sont transparents, ils laissent passer la lumière qui les traverserait sans agir sur eux.

On les regarde donc comme solides ou liquides et on leur attribue, un peu arbitrairement, la densité du pétrole, sans doute parce que l'on a trouvé les raies des hydrocarbures dans le spectre des comètes. Le calcul montre alors que le diamètre de ces particules doit être de l'ordre du millième de millimètre. Les divers types de queues de Bredichin correspondraient alors soit à des particules de diamètres différents, soit à des particules formées de substances plus ou moins denses.

On voit comment nous devons maintenant nous représenter la genèse des queues cométaires. La queue est comme un panache que le noyau transporte avec lui ; mais il y a deux espèces de panaches ; il y a celui que le militaire porte à son casque ou à son képi, et il y a le panache de fumée qui sort de la cheminée des bateaux à vapeur. Le panache du militaire voyage avec lui, il est toujours formé des mêmes plumes, il fait corps avec le casque. Un observateur superficiel pourrait croire qu'il en est de même du panache de fumée du paquebot, puisqu'il verrait que le navire est allé de New-York au Havre sans cesser de traîner derrière lui une sorte de queue qui a conservé tout le temps à peu près la même forme. Et pourtant nous savons qu'il n'en est rien, que la fumée se serait promptement dissipée si la cheminée n'en avait constamment fourni de nouvelle pour remplacer celle qui disparaissait. La fumée qui est arrivée au Havre n'est pas du tout celle qui était partie de New-York.

La queue d'une comète est semblable à la fumée du bateau ; ce n'est pas une espèce de grand sabre avec lequel la comète fauche l'espace. Mais à chaque instant, pour une cause inconnue, et sans doute sous l'influence de la chaleur solaire, des particules se détachent du noyau ; la comète s'effrite, pour ainsi dire ; une fois détachées, leur

---

[2] *Bredikhin* (Fedor Aleksandrovich).

légèreté même les expose à la répulsion due à la lumière solaire et elles s'éloignent en se perdant dans l'espace ; la queue aurait bientôt disparu, si elle ne se renouvelait sans cesse.

Dans ces conditions, vous comprenez que la rencontre de cette queue ne peut pas être bien redoutable. Et d'abord la masse des comètes n'est pas très considérable ; on n'a jamais observé qu'elles exerçassent sur les orbites planétaires la plus légère influence perturbatrice. Une d'elles est passée une fois entre Jupiter et ses satellites ; sa trajectoire a été fortement déviée, mais ni Jupiter ni les satellites n'ont eu l'air de s'apercevoir de rien. Laplace a été jusqu'à dire que la masse d'une comète n'est que de quelques kilogrammes ; en cela, il exagérait, évidemment ; la rencontre d'un noyau avec la Terre engendrerait sans doute quelques dégâts, mais cette éventualité est extrêmement peu probable, les noyaux sont relativement petits et nous n'aurions vraiment pas de chance d'aller donner justement dans un but aussi restreint. Il n'en est pas de même pour les queues, qui occupent dans le ciel des espaces énormes, mais alors leur densité devient vraiment négligeable et il est aisé de s'en rendre compte.

Ce qui pourrait faire croire le contraire, c'est la lumière dont elles brillent. Si nous admettons même que tout provient de la lumière solaire réfléchie et qu'il n'y a pas à faire intervenir ces phénomènes cathodiques qui peuvent se produire dans le vide, il n'y aurait pas lieu de trop s'effrayer.

Si nous considérons une même masse éclairée par le Soleil, la quantité de lumière qu'elle réfléchira sera d'autant plus grande qu'elle sera plus divisée. Si cette masse est formée d'un grand nombre de petites sphères, la lumière réfléchie sera d'autant plus intense que ces sphères seront plus petites. Il est aisé de s'en rendre compte ; considérons de grosses sphères de 2e de rayon et de petites sphères de 1e de rayon ; le volume ou la masse de la grosse sphère sera 8 fois le volume ou la masse de la petite, mais la surface de la grosse sphère sera seulement 4 fois la surface de la petite. Huit petites sphères équivaudront donc à une grosse au point de vue de la masse ; mais elles auront en tout deux fois plus de surface ; elles réfléchiront donc deux fois plus de lumière. La Lune a un peu plus de mille kilomètres de rayon et nos particules ont un millième de millimètre. Si donc nous remplissions le volume de la Lune par de pareilles particules, de façon que la densité totale soit un million de millions de fois plus petite que celle de la Lune, la lumière qu'elles réfléchiraient aurait l'éclat de la Lune. Si nous les regardions à la distance de notre satellite, elles nous feraient l'effet de la Lune ; si nous étions plus loin, nous verrions un disque plus petit, mais dont l'éclat serait le même.

Or, on ne saurait songer à comparer l'éclat d'une queue cométaire à celui de la Lune ; il est peut-être cent mille fois plus faible, je ne crois pas qu'on ait fait de mesure, mettons mille fois ; nous devons conclure que la densité de ces particules est 10^{15} fois plus petite que celle de l'eau ; nous pouvons dire que c'est le vide, puisque c'est une densité un milliard de fois plus faible que celles auxquelles nous parvenons avec beaucoup de peine quand nous avons fait le vide dans nos appareils, avec les moyens artificiels les plus perfectionnés que nous connaissions.

Nous n'avons donc rien à redouter du choc ; allons-nous donc craindre les effets calorifiques ? En voyant les queues si brillantes, nous pourrions croire qu'elles sont chaudes ; mais notre Terre, qui n'est pas chaude, apparaîtrait bien plus brillante encore ; à cette distance, elle aurait l'aspect qu'ont pour nous Mars ou Jupiter. Ces particules sont, au contraire, très froides, et elles seraient chaudes qu'il n'y aurait pas à s'en inquiéter, parce que leur masse est trop faible ; une goutte d'eau bouillante jetée dans la mer ne la réchaufferait pas sensiblement. Nous devons donc conclure comme il suit : nous n'avons pas traversé la queue le 18 mai, nous n'avons fait que la frôler le 20, mais nous l'aurions rencontrée que nous ne nous en serions pas aperçus ; nous aurions dormi comme à l'ordinaire et, en nous réveillant le lendemain, nous aurions trouvé le monde tout pareil à ce qu'il était la veille. Les astronomes qui auraient veillé n'auraient rien vu du tout, pas même ces étoiles filantes dues à la désagrégation des comètes et qu'on a observées en 1899.

Il reste cependant une question, celle des gaz délétères ; nous n'aurions été ni écrasés ni brûlés ; nous aurions pu être empoisonnés.

Il est certain que la comète de Halley est particulièrement riche en cyanogène ; on l'a reconnu en étudiant son spectre, mais les raies du cyanogène, comme celles des autres gaz, n'ont été observées que dans les parties de la chevelure les plus voisines du noyau ; on n'en voit pas dans la queue, soit qu'il n'y en ait réellement pas, soit qu'il y en ait trop peu, soit qu'à une certaine distance de la tête il cesse d'être lumineux. Si le mécanisme de la formation de la queue est celui que je vous ai exposé, celui que suppose Bredichin, il n'y a aucune raison pour que le cyanogène soit entraîné dans la queue. La répulsion de la lumière solaire n'agit que sur les particules solides ou liquides, elle n'agit pas sur les gaz, parce que ceux-ci sont transparents et n'arrêtent pas la lumière ; les poussières solides ou liquides sont seules entraînées et ce sont elles exclusivement qui doivent former la queue. S'il y avait des gaz, leur densité serait sans doute plus faible encore que la densité moyenne de la queue, que nous avons calculée tout à l'heure, elle serait tout à fait insensible, même pour nos meilleurs instruments, même pour les organismes les plus susceptibles. On a fait des prises d'essai après le passage pour savoir si la composition de l'atmosphère avait varié ; on n'a rien trouvé du tout ; c'était bien inutile, il était bien impossible qu'on y trouvât quelque chose. Le danger d'empoisonnement était donc aussi chimérique que les deux autres.

Une dernière question ; les deux comètes de cette année ont-elles été pour quelque chose dans les mauvais temps que nous avons subis ? Il y a, à ce sujet, une théorie intéressante de mon ami M. Deslandres. On admet généralement que le Soleil nous envoie des rayons cathodiques et ce sont ces rayons qui produiraient, par exemple, les aurores boréales. Quand les rayons cathodiques frappent dans le vide une surface solide ou liquide, ils engendrent des rayons X ; les rayons cathodiques solaires trouvent dans les particules qui forment les queues cométaires une grande étendue de surface réfléchissante. La présence des comètes va donc engendrer des rayons X qui sillonneront l'espace. Les rayons X ionisent l'atmosphère et les ions déterminent la condensation de la vapeur d'eau. Cela ne veut pas dire qu'il pleuvra partout ; les ions ne peuvent condenser la vapeur d'eau que s'il y en a une quantité notable ; mais dans des lieux où on aurait eu simplement beau temps avec degré hygrométrique élevé, on aura des nuages et de la pluie.

Cette théorie est séduisante ; elle mérite d'être examinée, mais elle soulève bien des objections. D'abord, la tradition parle de comètes qui, au lieu de nous apporter de l'eau, nous ont apporté du vin. Et puis, s'il y a des rayons X partout, ils doivent voiler les plaques photographiques même à travers les châssis. A-t-on observé que, cette année, il y a eu plus de plaques qui se sont voilées, sans savoir pourquoi ? Jusqu'à nouvel ordre, nous devons donc voir dans les mauvais temps en question une simple coïncidence.

Je ne veux pas abuser plus longtemps de votre attention. Vous voyez que si les comètes ne sont pas si terribles qu'on le dit, elles restent, à bien des égards, des astres mystérieux. Leur origine, leur nature, celle de la lumière qu'elles nous envoient, leur destinée, sont encore mal connues ; je vous ai dit ce qu'on en savait et vous avez vu qu'on n'en sait pas grand chose.

Chapitre VIII
Le Démon d'Arrhenius (1911)

Parmi les idées nouvelles que nous voyons germer en foule dans le fécond cerveau de M. Arrhenius, il y en a une qui mérite d'attirer particulièrement l'attention, parce qu'elle intéresse l'avenir de notre Univers ; elle nous ouvre (ou du moins elle s'y efforce) des perspectives plus consolantes que la théorie classique de Clausius ; le Monde si l'on en croit le savant suédois, ne serait pas fatalement voué à la *mort thermique*, il ne serait pas destiné à périr dans une morne uniformité finale.

∽∝∾

On sait que les machines thermiques ne peuvent fonctionner qu'entre deux sources, l'une chaude et l'autre froide. La chaleur empruntée à la première ne peut être que partiellement transformée en travail, il est nécessaire qu'une partie soit cédée à la source froide ; il en résulte que la source chaude va se refroidir et la source froide s'échauffer ; leurs températures finiront par s'égaliser, elles seront alors épuisées.

Si l'on regarde l'Univers entier comme une immense machine thermique, la source chaude sera représentée par les Soleils, la source froide par les Nébuleuses, toutes les sources dont nous disposons devant être regardées seulement comme des échelons intermédiaires de l'échelle immense qui s'étend entre ces deux extrêmes. Qu'est-ce donc qui peut entretenir la source chaude ; ce ne peut être que l'énergie qui existe dans le monde sous la forme mécanique ; ce n'est pour nos Soleils qu'une bouchée, à peine de quoi assouvir leur appétit pendant une centaine de millions d'années. Et alors les Étoiles vont se refroidir et les Nébuleuses s'échauffer, jusqu'à ce qu'il n'y ait plus entre elles de différence de température : l'Univers aura subi la *mort thermique.*

C'est là ce qu'exige le second principe de la Thermodynamique. Mais quelle est la raison d'être de ce principe ? D'après beaucoup de physiciens, il ne serait qu'une conséquence de la loi des grands nombres. Les molécules étant très nombreuses, leurs mouvements tendraient de plus en plus à se distribuer conformément aux lois du hasard. Tout tendrait à se mêler, parce que, s'il est facile de cacher un grain d'orge dans un tas de blé, il est très difficile de l'y retrouver et de l'en faire sortir. Les molécules sont innombrables et très petites ; c'est pourquoi il est pratiquement impossible de les démêler, une fois qu'elles sont mêlées.

Pour remonter le courant, pour faire passer de la chaleur d'un corps froid sur un corps chaud, il faudrait, disait Maxwell, un être assez petit et assez intelligent pour faire le triage de ces objets minuscules. Cet être, aux sens déliés, qui verrait ce qui échappe à nos yeux grossiers, pourrait séparer les molécules « chaudes », c'est-à-dire les molécules rapides, des molécules « froides », c'est-à-dire des molécules lentes. C'est cet être fictif que l'on appelle le *démon de Maxwell.*

Pour conserver au monde la vie, pour maintenir les Nébuleuses froides et les Soleils chauds, il faudrait donc une sorte de démon de Maxwell automatique. C'est ce qu'Arrhenius croit avoir trouvé. Comment, en effet, opérerait le démon de Maxwell pour réchauffer la moitié d'une masse gazeuse en refroidissant l'autre ? Il séparerait le vase en deux parties par une cloison, percée de petites portes qu'il pourrait ouvrir ou fermer à volonté. Si une molécule rapide, venant de gauche, s'approchait d'une de ces portes, il se hâterait de la fermer, et la molécule rebondirait vers la gauche ; il l'ouvrirait, au contraire, pour une molécule lente venant de gauche ou pour une molécule rapide venant de droite. Finalement, il n'y aurait plus à gauche que des molécules rapides et à droite que des molécules lentes, le gaz de gauche serait chaud et celui de droite serait froid.

Or, qu'arrive-t-il dans les Nébuleuses ? La matière y étant très raréfiée, les molécules gazeuses n'y sont que faiblement retenues par la gravitation ; il doit donc arriver fréquemment qu'une molécule s'échappe et va se perdre dans le vide infini. Mais quelles sont les molécules qui sont le plus exposées à cet accident ? Ce sont évidemment les plus rapides ; un projectile lancé de la Terre aura, en effet, d'autant plus de chances de sortir de la sphère d'attraction terrestre que sa vitesse initiale sera plus grande. Par conséquent, les molécules qui resteront dans la Nébuleuse seront les molécules lentes, c'est-à-dire froides ; celles qui s'en iront seront les molécules rapides, c'est-à-dire chaudes. Et c'est ainsi que les Nébuleuses peuvent rester froides, malgré la chaleur qu'elles reçoivent des Soleils. Il y a un triage, comme celui que ferait le démon de Maxwell, mais ce triage est automatique.

Les molécules échappées des Nébuleuses finissent par entrer dans la sphère d'attraction des Soleils et par tomber à leur surface en acquérant une grande vitesse par l'effet de la gravitation. En même temps qu'elles augmentent la masse, elles en entretiennent la chaleur par leurs chocs.

La solution n'est pas encore satisfaisante ; et d'abord nous savons bien que la masse de notre Soleil n'augmente pas. D'autre part, les Nébuleuses finiraient par se vider et perdre leur substance qui irait se concentrer dans les Étoiles. Le monde atteindrait l'uniformité et la mort thermique, mais par une autre voie. Arrhenius est donc obligé de compléter son hypothèse ; pour cela, il a recours à la pression de radiation de Maxwell-Bartholi ; on sait que les corps très légers sont repoussés par la lumière, et c'est ainsi que se forment les queues des comètes, dont la matière très ténue est repoussée par la lumière solaire. Arrhenius suppose que des particules très fines, issues du Soleil, peuvent subir une action analogue ; elles forment d'abord la couronne solaire ; mais elles ne s'arrêtent pas là : la pression de Maxwell les pousse beaucoup plus loin, en dehors même du système solaire et jusqu'aux lointaines Nébuleuses. Les Nébuleuses qui envoient de la matière aux Soleils, en recevraient en échange, de sorte qu'il y aurait balance parfaite entre les gains et les pertes de substance.

捣

Que devons-nous penser de cette théorie si séduisante ? Toutes les difficultés sont-elles écartées ? Pas encore. La matière se trouve soumise à deux forces antagonistes, la gravitation newtonienne qui l'attire vers le Soleil, la pression de Maxwell qui tend à l'en éloigner. La première de ces forces l'emporte sur la seconde si le corps est gros et lourd, parce qu'elle est proportionnelle à la masse, tandis que la pression de radiation varie comme la surface. La répulsion l'emporte, au contraire, pour les gouttelettes qui n'ont que quelques millièmes de millimètre : enfin, l'attraction l'emporte de nouveau pour les corps qui sont très petits par rapport aux longueurs d'onde et ne peuvent, par conséquent, réfléchir la lumière, comme par exemple pour les molécules isolées. On peut alors concevoir une sorte de va-et-vient : des gouttelettes sont repoussées par le Soleil ; parvenues à une certaine distance, pour une raison ou pour une autre, elles s'agglomèrent en corps trop gros, ou se dissocient en particules trop petites. L'attraction l'emporte de nouveau et la matière retombe sur le Soleil où elle reprend la forme de gouttelettes, et ainsi de suite indéfiniment.

Ce n'est pas là le mouvement perpétuel ; le travail nécessaire pour entretenir ce va-et-vient indéfini est emprunté à la chaleur solaire ; nous avons affaire à une machine thermique. Quel est le rendement de cette machine ? Il est aisé de voir qu'il ne peut dépasser un demi. En effet, une de ces particules peut être regardée comme un écran qui arrête le rayonnement solaire ; quand elle est repoussée, l'espace dans lequel ce rayonnement peut se répandre se trouve accru, d'où emprunt de chaleur au Soleil ; et la loi de Maxwell montre que cet emprunt est précisément égal au travail de la pression de radiation ; la moitié de l'énergie émanée du Soleil sera donc employée en travail mécanique sur la particule et l'autre moitié en échauffement de l'espace. La chaleur ainsi perdue atteindra finalement la Nébuleuse ; le démon d'Arrhenius serait-il de force à nous la restituer ? Les molécules qui sont chassées de la Nébuleuse en sortent avec une certaine vitesse ; quand elles retombent ensuite sur le Soleil, cette vitesse s'accroît, de sorte qu'en choquant la surface solaire, elles lui apportent l'énergie qu'elles possédaient au départ, plus celle qu'elles ont acquise dans leur chute. C'est cette dernière qui figurait dans les calculs que nous venons de faire au sujet du mouvement de va-et-vient ; et nous avons vu qu'elle est au plus la moitié de l'énergie rayonnée par le Soleil.

Si nous voulons que la restitution soit complète, il faut donc que la seconde moitié soit représentée par l'énergie initiale que ces molécules possédaient en quittant la Nébuleuse, c'est-à-dire que leur vitesse initiale soit comparable à celle qu'acquiert un corps qui tombe de l'infini sur le Soleil, et qui est de plusieurs centaines de kilomètres par seconde. Or, cela est bien invraisemblable ; les Nébuleuses sont très froides, c'est-à-dire que la vitesse moyenne de leurs molécules est très faible ; il est vrai que ce sont les plus rapides qui s'en vont, mais celles qui auront des vitesses de cet ordre ne pourront jamais être que des exceptions, même parmi celles qui ne sont pas retenues dans la Nébuleuse par l'attraction.

 C&B&O

On a peine à renoncer définitivement à une idée si séduisante et on est porté à se demander si elle n'est pas incomplète plutôt que fausse. Le démon d'Arrhenius ne peut suffire à sa tâche, mais peut-être y en a-t-il d'autres qui l'y aideront. Ne pourrait-on, par exemple, après avoir mis un démon dans la source froide, en mettre un autre dans la source chaude ? Quelque hypothétiques, quelque mal fondées que soient mes vues sur ce point, me permettra-t-on d'en dire quelques mots ?

Les molécules qui quittent les Soleils ne peuvent-elles être l'objet d'une sélection comme celles qui quittent les Nébuleuses ? Cette fois, ce ne sont pas les plus chaudes qui doivent partir, ce sont les plus froides. Examinons donc par quel mécanisme se produisent les gouttelettes qui subissent la pression de radiation : 1° Certaines molécules gazeuses sont ionisées ; 2° Chaque ion devient un centre de condensation pour certaines vapeurs sursaturées. La sélection se ferait donc tout naturellement : 1° Si les molécules froides, c'est-à-dire lentes, étaient plus facilement ionisées que les molécules rapides ; 2° Si la condensation se faisait plus aisément autour des ions lents qu'autour des ions rapides ; 3° Si les molécules de vapeur les plus lentes se liquéfiaient plus aisément que les plus rapides.

Je ne vois aucune raison à alléguer en faveur de la première hypothèse. La seconde est plus plausible ; on conçoit qu'un ion en repos pourra jouer son rôle de centre de condensation plus facilement qu'un ion en mouvement ; pierre qui roule n'amasse pas de mousse. Mais c'est surtout à la troisième qu'il convient de s'attacher. Qu'on se représente une gouttelette en voie de formation et des molécules de vapeur circulant dans son voisinage ; on peut les comparer à des bolides qui circuleraient près d'une planète et frôleraient son atmosphère. Ceux qui auront des vitesses hyperboliques passeront sans être arrêtés ; ce sont les plus lents qui seront retenus et tomberont à sa surface. Sans doute aussi, quand un liquide est au contact de sa vapeur, il y a échange continuel entre leurs molécules. Retenues quelque temps par l'attraction du liquide, les unes finissent par s'échapper et redeviennent gazeuses. D'autres, au contraire, sont captées par le liquide.

Ce sont évidemment les plus lentes qui seront retenues, les plus rapides qui s'échapperont, tout se passant comme pour la Nébuleuse dont nous parlions plus haut. Il en résulterait, remarquons-le, qu'il devrait y avoir une différence de température entre un liquide et sa vapeur ; je ne sais si elle serait constatable. Quoi qu'il en soit, on pourrait imaginer un mécanisme analogue jouant dans la source chaude le rôle de démon automatique. Ce démon, en tout cas, travaillerait dans le bon sens, mais je ne puis examiner la question de savoir s'il suffirait pour remplir sa tâche.

Livre III
Problèmes Scientifiques Actuels

Chapitre IX
Cournot et les Principes du Calcul Infinitésimal (1905)

Il est très difficile, pour les mathématiciens contemporains, de comprendre les contradictions que nos devanciers croyaient découvrir dans les principes du calcul infinitésimal. Le mot célèbre : « Allez toujours et la foi vous viendra », est pour nous un sujet perpétuel d'étonnement. Est-il possible que de grands géomètres qui maniaient l'analyse infinitésimale avec autant d'habilité qu'on l'a jamais fait, aient vu du mystère dans ce qui nous paraît si simple et qu'ils se soient laissé embarrasser par des objections qui nous semblent enfantines ? La différence profonde que les critiques de cette époque apercevaient entre la manière de Leibnitz et celle de Newton nous échappe de même complètement et nous sommes disposés à ne voir entre les deux fondateurs du calcul intégral qu'une différence de notations.

La théorie des erreurs compensées de Cournot nous semble répondre de la façon la plus simple aux objections accumulées de tous les philosophes peu versés avec les mathématiques, et nous sommes portés à croire que si Leibnitz ne l'a pas opposée d'emblée à ses contradicteurs, c'est à cause de sa simplicité même et parce que ne pouvant comprendre qu'ils n'avaient pas aperçu quelque chose d'aussi évident, il cherchait à leurs critiques je ne sais quel sens mystérieux.

Ce sont les récents progrès de la théorie des fonctions qui ont fait disparaître les dernières difficultés ; le jour où on a défini le nombre incommensurable d'une façon satisfaisante, de façon à parfaire ce que l'on a appelé l'arithmétisation de l'analyse mathématique, les derniers voiles ont été levés, à tel point que nous avons aujourd'hui peine à comprendre ce qui a pu autrefois paraître obscur.

Est-ce à dire que l'étude des difficultés aujourd'hui vaincues, et des efforts qu'on a faits pour lutter contre elles, soit désormais dépourvue de tout intérêt ou n'ait plus qu'un intérêt historique ? Il s'en faut de beaucoup ; il semble qu'en s'arithmétisant, en s'idéalisant pour ainsi dire, la mathématique s'éloignait de la nature et le philosophe peut toujours se demander si les procédés du calcul différentiel et intégral, aujourd'hui complètement justifiés au point de vue logique, peuvent être légitimement appliqués à la nature. Le continu que nous offre la nature et qui est en quelque sorte une unité est-il semblable au continu mathématique, tel que l'ont défini les plus récents géomètres, et qui n'est plus qu'une multiplicité d'éléments, en nombre infini, mais extérieurs les uns aux autres et pour ainsi dire logiquement discrets.

Que l'on ne se méprenne pas cependant sur la portée de cette difficulté. Si l'on admet que les phénomènes naturels peuvent être représentés par des nombres et par conséquent par des fonctions mathématiques, les règles du calcul infinitésimal pourront être appliquées à ces fonctions et cela en toute rigueur. À ce point de vue la question peut être regardée comme entièrement résolue ; nous savons, sans qu'aucun doute demeure possible, qu'une fonction mathématique satisfera à ces règles ou qu'elle ne sera pas ; mais il reste précisément à savoir s'il existera une fonction mathématique susceptible de représenter le phénomène avec une précision indéfinie.

Ce que l'observation nous donne directement, ce n'est pas un nombre, c'est une sensation qui n'est pas elle-même exprimable par un nombre puisque nous ne pouvons la discerner d'autres sensations trop voisines ; par exemple, nous ne pouvons distinguer la sensation que nous fait éprouver la pression d'un poids de 10 grammes de celle que nous ferait éprouver la pression d'un poids de 11 grammes, et c'est précisément dans cette sorte de fusion des éléments voisins que consiste la continuité physique. À proprement parler, il est donc impossible de représenter la sensation du poids de 10 grammes par un nombre ; puisqu'une seconde sensation, celle du poids de 11 grammes, ne pouvant être discernée de la première, devrait être représentée par le même nombre. Mais elle ne pourrait non plus être représentée par le même nombre puisqu'elle ne peut non plus être discernée de la sensation de 12 grammes et qu'il faudrait alors représenter les trois sensations par un même nombre, ce qui serait absurde puisque celle de 10 grammes et celle de 12 se distinguent aisément.

Seulement nous admettons que cette imprécision n'appartient qu'aux sensations elles-mêmes, que leur cause inconnue est susceptible d'être exactement représentée par un nombre ; cette même cause peut se manifester par d'autres effets, ce qui nous fournit d'autres moyens plus délicats d'évaluer ce nombre, de façon à réduire de plus en plus la marge de l'incertitude. Nous pouvons, par exemple, au lieu de soupeser le poids avec la main, le mesurer à l'aide d'une balance de précision. Mais quelle que soit la série d'opérations à laquelle nous procédions, il faudra bien que finalement nous fassions intervenir nos sens, ce qui ramènera les caractères de la continuité physique et son imprécision essentielle.

Nous voyons qu'à mesure que se perfectionnent nos moyens d'observation, les limites entre lesquelles doit rester compris le nombre représentatif d'un phénomène naturel quelconque, deviennent de plus en plus étroites, mais il n'arrivera jamais que le jeu de plus en plus petit qu'elles laissent entre elles devienne rigoureusement nul. Nous croyons toutefois que ce progrès n'aura pas de limite, que nous ne pourrons jamais dire, par exemple : un poids ne pourra jamais être évalué à moins d'un millième ou d'un millionième de milligramme près. C'est là le postulat que nous admettons implicitement quand nous appliquons à la nature les lois de l'analyse mathématique et en particulier celles du calcul infinitésimal.

Avant de dire ce que Cournot pense de ce problème, je crois utile d'en préciser un peu mieux encore la portée. Suivant que l'on adoptera ou non ce postulat, la notion de loi se présentera sous une forme toute différente. Dans la conception scientifique l'état du monde, ou d'une partie du monde regardée comme isolée, sera entièrement défini par les valeurs attribuées à un certain nombre de variables x_1, x_2, ..., x_n. La connaissance de ces valeurs nous donnera non seulement l'état du monde à l'instant envisagé, à l'instant t, mais encore à l'instant immédiatement postérieur $t + dt$, car ces deux états sont immédiatement reliés l'un à l'autre par une relation qui est précisément ce que l'on appelle loi, et cette relation est une équation différentielle :

$$\frac{dx_i}{dt} = \varphi_i\left(x_1, x_2, ..., x_n\right)\ \left(i = 1, 2, ..., n\right).$$

Nous postulons encore quelque chose de plus, à savoir que ces fonctions φ_i qui servent à l'expression de cette loi jouissent de toutes les propriétés essentielles des fonctions analytiques, par exemple de celle d'admettre des dérivées de tous les ordres. Les mathématiciens savent que l'on peut construire des fonctions qui ne jouissent pas de ces propriétés.

Ce n'est pas sous cette forme, nous l'avons dit, que le monde nous est donné, puisque, par exemple, l'état du monde défini par les valeurs x_1, x_2, ..., x_n des variables et l'état défini par les valeurs $x_1 + \varepsilon_1$, $x_2 + \varepsilon_2$, ..., $x_n + \varepsilon_n$ nous apparaissent comme indiscernables si ε_1, ε_2, ..., ε_n sont assez petits.

Encore une remarque : la considération de la loi différentielle à laquelle satisfait une partie du monde et des états successifs de cette partie, nous renseigne souvent sur l'état initial mieux que ne l'aurait fait l'observation directe de cet état initial. Cela nous montre que cet état initial était déterminé en réalité beaucoup mieux que l'observation directe aurait pu nous le faire croire, et nous induit à penser qu'il était dans la réalité infiniment bien déterminé et que l'imprécision apparente ne provenait que de notre infirmité. Si, par exemple, nous découvrons une planète, nous constaterons que sa distance au Soleil est comprise entre a et $a + \varepsilon$, ε étant relativement très petit, et nous en conclurons en vertu de la troisième loi de Kepler que son moyen mouvement est compris entre n et $n + \zeta$, ζ étant très petit. C'est tout ce que nous pourrons faire. Mais au bout d'un temps t la planète aura tourné d'un certain angle qu'il sera facile de mesurer de sorte que son moyen mouvement et par conséquent sa distance au Soleil seront connus avec d'autant plus de précision que les observations se seront prolongées plus longtemps. Nous pourrons alors affirmer quelle valeur nos observations initiales nous auraient donnée pour la distance si nos instruments avaient été assez délicats.

Mais, à cause de cette imprécision même, nous pouvons être assurés que le postulat qui nous occupe, celui sur lequel repose toute la science, ne pourra jamais être mis en défaut par l'expérience. Quelque multipliées et quelque précises que soient nos expériences, elles seront toujours entachées de certaines erreurs qu'on pourra réduire, mais non pas annuler. Il y aura donc toujours moyen de représenter les observations, quelles qu'elles soient, par des fonctions qui s'en écarteront moins que ne le comporte l'incertitude des mesures et qui jouiront de la continuité, de la propriété d'avoir une dérivée, de toutes les propriétés des fonctions analytiques. Une fonction quelconque étant donnée, on peut toujours trouver une fonction analytique qui en diffère aussi peu que l'on veut. Ainsi le physicien peut toujours appliquer les règles du calcul infinitésimal sans craindre un démenti de l'expérience.

C'est assez pour le physicien, ce n'est pas assez pour le philosophe, et c'est pour cela que d'autres conceptions ont été proposées. Ainsi le monde donné est un continu physique, et les savants supposent que le monde réel est un continu mathématique, mais quelques métaphysiciens ont préféré admettre que le monde est discontinu. Telle est, par exemple, la pensée de M. Évellin ; le temps réel serait formé d'instants discrets ; l'état du monde serait encore susceptible d'être défini par les valeurs attribuées à certaines variables ; mais ces variables ne peuvent parcourir l'échelle continue de la grandeur mathématique, elles ne peuvent prendre que des valeurs entières, elles passent de l'une à l'autre par sauts brusques. La loi lie alors l'état actuel du monde à son état à l'instant immédiatement ultérieur, mais le sens de ce mot n'est plus le même que tout à l'heure, ce n'est plus l'instant $t + dt$ qui diffère de l'instant antérieur t d'une quantité dt aussi petite que l'on veut. C'est dans les instants discrets dont est formé le temps réel, celui qui vient immédiatement après l'instant t et qu'il faudrait noter $t + 1$. M. J. Bertrand lui-même, dans une discussion avec M. Boussinesq, avait paru admettre une idée du même genre.

On pourrait aussi concevoir que le monde réel, comme le monde donné, est un continu physique et il faudrait modifier en conséquence l'idée de loi ; cela ne serait pas aussi simple qu'avec le système de M. Évellin, et il serait difficile sans doute de donner à cette idée une forme mathématique et de la rendre compatible avec le déterminisme absolu.

Pour faire comprendre quelle est en face de ces problèmes la position de Cournot, le mieux est, je crois, de commencer par quelques citations.

« Effectivement, dit-il (*Théorie des fonctions*[1], t. I, page 81), si nous pouvions comparer, dès le début, la méthode des limites et la méthode infinitésimale, nous verrions que toutes deux tendent au même but, qui est d'exprimer la loi de continuité dans les variations des grandeurs, mais qu'elles y tendent par des procédés inverses. Dans la première méthode, étant donnée une question sur des grandeurs qui varient d'une manière continue, on suppose d'abord qu'elles passent subitement d'un état de grandeur à un autre ; et on cherche ensuite ce qui arrive quand on resserre de plus en plus l'intervalle qui sépare deux états consécutifs. Il est clair qu'on n'obtient ainsi qu'après coup les simplifications qui résultent de la continuité...

« Aussi peut-on poser en fait que quelque adresse que l'on mette à employer la méthode des limites, ... on arrive toujours à des questions pour lesquelles il y faut renoncer.

« D'ailleurs la méthode infinitésimale ne constitue pas seulement un artifice ingénieux ; elle est l'expression naturelle du mode de génération des grandeurs physiques qui croissent par éléments plus petits que toute grandeur finie. Aussi, quand un corps se refroidit, le rapport entre les variations élémentaires de la chaleur et du temps est la raison du rapport qui s'établit entre les variations finies de ces mêmes grandeurs, le terme de *raison* étant pris ici dans son acception philosophique.

« Sous ce point de vue, on a pu dire avec fondement que les infiniment petits *existent dans la nature*, et il conviendrait certainement d'appeler $f'(x)$ la fonction génératrice ou primitive, et $f(x)$ la fonction dérivée, à l'inverse de ce qu'a fait Lagrange.

« En résumé, la méthode infinitésimale est mieux appropriée à la nature des choses.

« Elle est la méthode directe, au point de vue objectif. D'un autre côté, le concept de l'infiniment petit ne peut se définir logiquement que d'une manière indirecte par l'intermédiaire des limites ; de sorte qu'au point de vue logique et subjectif, la rigueur démonstrative appartient directement à la méthode des limites et indirectement à la méthode infinitésimale, en tant que celle-ci devient, à l'aide de certaines définitions de mots, une pure traduction de la première ».

« Les géomètres ont une autre manière d'exprimer la même chose, dit-il encore (*L'enchaînement des idées fondamentales*[2], t. I, p. 87). On aurait tort de ne voir dans cette expression d'infiniment petit qu'une abréviation convenue, une forme de langage, apparemment plus commode parce qu'elle est plus usitée. Elle n'est effectivement plus commode que parce qu'elle est l'expression naturelle du mode de génération des

---

[1] *Traité élémentaire de la théorie des fonctions et du calcul infinitésimal*, 2 volumes, Paris, Hachette, 1841.

[2] *Traité de l'enchaînement des idées fondamentales dans les sciences et dans l'histoire*, 2 volumes, Paris, Hachette, 1861.

grandeurs qui croissent par éléments plus petits que toute grandeur finie. Ainsi, quand un corps se refroidit, le rapport entre les variations élémentaires de la chaleur et du temps est la vraie raison du rapport qui s'établit entre les variations finies de ces mêmes grandeurs. Ce rapport, il est vrai, est le seul qui puisse tomber directement sous notre observation, et lorsque nous définissons le 1er par le 2e nous nous conformons aux conditions de notre logique humaine ; mais une fois en possession de l'idée du 1er rapport, nous nous conformons à la nature des choses en en faisant le principe d'explication de la valeur que l'observation assigne au 2e rapport ».

Et encore (*ibid.*, p. 37) : « Un corps qui sort du repos commence par avoir une vitesse infiniment petite ; tandis qu'il répugne qu'il y ait actuellement dans le monde un corps animé d'une vitesse infiniment grande.

« Tout ce qui est infiniment petit échappe à nos observations, mais non aux conditions des phénomènes naturels ; tout ce qui est infiniment grand échappe à la fois à nos observations et aux conditions mêmes de la production des phénomènes ».

Il semble que la netteté de ces citations ne laisse rien à désirer. L'infiniment grand ne peut avoir d'existence actuelle, mais il n'en est pas de même de l'infiniment petit. Bien plus, au point de vue objectif, l'infiniment petit préexiste au fini. C'est notre logique humaine qui procède du fini à l'infiniment petit, la nature procède toujours de l'infiniment petit au fini. Newton était resté fidèle à la logique humaine, Leibnitz s'est rapproché de la nature. Ils se complètent donc mutuellement ; le premier n'aurait pu nous donner qu'une image imparfaite du monde, le second ne pouvait se passer de ce qu'il empruntait au premier, ou à sa manière, sans quoi la rigueur démonstrative lui aurait fait défaut.

On pouvait se demander si Cournot ne donne pas ici au mot infiniment petit le même sens que M. Évellin, si cet infiniment petit auquel il attribue une existence objective, n'est pas l'élément ultime, indivisible des choses, que l'on supposerait décomposables en atomes discrets. Le temps infiniment petit, ce serait l'atome de temps et toute durée finie se composerait d'un nombre fini, quoique extrêmement grand, de pareils atomes. Je ne puis m'arrêter à cette interprétation ; si Cournot avait eu une conception aussi particulière, aussi éloignée des idées ordinaires et des vues de la plupart des savants, il l'aurait dit explicitement. Il avait un langage trop précis pour employer le mot infiniment petit dans le sens de fini.

Mais il y a plus et nous trouverons à chaque instant, dans les écrits de Cournot, l'affirmation contraire très nettement exprimée ; « les notions de l'étendue et de la durée impliquent également, avec une nécessité évidente, l'idée de la continuité » (*loc. cit.*, p. 35), et comme pour qu'on voie bien qu'il s'agit de la continuité mathématique proprement dite, il ajoute : « La raison conçoit nécessairement qu'un mobile ne peut passer d'une position à une autre sans occuper successivement toutes les positions intermédiaires *en nombre illimité ou infini* ». Et enfin on ne pourra pas croire non plus qu'il ne s'agit ici que de l'image plus ou moins imparfaite que nous avons du monde, car après avoir parlé de l'ordre généalogique de nos idées, il ajoute encore : « *Dans l'ordre même des faits naturels*, il ne répugne point d'admettre que toutes les manifestations de la loi de continuité ont leur raison primordiale dans la continuité de l'espace ou du temps ».

On ne saurait admettre que Cournot attribue cette continuité à l'espace et au temps seulement et non aux autres grandeurs naturelles. S'il croyait à une pareille différence, il le dirait explicitement ; il semble plutôt qu'il veuille dire que la continuité ne peut pas ne pas appartenir à ces grandeurs, puisqu'elles appartiennent au temps et à l'espace et que ces grandeurs ne sauraient être conçues en dehors du temps et de l'espace.

Ainsi ces infiniment petits qui sont la véritable raison des choses ne sont pas des atomes et, d'un autre côté, ce ne sont pas non plus des devenir, puisqu'ils sont rationnellement antérieurs, pour ainsi dire, aux quantités finies observables. Les infiniment petits leibnitiens, il est vrai, ne sont que des devenir, ou du moins ne jouent pas d'autre rôle dans les raisonnements mathématiques, c'est en cela que la méthode infinitésimale devient « une pure traduction de la méthode des limites ».

Mais elle ne prend cette forme qu'en vue d'obtenir la rigueur mathématique, parce que la méthode des limites, qui n'est pas la plus conforme à l'ordre rationnel, est la plus conforme à l'ordre logique.

Cette opposition entre l'ordre logique et l'ordre rationnel est une idée sur laquelle Cournot revient souvent. L'esprit humain est obligé de remonter du donné, qui est complexe, aux principes, qui sont simples ; cela, c'est l'ordre logique, qui nous est imposé par l'infirmité de notre intelligence ; c'est l'ordre de la découverte, mais nous ne posséderons la connaissance parfaite que quand nous serons redescendus des principes simples aux conséquences complexes, en suivant l'ordre rationnel, c'est-à-dire l'ordre adopté par la Nature elle-même.

Cournot en donne (*loc. cit.*, p. 33) un exemple qui mérite d'être signalé en passant, au sujet de l'origine des idées d'espace et de temps : « L'idée d'espace, dit-il, ne s'acquiert que par le mouvement, par l'exploration successive des parties de l'étendue ; elle présuppose donc intrinsèquement l'idée ou la conscience de la durée... Le sens de la durée est un sens plus rationnel, et à ce point de vue plus fondamental que les sens qui nous donnent la perception de l'espace... En vertu même de cet ordre rationnel, il doit arriver que... l'étendue soit pour nous l'objet d'une intuition immédiate, d'une représentation directe... et que nous ne pouvons imaginer la durée qu'en attribuant à l'étendue une vertu représentative de la durée... Les langues portent la trace de cette dérivation... ; les animaux, même les plus rapprochés de l'homme, ne paraissent avoir et ne peuvent avoir qu'une perception très obscure des rapports de temps... ».

Ainsi le temps est rationnellement antérieur et logiquement postérieur à l'espace ; et s'il lui est logiquement postérieur, c'est *en vertu même de cet ordre rationnel*, c'est-à-dire *parce qu'*il est rationnellement antérieur ; car les deux ordres sont nécessairement inverses l'un de l'autre.

Et, plus loin (p. 64) : « Il ne faut pas confondre l'ordre rationnel avec l'ordre logique, quoique l'un de ces mots ait la même racine en grec que l'autre en latin. L'ordre rationnel tient aux choses, considérées en elles-mêmes ; l'ordre logique tient à l'ordre du langage, qui est pour nous l'instrument de la pensée... On distingue très bien, parmi les démonstrations d'un même théorème, toutes irréprochables au point de vue des règles de la logique, celle qui donne la vraie raison du théorème démontré, c'est-à-dire celle qui suit dans l'enchaînement logique des propositions l'ordre suivant lequel s'engendrent les vérités correspondantes, en tant que l'une est la raison de l'autre. En conséquence, on dit qu'une démonstration est indirecte lorsqu'elle intervertit l'ordre rationnel, lorsque la vérité obtenue à titre de conséquence dans la déduction logique est conçue par l'esprit comme renfermant au contraire la raison des vérités qui lui servent de prémisses logiques ».

Le type de la démonstration indirecte est évidemment la démonstration par l'absurde. Cournot s'aperçoit bien que la méthode des limites ne laisse rien à désirer au point de vue de la rigueur mathématique et qu'en réalité elle se ramène à un raisonnement par l'absurde, identique à la méthode par exhaustion des anciens. Il voit également que cette méthode est la seule voie qui puisse conduire à la certitude logique et que la méthode infinitésimale ne participe à cette certitude que parce qu'à un certain point de vue elle n'est pour ainsi dire que « la traduction de la première ». L'infirmité de notre nature nous impose donc cette méthode indirecte mais seulement pour faire les premiers pas : « On ne peut donc se dispenser de mettre en évidence, dans les cas les plus simples, l'identité des résultats des deux méthodes, mais une fois cette traduction bien comprise, il convient de s'abandonner à la méthode infinitésimale... ». Servons-nous donc de la méthode indirecte pour remonter une bonne fois aux principes ; mais hâtons-nous de revenir, aussitôt que nous le pouvons, à la méthode directe, à la méthode conforme à l'ordre rationnel, à celle qui nous fait connaître les véritables raisons des choses.

On peut se demander quel sens Cournot attache à ce mot de raison, mais il prend soin de nous l'expliquer et de distinguer la raison de la cause. « La cause, dit-il, a une double origine, physique et psychologique ; tandis que les idées de la raison et de l'essence des choses pourraient résider dans une intelligence qui n'aurait pas la même constitution psychologique ». Ainsi la cause est quelque chose de relatif, qui dépend de la constitution psychologique du sujet pensant ; la raison, au contraire, est indépendante du sujet ; elle est quelque chose d'absolu. Pour Cournot, qui n'hésite pas à croire à un monde extérieur dont l'existence est tout à fait indépendante du sujet, cela veut dire que la cause n'est qu'une apparence et que la raison est la réalité.

Un trait intéressant de cette conception, c'est que toutes les vérités ont leur raison, aussi bien les théorèmes mathématiques que les phénomènes physiques, tandis que ces derniers seuls ont leur cause. Quand on dit donc que c'est dans l'infiniment petit qu'il faut rechercher la raison des faits relatifs aux quantités finies, cela ne doit pas s'entendre seulement des faits physiques, mais également des vérités géométriques. Après le passage que nous citons plus haut et où Cournot affirme que les infiniment petits existent dans la nature, il ajoute :

« Du reste, ces remarques ne concernent pas exclusivement les grandeurs douées d'une existence physique : en géométrie pure, les grandeurs continues ont aussi et peuvent avoir leur mode naturel de génération ; et, en pareil cas, on trouve le même avantage à saisir directement la loi des variations infinitésimales ».

Ainsi les infiniment petits sont la raison des choses, mais il semble au premier abord que la difficulté essentielle n'est même pas soupçonnée. Ces infiniment petits, raisons des choses, sont-ils de perpétuels devenir comme les infiniment petits leibnitiens ? Pour nous, qui ne croyons pas à la possibilité de concevoir un monde extérieur indépendamment du sujet pensant, ce serait la solution la plus simple et la plus naturelle. La raison première fuirait toujours devant l'esprit qui la cherche sans jamais pouvoir l'atteindre, et ce serait l'infiniment petit leibnitien qui symboliserait le mieux cette fuite éternelle.

Mais rien ne nous autorise à attribuer une pareille pensée à Cournot ; « le temps et l'espace, dit-il (*loc. cit.*, p. 29), ne sont pas, comme l'a voulu Kant, des conditions imposées à notre seul entendement, des formes inhérentes à la constitution de l'esprit humain et non aux choses extérieures qu'il perçoit ». Et Leibnitz lui-même a eu tort de ne voir dans l'espace et le temps que l'ordre des choses. Il est impossible d'être plus réaliste.

Quand donc Cournot dit que l'infiniment petit est la raison première des choses, il s'agit bien d'une raison première posée en dehors de nous, ce n'est pas un indéfiniment petit, et comme ce n'est pas non plus un atome évellinien, il faut que ce soit un infiniment petit actuel. La contradiction que la plupart des esprits croient voir dans l'infini actuel n'a pas frappé Cournot ; il fait bon marché de cette objection.

« On a souvent répété, dit-il (*loc. cit.*, p. 37), que l'idée de l'infini n'a en mathématique qu'une valeur purement négative... L'arithmétique me donne l'idée de l'infini en ce sens que rien ne limite la série des nombres ; ce n'est là, si l'on veut, qu'une idée négative, c'est l'idée de l'indéfini plutôt que celle de l'infini, à la bonne heure. Mais, quand je conçois l'infinité du temps et de l'espace, c'est bien une infinité *actuellement*, nécessairement imposée à ma raison et dont j'ai l'idée claire, quoique je puisse m'en faire une image ou une représentation. Que s'il s'agit du mouvement continu qui implique l'existence *effective* d'une infinité de positions intermédiaires, j'aurai, non seulement une idée claire, mais une représentation du phénomène ». Ici nous pourrions objecter que ce que nous pouvons nous représenter c'est le continu physique, bien différent, comme nous l'avons expliqué, du continu mathématique.

Quoi qu'il en soit, la pensée de Cournot semble claire ; la contradiction que nous croyons apercevoir dans la notion de l'infini actuel est purement apparente ; elle est due uniquement à l'infirmité de notre esprit, elle n'existe que dans l'ordre logique et est étrangère à l'ordre rationnel.

Une pareille solution ne satisfera certainement pas tout le monde, et je ne crois pas d'ailleurs qu'aucune solution réaliste puisse satisfaire tout le monde, mais il me suffit d'avoir mis en lumière la véritable pensée du philosophe ; et il ne me reste plus qu'à chercher comment il la justifiait à ses propres yeux. Nous n'avons vu jusqu'ici que des affirmations, il est temps de voir les raisons dont il les appuie. D'où vient cette tranquillité avec laquelle il croit découvrir les véritables raisons des choses ?

C'est qu'il croit qu'au-dessus de la logique formelle il y en a une autre (*loc. cit.*, p. 3) par laquelle nous nous rendons compte des raisons que nous avons de distinguer l'essentiel de l'accidentel, l'absolu du relatif, la réalité de l'apparence. Quel moyen avons-nous de distinguer le mouvement absolu du mouvement relatif ; par exemple, pourquoi préférons-nous le système de Copernic à celui de Ptolémée, c'est parce qu'il est plus simple, et nous en concluons non seulement qu'il est plus commode, mais qu'il est plus réel (*loc. cit.*, p. 18).

« Imaginons encore (*loc. cit.*, p. 90) que l'on observe simultanément le mouvement d'un corps opaque qui décrit uniformément un cercle parfait et le mouvement de l'ombre qu'il projette sur un corps voisin, à surface irrégulière : aurait-on besoin de palper le corps et l'ombre pour s'assurer que c'est bien le mouvement du corps qui entraîne celui de l'ombre et non le mouvement de l'ombre qui entraîne celui du corps ? Ne suffirait-il pas, au contraire, de considérer combien la loi du premier mouvement paraît simple, combien l'autre est compliquée... ».

Et encore, à propos de la réalité du temps et de l'espace : « car il serait par trop étrange que le verre mis sur nos yeux (c'est-à-dire la forme du temps et de l'espace que nous imposerions au monde et qui n'appartiendrait qu'à notre sensibilité) et qui devrait tout déformer aux dépens de la régularité, de la simplicité des lois, y mît par une fallacieuse apparence la régularité, la simplicité que nous croyons y constater et qui de fait n'y serait pas ».

Ainsi le simple peut être la raison du complexe, le complexe ne peut pas être la raison du simple, tel est le principe fondamental de la nouvelle logique. Et par conséquent c'est par exemple la loi de Newton, qui est la raison des lois de Kepler, parce qu'elle est plus simple ; cela ne peut pas être l'inverse.

Or, la loi de Newton nous fait connaître quelle est la variation infiniment petite que subit dans un temps infiniment petit la vitesse des corps célestes sous l'influence de leur attraction mutuelle. Les lois de Kepler, au contraire, nous font prévoir les variations finies de cette même vitesse dans un temps fini. Et comme la même différence de simplicité se retrouve dans tous les problèmes de physique, il nous faut bien conclure que c'est l'infiniment petit, c'est-à-dire le simple, qui est la raison du fini, c'est-à-dire du complexe.

Si l'on voulait remplacer la rampe douce du continu leibnitien par l'escalier évellinien, quelque nombreuses et quelque rapprochées qu'en soient les marches, on ne retrouverait jamais la même simplicité, parce que la grandeur, en cessant d'être continue, au sens mathématique du mot, cesserait d'être homogène, puisque le tout ne pourrait rester semblable à la partie. Et alors on serait obligé d'admettre que c'est le simple, c'est-à-dire le continu, qui est l'apparence, et le complexe, c'est-à-dire le discret, qui est la réalité. Il faudrait croire que le verre à travers lequel nous voyons les objets leur donne une simplicité qui ne leur appartient pas.

Cela semble impossible à Cournot. En résumé, c'est de la croyance en la simplicité de la nature, croyance fondée elle-même sur le principe de raison suffisante, qu'il tire sa conviction.

« S'il faut compliquer une formule, dit-il (*loc. cit.*, p. 104), à mesure que de nouveaux faits se révèlent à l'observation, elle devient de moins en moins probable en tant que loi de la Nature... Si, au contraire, les faits acquis à l'observation postérieurement à la construction de l'hypothèse sont bien reliés par elle, si surtout des faits prévus comme conséquences de l'hypothèse sont postérieurement confirmés, la probabilité de l'hypothèse peut aller jusqu'à ne laisser aucune place au doute dans un esprit éclairé ».

Cette simplicité, cette symétrie qui devient le *criterium* de la certitude, ne peut se rencontrer que dans les idées mathématiques d'ordre et de forme. C'est là pour Cournot « le secret de la prééminence et du rôle des sciences mathématiques. Les mathématiques sont les sciences par excellence, le plus parfait exemplaire de la forme et de la construction scientifique ». Le monde, en un mot, doit être simple et il ne saurait l'être s'il n'est construit sur le modèle de la grandeur mathématique.

Chapitre X
La Lumière et l'Électricité d'après Maxwell et Hertz (1894)

Au moment où les expériences de Fresnel forçaient tous les savants à admettre que la lumière est due aux vibrations d'un fluide très subtil, remplissant les espaces interplanétaires, les travaux d'Ampère faisaient connaître les lois des actions mutuelles des courants et fondaient l'Électrodynamique.

On n'avait qu'un pas à faire pour supposer que ce même fluide, l'éther, qui est la cause des phénomènes lumineux, est en même temps le véhicule des actions électriques : ce pas, l'imagination d'Ampère le fit : mais l'illustre physicien, en énonçant cette séduisante hypothèse, ne prévoyait sans doute pas qu'elle dût si vite prendre une forme plus précise et recevoir un commencement de confirmation.

Ce ne fut là pourtant qu'un rêve sans consistance jusqu'au jour où les mesures électriques mirent en évidence un fait inattendu ; voici ce fait qui a été rappelé par M. Cornu, dans le dernier *Annuaire*, à la fin de la lumineuse Notice que ce savant a consacrée à la définition des unités électriques. Pour passer du système d'unités électrostatiques au système d'unités électrodynamiques, on se sert d'un certain *facteur de transformation* dont je ne rappellerai pas la définition, puisqu'on la trouve dans la Notice de M. Cornu. Ce facteur, que l'on appelle aussi le *rapport des unités, est précisément égal à la vitesse de la lumière.*

Les observations devinrent bientôt assez précises pour qu'on ne pût songer à attribuer cette concordance au hasard. On ne pouvait donc douter qu'il n'y eût certains rapports intimes entre les phénomènes optiques et les phénomènes électriques. Mais la nature de ces rapports nous échapperait peut-être encore si le génie de Maxwell ne l'avait devinée.

COURANTS DE DÉPLACEMENT

Tout le monde sait que l'on peut répartir les corps en deux classes, les conducteurs où nous constatons des déplacements de l'électricité, c'est-à-dire des courants voltaïques, et les isolants ou diélectriques. Pour les anciens électriciens, les diélectriques étaient purement inertes et leur rôle se bornait à s'opposer au passage de l'électricité. S'il en était ainsi, on pourrait remplacer un isolant quelconque par un isolant différent sans rien changer aux phénomènes. Les expériences de Faraday ont montré qu'il n'en est rien : deux condensateurs de même forme et de mêmes dimensions, mis en communication avec les mêmes sources d'électricité, ne prendront pas la même charge, bien que l'épaisseur de la lame isolante soit la même, si la *nature* de la matière isolante diffère. Maxwell avait fait une étude trop profonde des travaux de Faraday pour ne pas comprendre l'importance des diélectriques et la nécessité de leur restituer leur véritable rôle.

D'ailleurs, s'il est vrai que la lumière ne soit qu'un phénomène électrique, il faut bien, quand elle se propage à travers un corps isolant, que ce corps soit le siège de ce phénomène ; il doit donc y avoir des phénomènes électriques localisés dans les diélectriques ; mais quelle peut en être la nature ? Maxwell répond hardiment : ce sont des courants.

Toute l'expérience de son temps semblait le contredire ; on n'avait jamais observé de courant que dans les conducteurs. Comment Maxwell pouvait-il concilier son audacieuse hypothèse avec un fait si bien constaté ? Pourquoi, dans certaines circonstances, ces courants hypothétiques produisent-ils des effets manifestes et sont-ils absolument inobservables dans les conditions ordinaires ?

C'est que les diélectriques opposent au passage de l'électricité, non pas une résistance plus grande que les conducteurs, mais une résistance d'une autre nature. Une comparaison fera mieux comprendre la pensée de Maxwell.

Si l'on s'efforce de tendre un ressort, on rencontre une résistance qui va en croissant à mesure que le ressort se bande. Si donc on ne dispose que d'une force limitée, il arrivera un moment où, cette résistance ne pouvant plus être surmontée, le mouvement s'arrêtera et l'équilibre s'établira ; enfin, quand la force cessera d'agir, le ressort restituera en se débandant tout le travail qu'on aura dépensé pour le bander.

Supposons, au contraire, qu'on veuille déplacer un corps plongé dans l'eau ; ici encore on éprouvera une résistance, qui dépendra de la vitesse, mais qui cependant, si cette vitesse demeure constante, n'ira pas en croissant à mesure que le corps s'avancera ; le mouvement pourra donc se prolonger tant que la force motrice agira et l'on n'atteindra jamais l'équilibre ; enfin, quand la force disparaîtra, le corps ne tendra pas à revenir en arrière et le travail dépensé pour le faire avancer ne pourra être restitué ; il aura tout entier été transformé en chaleur par la viscosité de l'eau.

Le contraste est manifeste, et il est nécessaire de distinguer la résistance *élastique* de la résistance *visqueuse*. Alors les diélectriques se comporteraient pour les mouvements de l'électricité comme les solides élastiques pour les mouvements matériels, tandis que les conducteurs se comporteraient comme les liquides visqueux. De là, deux catégories de courants : les courants de *déplacement* ou de Maxwell qui traversent les diélectriques, et les courants ordinaires de *conduction* qui circulent dans les conducteurs.

Les premiers, ayant à surmonter une sorte de résistance *élastique*, ne pourraient être que de courte durée ; car, cette résistance croissant sans cesse, l'équilibre serait promptement établi.

Les courants de conduction, au contraire, devraient vaincre une sorte de résistance visqueuse et pourraient par conséquent se prolonger aussi longtemps que la force électro-motrice qui leur donne naissance.

Reprenons la comparaison si commode que M. Cornu a empruntée à l'Hydraulique. Supposons que nous ayons dans un réservoir de l'eau sous pression ; mettons ce réservoir en communication avec un tuyau vertical : l'eau va y monter ; mais le mouvement s'arrêtera dès que l'équilibre hydrostatique sera atteint. Si le tuyau est large, il n'y aura pas de frottement ni de perte de charge, et l'eau ainsi élevée pourra être employée pour produire du travail. Nous avons là l'image du courant de déplacement.

Si au contraire l'eau du réservoir s'écoule par un tuyau horizontal, le mouvement continuera tant que le réservoir ne sera pas vide ; mais, si le tuyau est étroit, il y aura une perte de travail considérable et une production de chaleur par le frottement ; nous avons là l'image du courant de conduction.

Bien qu'il soit impossible et quelque peu oiseux de chercher à se représenter tous les détails du mécanisme, on peut dire que tout se passe comme si les courants de déplacement avaient pour effet de bander une multitude de petits ressorts. Quand ces courants cessent, l'équilibre électrostatique est établi, et ces ressorts sont d'autant plus tendus que le champ électrique est plus intense. Le travail accumulé dans ces ressorts, c'est-à-dire l'énergie électrostatique, peut être restitué intégralement dès qu'ils peuvent se débander ; c'est ainsi qu'on obtiendra du travail mécanique quand on laissera les conducteurs obéir aux *attractions électrostatiques*. Ces attractions seraient dues ainsi à la pression exercée sur les conducteurs par les ressorts bandés. Enfin, pour poursuivre la comparaison jusqu'au bout, il faudrait rapprocher la décharge disruptive de la rupture de quelques ressorts trop tendus.

Au contraire, le travail employé à produire des courants de conduction est perdu et tout entier transformé en chaleur, comme celui que l'on dépense pour vaincre les frottements ou la viscosité des fluides. *C'est pour cela que les fils conducteurs s'échauffent.*

Dans la manière de voir de Maxwell, *il n'y a que des courants fermés*. Pour les anciens électriciens, il n'en était pas de même ; ils regardaient comme fermé le courant qui circule dans un fil joignant les deux pôles d'une pile. Mais si, au lieu de réunir directement les deux pôles, on les met respectivement en communication avec les deux armatures d'un condensateur, le courant instantané qui dure jusqu'à ce que le condensateur soit chargé était considéré comme ouvert ; il allait, pensait-on, d'une armature à l'autre à travers le fil de communication et la pile, et s'arrêtait à la surface de ces deux armatures. Maxwell, au contraire, suppose que le courant traverse, sous forme de courant de déplacement, la lame isolante qui sépare les deux armatures et qu'il se ferme ainsi complètement. La résistance élastique qu'il rencontre dans ce passage explique sa faible durée.

Les courants peuvent se manifester de trois manières : par leurs effets calorifiques, par leur action sur les aimants et les courants, par les courants induits auxquels ils donnent naissance. Nous avons vu plus haut pourquoi les courants de conduction développent de la chaleur, et pourquoi les courants de déplacement n'en font pas naître. En revanche, d'après l'hypothèse de Maxwell, les courants qu'il imagine doivent, comme les courants ordinaires, produire des effets électromagnétiques, électrodynamiques et inductifs.

Pourquoi ces effets n'ont-ils encore pu être mis évidence ? C'est parce qu'un courant de déplacement quelque peu intense ne peut durer longtemps *dans le même sens* ; car la tension de nos ressorts, sans cesse croissante, l'arrêterait bientôt. Il ne peut donc y avoir dans les diélectriques, ni courant continu de longue durée, ni courant alternatif sensible de longue période. Les effets deviendront au contraire observables si l'alternance est très rapide.

NATURE DE LA LUMIÈRE

C'est là, d'après Maxwell, l'origine de la lumière ; une onde lumineuse est une suite de courants alternatifs qui se produisent dans les diélectriques et même dans l'air ou le vide interplanétaire, et qui changent de sens un quatrillion de fois par seconde. L'induction énorme due à ces alternances fréquentes produit d'autres courants dans les parties voisines des diélectriques, et c'est ainsi que les ondes lumineuses se propagent de proche en proche. Le calcul montre que la vitesse de propagation est égale au *rapport des unités*, c'est-à-dire à la vitesse de la lumière.

Ces courants alternatifs sont des espèces de vibrations électriques ; mais ces vibrations sont-elles longitudinales comme celles du son, ou transversales comme celles de l'éther de Fresnel ? Dans le cas du son, l'air subit des condensations et des raréfactions alternatives. Au contraire, l'éther de Fresnel se comporte dans ses vibrations comme s'il était formé de couches incompressibles, susceptibles seulement de glisser l'une sur l'autre. S'il y avait des courants *ouverts*, l'électricité se portant d'un bout à l'autre d'un de ces courants s'accumulerait à l'une des extrémités ; elle se condenserait ou se raréfierait comme l'air, ses vibrations seraient longitudinales. Mais Maxwell n'admet que des courants fermés ; cette accumulation est impossible et l'électricité se comporte comme l'éther incompressible de Fresnel : ses vibrations sont transversales.

VÉRIFICATION EXPÉRIMENTALE

Ainsi nous retrouvons tous les résultats de la théorie des ondes. Ce n'était pas assez pourtant pour que les physiciens, séduits plutôt que convaincus, se décidassent à adopter les idées de Maxwell ; tout ce qu'on pouvait dire en leur faveur, c'est qu'elles n'étaient en contradiction avec aucun des faits observés, et que c'eût été bien dommage qu'elles ne fussent pas vraies. Mais la confirmation expérimentale manquait : elle devait se faire attendre vingt-cinq ans.

Il fallait trouver, entre la théorie ancienne et celle de Maxwell, une divergence qui ne fût pas trop délicate pour nos grossiers moyens d'investigation. Il n'y en avait qu'une dont on pût tirer un *experimentum crucis*.

L'ancienne électrodynamique exige que l'induction électromagnétique se produise instantanément ; d'après la doctrine nouvelle, elle doit au contraire se propager avec la vitesse de la lumière.

Il s'agit donc de mesurer ou au moins de constater la vitesse de propagation des effets inductifs ; c'est ce qu'a fait l'illustre physicien allemand Hertz par la méthode des interférences.

Cette méthode est bien connue par ses applications aux phénomènes optiques. Deux rayons lumineux issus de la même source interfèrent quand ils aboutissent au même point après avoir suivi des chemins différents. Si la différence de ces chemins est égale à une longueur d'onde, c'est-à-dire au chemin parcouru pendant une période, ou à un nombre entier de longueurs d'onde, l'une des vibrations est en retard sur l'autre d'un nombre entier de périodes : les deux vibrations en sont donc à la même phase, elles sont de même sens et s'ajoutent. Si, au contraire, la différence de marche des deux rayons est égale à un nombre impair de demi-longueurs d'onde, les deux vibrations sont de sens contraire et se retranchent l'une de l'autre.

Les ondes lumineuses ne sont pas seules susceptibles d'interférence ; tout phénomène périodique et alternatif se propageant avec une vitesse finie produira des effets analogues. C'est ce qui arrive pour le son, c'est ce qui doit arriver aussi pour l'induction électrodynamique, si la vitesse de propagation en est finie ; si au contraire cette propagation était instantanée, il n'y aurait pas d'interférence.

Mais on ne pourrait mettre ces interférences en évidence si la longueur d'onde était plus grande que les salles des laboratoires, plus grande que l'espace que l'induction peut franchir sans trop s'affaiblir. Il faut donc des courants de période très courte.

EXCITATEURS ÉLECTRIQUES

Voyons d'abord comment on peut les obtenir à l'aide d'un appareil qui est un véritable *pendule électrique*. Supposons deux conducteurs réunis par un fil : s'ils ne sont pas au même potentiel, l'équilibre électrique est rompu, de même que l'équilibre mécanique est dérangé, quand un pendule est écarté de la verticale. Dans un cas comme dans l'autre, l'équilibre tend à se rétablir.

Un courant circule dans le fil et tend à égaliser le potentiel des deux conducteurs, de même que le pendule se rapproche de la verticale. Mais le pendule ne s'arrêtera pas dans sa position d'équilibre : ayant acquis une certaine vitesse, il va, grâce à son inertie, dépasser cette position. De même, quand nos conducteurs seront déchargés, l'équilibre électrique momentanément rétabli ne se maintiendra pas et sera aussitôt détruit par une cause analogue à l'inertie : cette cause, c'est la *self-induction*. On sait que quand un courant cesse, il fait naître dans les fils voisins un courant induit de même sens. Le même effet se produit dans le fil même où circulait le courant inducteur qui se trouve ainsi pour ainsi dire continué par le courant induit.

En d'autres termes, un courant persistera après la disparition de la cause qui l'a fait naître, de même qu'un mobile ne s'arrête pas quand la force qui l'avait mis en mouvement cesse d'agir.

Quand les deux potentiels seront devenus égaux, le courant continuera donc dans le même sens et fera prendre aux deux conducteurs des charges opposées à celles qu'ils avaient d'abord.

Dans ce cas comme dans celui du pendule, la position de l'équilibre est dépassée : il faut, pour le rétablir, revenir en arrière.

Quand l'équilibre est atteint de nouveau, la même cause le rompt aussitôt et les oscillations se poursuivent sans cesse.

Le calcul montre que la période dépend de la capacité des conducteurs ; il suffit donc de diminuer suffisamment cette capacité, ce qui est facile, pour avoir un *pendule électrique* susceptible de produire des courants d'alternance extrêmement rapide.

Tout cela était bien connu par les théories de Lord Kelvin et par les expériences de Feddersen sur la décharge oscillante de la bouteille de Leyde. Ce n'est donc pas ce qui constitue l'idée originale de Hertz.

Mais il ne suffit pas de construire un pendule, il faut encore le mettre en mouvement. Pour cela, il faut qu'une cause quelconque l'écarte de sa position d'équilibre, puis qu'elle cesse d'agir brusquement, je veux dire *dans un temps très court par rapport à la durée d'une période* ; sans cela il n'oscillera pas.

Si, avec la main, par exemple, on écarte un pendule de la verticale, puis, qu'au lieu de le lâcher tout à coup, on laisse le bras se détendre lentement sans desserrer les doigts, le pendule, toujours soutenu, arrivera sans vitesse à sa position d'équilibre et ne la dépassera pas.

On conçoit donc que, avec des périodes d'un cent millionième de seconde, aucun système de déclenchement mécanique ne pourrait fonctionner, quelque rapide qu'il puisse nous paraître par rapport à nos unités de temps habituelles. Voici comment Hertz a résolu le problème.

Reprenons notre pendule électrique, et pratiquons dans le fil qui joint les deux conducteurs une coupure de quelques millimètres. Cette coupure partage notre appareil en deux moitiés symétriques que nous mettrons en communication avec les deux pôles d'une bobine de Ruhmkorff. Le courant induit va charger nos deux conducteurs et la différence de leur potentiel va croître avec une lenteur relative.

D'abord, la coupure empêchera les conducteurs de se décharger ; l'air qui s'y trouve joue le rôle d'isolant et maintient notre pendule écarté de sa position d'équilibre.

Mais quand la différence de potentiel sera assez grande, l'étincelle de la bobine éclatera et frayera un chemin à l'électricité accumulée sur les conducteurs. La coupure cessera tout à coup d'isoler et, par une sorte de déclenchement électrique, notre pendule sera délivré de la cause qui l'empêchait de retourner à l'équilibre. Si des conditions assez complexes, bien étudiées par Hertz, sont remplies, ce déclenchement est assez brusque pour que les oscillations se produisent.

Cet appareil, appelé *excitateur*, produit des courants qui changent de sens de cent millions à un milliard de fois par seconde. Grâce à cette fréquence extrême, ils peuvent produire des effets d'induction à grande distance. Pour mettre ces effets en évidence, on se sert d'un autre pendule électrique nommé *résonateur*. Dans ce nouveau pendule, la coupure du milieu et la bobine qui ne servent qu'au déclenchement sont supprimées : les deux conducteurs se réduisent à deux très petites sphères et le fil est recourbé en cercle de manière à rapprocher les deux sphères l'une de l'autre.

L'induction due à l'excitateur mettra ce résonateur en vibration d'autant plus facilement que les périodes seront moins différentes. À certaines phases de la vibration, la différence de potentiel des deux sphères sera assez grande pour que des étincelles jaillissent.

Production des interférences

On a ainsi un instrument qui met en évidence les effets de l'onde d'induction partie de l'excitateur. On peut faire cette étude de deux manières : ou bien exposer le résonateur à l'induction directe de l'excitateur à grande distance ; ou bien faire agir cette induction à petite distance sur un long fil conducteur que l'onde électrique va suivre et qui agira à son tour par induction à petite distance sur le résonateur.

Que l'onde se propage le long d'un fil ou à travers l'air, on peut produire des interférences par réflexion. Dans le premier cas, elle se réfléchira à l'extrémité du fil qu'elle suivra de nouveau en sens inverse ; dans le second, elle pourra se réfléchir sur une feuille métallique qui fera office de miroir. Dans les deux cas, l'onde réfléchie interférera avec l'onde directe et l'on trouvera des positions où l'étincelle du résonateur s'éteindra.

Les expériences faites avec le long fil sont plus faciles ; elles nous fournissent beaucoup de renseignements précieux, mais elles ne sauraient servir d'*experimentum crucis*, car, dans l'ancienne théorie comme dans la nouvelle, la vitesse de l'onde électrique le long d'un fil doit être égale à celle de la lumière. Les expériences sur l'induction directe à grande distance sont au contraire décisives. Elles montrent que non seulement la vitesse de propagation de l'induction à travers l'air est finie, mais qu'elle est égale à la vitesse de l'onde propagée le long d'un fil, conformément aux idées de Maxwell.

Synthèse de la lumière

J'insisterai moins sur d'autres expériences de Hertz, plus brillantes, mais moins instructives. Concentrant avec un miroir parabolique l'onde d'induction émanée de l'excitateur, le savant allemand obtient un véritable faisceau de rayons de force électrique, susceptibles de se réfléchir et de se réfracter régulièrement. Les rayons, si la période, déjà si petite, était un million de fois plus courte encore, ne différeraient pas des rayons lumineux. On sait que le Soleil nous envoie plusieurs sortes de radiations, les unes lumineuses parce qu'elles agissent sur la rétine, les autres obscures, ultraviolettes ou infrarouges, qui se manifestent par leurs effets chimiques ou calorifiques. Les premières ne doivent leurs qualités qui nous les font paraître d'une autre nature, qu'à une sorte de hasard physiologique. Pour le physicien, l'infrarouge ne diffère pas plus du rouge que le rouge du vert ; la longueur d'onde est seulement plus grande : celle des radiations hertziennes est beaucoup plus grande encore, mais il n'y a là que des différences de degré et l'on peut dire, si les idées de Maxwell sont vraies, que l'illustre professeur de Bonn a réalisé une véritable *synthèse de la lumière*.

Conclusions

Il ne faut pas cependant que notre admiration pour tant de succès inespérés nous fasse oublier les progrès qui restent à accomplir. Cherchons donc à nous rendre compte exactement des résultats qui sont définitivement acquis.

D'abord la vitesse de l'induction directe à travers l'air est finie, sans quoi les interférences seraient impossibles. *L'ancienne électrodynamique est donc condamnée.* Que doit-on mettre à la place ? Est-ce la doctrine de Maxwell (ou du moins quelque chose d'approchant, car on ne saurait demander à la divination du savant anglais d'avoir prévu la vérité dans tous ses détails). Bien que les probabilités s'accumulent, la démonstration complète n'est pas encore faite.

Nous pouvons mesurer la longueur d'onde des oscillations hertziennes ; cette longueur est le produit de la période par la vitesse de propagation. Nous connaîtrions donc cette vitesse si nous connaissions la période ; mais cette dernière est si petite que nous ne pouvons la mesurer : nous pouvons seulement la calculer par une formule due à Lord Kelvin. Ce calcul conduit à des chiffres qui sont d'accord avec la théorie de Maxwell ; mais les derniers doutes ne seront dissipés que quand la vitesse de propagation aura été directement mesurée.

Ce n'est pas tout, les choses sont loin d'être aussi simples qu'on pourrait le croire d'après ce court exposé. Diverses circonstances viennent les compliquer.

D'abord il y a autour de l'excitateur un véritable rayonnement d'induction : l'énergie de cet appareil *rayonne* donc au dehors et, comme aucune source ne vient l'alimenter, elle ne tarde pas à se dissiper et les oscillations s'éteignent rapidement. C'est là qu'on doit chercher l'explication du phénomène de la *résonance multiple* qui a été découvert par MM. Sarasin et de la Rive, et qui avait d'abord paru inconciliable avec la théorie.

D'autre part, on sait que la lumière ne suit pas exactement les lois de l'optique géométrique, et l'écart, qui produit la *diffraction,* est d'autant plus considérable que la longueur d'onde est plus grande. Avec les grandes longueurs des oscillations hertziennes, ces phénomènes doivent prendre une importance énorme et tout troubler. Sans doute il est heureux, pour le moment du moins, que nos moyens d'observation soient si grossiers, sans quoi la simplicité qui nous séduit au premier abord, ferait place à un dédale où nous ne pourrions nous reconnaître. C'est de là probablement que proviennent diverses anomalies que l'on n'a pu expliquer jusqu'ici. C'est aussi pour cette raison que les expériences sur la réfraction des rayons de force électrique n'ont, comme je l'ai dit plus haut, que peu de valeur démonstrative.

Il reste une difficulté qui est plus grave, mais qui n'est sans doute pas insurmontable. D'après Maxwell, le coefficient d'induction électrostatique d'un corps transparent devrait être égal au carré de son indice de réfraction. Il n'en est rien, les corps qui suivent la loi de Maxwell sont des exceptions. On est évidemment en présence de phénomènes beaucoup plus complexes qu'on ne le croyait d'abord ; mais on n'a encore pu rien débrouiller et les expériences elles-mêmes sont contradictoires.

Il reste donc beaucoup à faire. L'identité de la lumière et de l'électricité est dès aujourd'hui autre chose qu'une hypothèse séduisante : c'est une vérité probable, mais ce n'est pas encore une vérité démontrée.[*]

Note I

Depuis que ces quelques lignes ont été écrites, un grand pas a été fait. M. Blondlot est en effet parvenu, grâce à d'ingénieuses dispositions expérimentales, à mesurer *directement* la vitesse d'une perturbation qui se propage le long d'un fil. Le nombre trouvé diffère peu du rapport des unités, c'est-à-dire de la vitesse de la lumière, qui est de 300.000 kilomètres par seconde. Comme les expériences d'interférence faites à Genève par MM. Sarasin et de la Rive ont montré, ainsi que je l'ai dit plus haut, que l'induction se propage à travers l'air avec la même vitesse qu'une perturbation électrique qui suit un fil conducteur, nous devons conclure que la vitesse de l'induction est la même que celle de la lumière, ce qui est une confirmation des idées de Maxwell.

M. Fizeau avait trouvé autrefois, pour la vitesse de l'électricité, un nombre beaucoup plus faible, 180.000 kilomètres environ. Il n'y a là aucune contradiction ; les phénomènes observés étaient en effet très différents. Les courants dont se servait M. Fizeau étaient intermittents, mais de faible fréquence ; *ils pénétraient jusqu'à l'axe du fil* ; les courants de M. Blondlot, alternatifs et de période très courte, restaient *superficiels* et confinés dans une couche mince de moins d'un centième de millimètre d'épaisseur. On conçoit que les lois de la propagation ne soient pas les mêmes dans les deux cas.

Note II

J'ai cherché plus haut à faire comprendre, par une comparaison, l'explication des attractions électrostatiques et des phénomènes d'induction ; voyons maintenant quelle idée se fait Maxwell de la cause qui produit les attractions mutuelles des courants.

Tandis que les attractions électrostatiques seraient dues à la tension d'une multitude de petits ressorts, ou, en d'autres termes, à l'élasticité de l'éther, ce seraient la force vive

---

[*] Extrait de l'*Annuaire pour l'an 1894*, publié par le *Bureau des Longitudes*.

et l'inertie de ce fluide qui produiraient les phénomènes d'induction et les actions électrodynamiques.

Le calcul complet est beaucoup trop long pour trouver place ici, et je me contenterai d'une comparaison. Je l'emprunterai à un appareil bien connu, le régulateur à force centrifuge.

La force vive de cet appareil est proportionnelle au carré de la vitesse angulaire de rotation et au carré de l'écartement des boules.

D'après l'hypothèse de Maxwell, l'éther est en mouvement dès qu'il y a des courants voltaïques, et sa force vive est proportionnelle au carré de l'intensité de ces courants, qui correspond ainsi, dans le parallèle que je cherche à établir, à la vitesse angulaire de rotation.

Si nous considérons deux courants de même sens, cette force vive, à intensité égale, sera d'autant plus grande que les courants seront plus rapprochés ; si les courants sont de sens contraire, elle sera d'autant plus grande qu'ils seront plus éloignés.

Cela posé, poursuivons notre comparaison.

Pour augmenter la vitesse angulaire du régulateur, et par conséquent sa force vive, il faut lui fournir du travail, et surmonter par conséquent une résistance que l'on appelle son *inertie*.

De même, augmenter l'intensité des courants, c'est augmenter la force vive de l'éther ; et il faudra pour le faire fournir du travail et surmonter une résistance, qui n'est autre chose que l'inertie de l'éther, et que l'on appelle l'*induction*.

La force vive sera plus grande si les courants sont de même sens et rapprochés ; le travail à fournir et la force contre-électromotrice d'induction seront donc plus grands. C'est ce que l'on exprime, dans le langage ordinaire, en disant que l'induction mutuelle des deux courants s'ajoute à leur self-induction. C'est le contraire si les deux courants sont de sens opposé.

Si l'on écarte les boules du régulateur, il faudra, pour maintenir la vitesse angulaire, fournir du travail, parce que, à vitesse angulaire égale, la force vive est d'autant plus grande que les boules sont plus écartées.

De même, si deux courants sont de même sens et qu'on les rapproche, il faudra, pour maintenir l'intensité, fournir du travail, puisque la force vive augmentera. On aura donc à surmonter une force électromotrice d'induction qui tendrait à diminuer l'intensité des courants. Elle tendrait au contraire à l'augmenter, si les courants étaient de même sens et qu'on les éloignât, ou s'ils étaient de sens contraire et qu'on les rapprochât.

Enfin, la force centrifuge tend à écarter les boules, *ce qui aurait pour effet d'augmenter la force vive si l'on maintient la vitesse angulaire constante.*

De même, quand les courants sont de même sens, ils *s'attirent*, c'est-à-dire qu'ils tendent à se rapprocher, *ce qui aurait pour effet d'augmenter la force vive si l'on maintient l'intensité constante.* S'ils sont de sens contraire, ils se repoussent et tendent à s'éloigner, ce qui aurait encore pour effet d'augmenter la force vive à intensité constante.

Ainsi les phénomènes électrostatiques seraient dus à l'élasticité de l'éther, et les phénomènes électrodynamiques à sa force vive. Maintenant, cette élasticité elle-même devrait-elle s'expliquer, comme le pense Lord Kelvin, par des rotations de très petites parties de fluide ? Diverses raisons peuvent rendre cette hypothèse séduisante, mais elle ne joue aucun rôle essentiel dans la théorie de Maxwell, qui en est indépendante.

De même, j'ai fait des comparaisons avec divers mécanismes. Mais ce ne sont que des comparaisons, et même assez grossières. Il ne faut pas, en effet, chercher dans le livre de Maxwell une explication mécanique complète des phénomènes électriques, mais seulement l'exposé des conditions auxquelles toute explication doit satisfaire. Et ce qui fait justement que l'œuvre de Maxwell sera probablement durable, c'est qu'elle est indépendante de toute explication particulière.

Chapitre XI
La Télégraphie Sans Fil (1909)[1]

Mesdemoiselles,

Quand une nouvelle découverte vient nous surprendre, il y a un premier moment d'étonnement, mais il est de très courte durée, parce que l'habitude émousse très vite l'admiration.

Il y a cinquante ans, la télégraphie ordinaire comblait nos pères de stupeur. Comment un simple fil pouvait-il transmettre la pensée instantanément aux extrémités du globe ? Ils n'en revenaient pas, et nous les trouvons, aujourd'hui, un peu faciles à l'enthousiasme. Pourtant, le phénomène est-il, maintenant, moins mystérieux ? Pas le moins du monde, nous ne savons pas mieux comment cela se fait ; seulement, à force d'expédier des télégrammes, nous nous sommes familiarisés avec lui, et il n'étonne plus personne. Nous sommes surpris, au contraire, que la transmission puisse se faire sans fil, parce qu'il s'agit d'une découverte récente qui a ravivé dans nos âmes le sentiment si vite oublié du mystère infini au milieu duquel nous sommes plongés. Et, cependant, la découverte de la télégraphie sans fil n'a pas été absolument imprévue ; pour les savants, la possibilité théorique du phénomène était connue depuis longtemps. On ne croyait pas, cependant, qu'il fût possible de construire des appareils assez délicats pour le mettre en évidence à de grandes distances. L'invention nouvelle n'est donc pas due seulement, comme tant d'autres, à un hasard heureux. C'est un savant anglais, Maxwell, qui l'a préparée, il y a près de quarante ans, par d'ingénieuses hypothèses et des calculs compliqués.

Vingt ans après, un Allemand, Hertz, a confirmé cette idée par des expériences de laboratoire.

Voilà quels ont été les véritables inventeurs, et c'est pour cela qu'on dit souvent : la télégraphie hertzienne, pour parler de la télégraphie sans fil, qu'on appelle « signaux hertziens » les signaux de cette télégraphie, et qu'on appelle « ondes hertziennes » ces messagers mystérieux qui transmettent ces signaux.

C'est seulement après que les techniciens se sont mis à l'œuvre et nous ont donné l'instrument que nous possédons aujourd'hui.

Mais, après tout, le phénomène est-il, en réalité si nouveau que cela ? Non, il n'est pas nouveau ; il est connu des hommes depuis qu'il y a des hommes, parce que ce phénomène n'est pas autre chose que la lumière. Le mécanisme par lequel les ondes émanées des objets lumineux parviennent jusqu'à nos yeux ne diffère pas de celui par lequel se transmettent, à travers les airs, les signaux de la télégraphie hertzienne. *(Applaudissements)*.

---

[1] The subtitle of this article was : « Conférence de M. Henri Poincaré de l'Académie Française, avec le concours de M. Carpentier de l'Institut et du Commandant Ferrié ».

⋯⋯

À quoi est due la lumière ? La lumière est due à des courants électriques alternatifs qui se produisent dans les corps transparents, dans l'air ou même dans le vide. C'est ce que nous a appris Maxwell.[2] Ce sont des courants tout pareils qui agissent dans la télégraphie hertzienne. Nous ne devrions donc pas plus nous étonner du phénomène nouveau, que nous ne nous étonnons de la lumière.

Oui. Seulement, je prévois un certain nombre d'objections.

– Et, d'abord, me direz-vous, si les signaux de la télégraphie sans fil sont de la lumière, comment se fait-il que nous ne les voyons pas directement avec nos yeux ?

Pour expliquer cela, je suis obligé à une petite digression. Tout le monde sait que la lumière peut être de différentes couleurs ; seulement, il faut que je vous explique à quoi tiennent les différences de couleur. La lumière, je vous l'ai dit, est produite par des courants alternatifs ; mais l'alternance de ces courants, ce qu'on appelle la fréquence ou l'alternance, peut être plus ou moins rapide. Prenons, par exemple, un courant ordinaire, le courant que les secteurs fournissent à leurs abonnés : nous aurons quarante-deux alternances par seconde, je veux dire quarante-deux voyages aller et quarante-deux voyages retour. En télégraphie sans fil, on va beaucoup plus loin, on n'a plus quarante-deux alternances, mais environ un million par seconde ; dans la lumière ordinaire, l'alternance est encore cinq cents millions de fois plus rapide.

Maintenant, pour ne pas sortir de la lumière ordinaire, l'alternance est plus rapide pour le jaune que pour le rouge, pour le vert que pour le jaune, plus rapide encore pour le bleu, et plus rapide pour le violet que pour le bleu. C'est tout simplement cela qui produit la différence des couleurs.

Il y a là quelque chose d'analogue à ce qui se passe pour le son. Le son aussi est produit par des oscillations, mais avec cette différence, qui est très importante, c'est que cette fois-ci, ce n'est plus l'électricité qui exécute des voyages d'aller et retour, c'est la matière elle-même, ce sont les molécules de l'air. Ainsi, pour le son, ce sont les molécules de l'air qui voyagent, tandis que, pour les ondes hertziennes, c'est l'électricité.

Le nombre des alternances pour le son est beaucoup plus faible, il est de 870 pour le *la* du diapason, de 500 pour l'*ut* qui est en dessous, 1000 à peu près pour l'*ut* qui est en dessus, et, en général, quand nous avons deux sons séparés par un intervalle d'une octave, nous avons deux fois plus d'alternances pour le son aigu que pour le son grave ; par conséquent, la cause qui explique la différence des notes de la gamme, en acoustique, explique, par une cause analogue, le différence des couleurs à notre œil. Alors, il faudra dire qu'il y a une octave du rouge au violet, et nous aurions vingt-neuf octaves depuis le rouge jusqu'aux signaux hertziens, seize octaves depuis les signaux hertziens jusqu'au courant industriel. *(Vifs applaudissements).*

⋯⋯

Ces explications ont été un peu longues, et, maintenant, je suis en mesure de répondre à l'objection que je formulais tout à l'heure.[3] Si les signaux hertziens sont de la lumière, pourquoi ne les voyons-nous pas ? Tout simplement parce qu'il y a des couleurs que nos yeux ne peuvent pas voir, de même qu'il y a des sons que nos oreilles ne

---

[2] Illustration : « Le poste de télégraphie sans fil au sommet de la Tour Eiffel (à droite on distingue l'antenne) ».

[3] Illustration : « Antenne du poste de la Tour Eiffel ».

peuvent pas entendre, parce que ces sons sont ou trop aigus ou trop graves, et que nos oreilles ne sont pas conformées pour les entendre.[4] De même, nos yeux sont conformés de façon à ne voir que les couleurs d'une seule octave. Nous ne voyons pas les ondes hertziennes parce qu'elles sont en dehors de cette octave.

Deuxième objection. Vous allez me dire :

– Mais, la lumière se propageant en ligne droite, le moindre obstacle, par conséquent, suffit pour l'arrêter ; au contraire, nous voyons les signaux hertziens sauter par-dessus les Alpes, par-dessus les Pyrénées elles-mêmes, et n'être pas arrêtés par la rotondité du globe terrestre.

Si les signaux hertziens sont de la lumière, ils devraient être arrêtés comme la lumière par les obstacles. Si haute que soit la Tour Eiffel, on n'en voit pas le sommet du Maroc ! La rotondité de la Terre s'y oppose. Par conséquent, les signaux hertziens devraient être arrêtés par cette rotondité qui constitue un obstacle énorme.

Comment se fait-il que nous puissions envoyer des signaux depuis la Tour Eiffel jusqu'au Maroc ? Voici l'explication :

La lumière ne se propage pas rigoureusement en ligne droite, elle se propage seulement à peu près en ligne droite, elle peut contourner de petits obstacles. Ainsi, vous savez qu'à l'aide d'un prisme, on peut obtenir un spectre brillamment coloré. Mais il y a une autre manière d'obtenir un spectre brillamment coloré. Supposez que vous traciez tout simplement, sur une plaque de verre, des traits fins, très régulièrement espacés ; en recevant la lumière sur cette plaque, vous aurez de même des spectres colorés ; c'est ce qu'on appelle un réseau ; et chacun de ces traits constitue, pour la lumière, un petit obstacle. C'est en contournant cet obstacle que la lumière est déviée de manière à réaliser de très brillantes couleurs.[5] Je vous dirai qu'on peut répéter l'expérience sans appareil. Il suffit de considérer un objet suffisamment lumineux et suffisamment petit, par exemple une fenêtre éclairée, qui renvoie, qui réfléchit la lumière du Soleil, et qui est suffisamment éloignée. Si vous regardez cette fenêtre en clignant des yeux, de manière à la voir à travers vos cils, vous verrez, de chaque côté, des spectres brillamment colorés, parce que vos cils auront joué le rôle des traits du réseau. Ce sont de petits obstacles, et la lumière, en contournant ces petits obstacles, aura produit les couleurs. Pour mon compte, dans ces conditions, je vois très bien, à droite et à gauche, cinq spectres parfaitement nets. Seulement, vous allez me trouver bien outrecuidant de comparer mes cils aux Alpes, aux Pyrénées, ou à la majestueuse rotondité du globe terrestre. Mais, faites attention, tout est relatif ! (*Rires. Applaudissements*).

On dit :

– Petits obstacles.

Qu'est-ce que cela veut dire ? C'est relatif ! Pour un géant qui serait 500 millions de fois plus grand que nous, une chaîne de montagnes ne serait qu'un obstacle insignifiant, qui se comporterait tout à fait comme les cils ou les traits du réseau. Il y a une condition : c'est que tout soit proportionné, et toutes nos longueurs sembleront, à notre géant, 500 millions de fois plus petites : 500 kilomètres lui feront l'effet d'un millimètre. Mais, alors, le temps que la lumière met à faire 500 kilomètres fera, pour lui, le même effet que, pour nous, le temps que met la lumière à parcourir un millimètre : en d'autres

---

[4] Illustration : « Poste militaire au Maroc ».

[5] Illustration : « Poste militaire de télégraphie sans fil en campagne ».

termes, si les longueurs lui paraissent 500 millions de fois plus petites, les durées lui paraîtront aussi 500 millions de fois plus courtes. Alors, si nous considérons les ondes hertziennes, la durée d'un de ces voyages aller et retour, dont je vous parlais tout à l'heure, sera 500 millions de fois plus longue que pour la lumière ; les ondes hertziennes seront donc, pour notre géant, ce qu'est, pour nous, la lumière ordinaire, et, alors, elles contourneront les chaînes de montagnes, obstacles insignifiants pour notre géant, avec la même facilité que la lumière visible contourne les obstacles, qui sont insignifiants pour nous. (*Vifs applaudissements*).

ଔଊଠ

Je n'en ai pas fini avec les objections. Il y en a une troisième, il y en a beaucoup d'autres ; mais nous nous contenterons de trois. J'ai parlé de courants alternatifs qui se produisent dans l'air ; mais l'air n'est pas bon conducteur, tout le monde sait qu'il ne conduit pas bien l'électricité, qu'il ne peut pas y avoir de courant dans l'air. Il faut s'expliquer.

Non, l'électricité ne peut pas traverser l'air ; par conséquent, il ne peut pas y avoir dans l'air de courant continu. Et, cependant, des courants peuvent y naître, pourvu qu'ils ne marchent pas trop longtemps de suite dans le même sens.

Permettez-moi une comparaison. Supposez une chèvre attachée par une corde à un piquet, dans un pâturage ; cette chèvre ne pourra pas voir beaucoup de pays, mais elle pourra se donner beaucoup de mouvement. L'électricité, dans l'air, est tout à fait dans la situation de cette chèvre.[6]

Voilà les objections. Je suppose que vous avez compris la réponse que j'y ai faite, et que je les considère comme écartées. (*Vifs applaudissements*).

ଔଊଠ

Nous allons voir, maintenant, comment on peut produire les signaux. Voici l'appareil qui sert à produire les signaux. Nous avons une bobine de Ruhmkorff ; les deux bornes de cette bobine sont mises en communication avec ces deux cylindres, entre lesquels l'étincelle va éclater. D'un côté, le circuit est prolongé par cette petite spirale que vous voyez là, et, de l'autre, est mis en communication avec l'autre pôle.

Vous voyez l'étincelle entre les deux cylindres et vous entendez le bruit sec de l'étincelle. Ces étincelles sont de très courte durée.

Je dois, d'abord, vous expliquer comment on peut se servir de cette étincelle pour produire des signaux. Vous savez que les télégraphistes se servent d'un alphabet particulier, qu'on appelle alphabet Morse, où chaque lettre est représentée par une série de points et de traits. Il y sont tellement habitués qu'ils peuvent très bien, à l'audition, comprendre un télégramme, rien qu'en entendant le bruit du manipulateur ou du récepteur.

Eh bien ! On peut produire ces signaux à l'aide d'étincelles. Si le contact dure très peu de temps, nous avons un point ; s'il dure plus longtemps, nous avons un trait. Un trait ne représente pas une étincelle de très longue durée. Nous avons ce petit appareil qui tourne et produit des interruptions périodiques en assez grand nombre par seconde. Lorsque nous voulons produire un trait Morse, nous faisons durer le contact un certain

---

[6] Illustration : « Chèvre attachée à un piquet ».

temps, et voici ce qui se passe : au moment de la première interruption, nous avons une étincelle qui dure un temps très court, un cent millième de seconde ; nous avons, ensuite, un silence prolongé, puis, à l'interruption suivante, une nouvelle étincelle, et ainsi de suite, ce qui produit un trait Morse qui dure un quart de seconde ; ce n'est pas une étincelle qui dure un quart de seconde, c'est une série d'étincelles, chacune de très courte durée, se succédant, et séparées par des silences relativement longs.

Pour que l'appareil soit complet, il faudrait mettre, soit directement, soit indirectement, en connexion avec cet appareil, une antenne. Une antenne se compose, ordinairement, d'un fil métallique, tendu verticalement tout le long d'un mât de cinquante mètres de hauteur. J'ai renoncé à établir ici cette installation, parce que j'ai craint que Mme Brisson ne la trouvât un peu encombrante (*Rires*) ; mais nous avons une antenne réduite. Vous voyez que le fil, au lieu d'être tendu verticalement le long d'un mât, est enroulé autour d'une colonne. De distance en distance, on a intercalé des lampes pour que vous vous rendiez compte de l'intensité du courant. Nous avons peut-être deux cent mètres de fil ; seulement, comme un fil enroulé comme cela n'est pas l'équivalent d'un fil étendu verticalement, ceci équivaut, au point de vue des alternances, à une antenne de cent mètres de haut.[7]

⊗

Nous allons voir, maintenant, comment se répartit le courant. Pour cela, nous allons recommencer l'émission des signaux. Vous voyez que ces lampes brillent inégalement : celle d'en bas brille beaucoup plus, la seconde brille déjà moins, la troisième moins encore, et celle du haut ne s'allume pas. Cela tient à ce que l'intensité du courant décroît depuis la base de l'antenne jusqu'au sommet, et nous pouvons tirer des étincelles tout le long de l'antenne. (*Applaudissements*).

Nous n'avons pas une véritable antenne, une antenne de cinquante mètres ; mais cela ne fait rien, parce que nous n'avons pas besoin d'envoyer des signaux au Maroc : il suffit de les envoyer d'un bout de la salle à l'autre. (*Rires*).

Il faut que je vous explique à quoi sert l'antenne. Elle sert, en particulier, à contourner les obstacles. Plus l'antenne est haute, plus il est facile de contourner les obstacles, et vous allez comprendre pourquoi. Le courant part, je suppose, du bas de l'antenne et va jusqu'au sommet ; il revient, puis, quand il est en bas, il remonte, et ainsi de suite. Nous avons donc une série de voyages aller et retour ; plus l'antenne est haute, plus les voyages sont longs. Par conséquent, l'onde se trouve à la taille du géant dont je parlais tout à l'heure, et pour lequel les longues durées équivalent à ce que sont, pour nous, de courtes durées. Par conséquent, plus l'antenne sera longue, plus ces voyages seront longs, plus nous serons de la taille du géant, et, par conséquent, mieux nous contourneront les obstacles qui sont, eux-mêmes, négligeables aux yeux du géant dont nous parlions à l'instant.

⊗

Maintenant, nous avons envoyé des signaux, il s'agit de les recevoir. Nous avons le poste transmetteur, muni d'une antenne, comme je vous le disais tout à l'heure. Notre correspondant aura aussi une antenne réceptrice, destinée à recevoir les signaux.

---

[7] Illustration : « Chambre de télégraphie sans fil à bord du *Republic* ».

Seulement, l'énergie transmise s'affaiblit très rapidement parce qu'elle se disperse dans toutes les directions. Nous ne pouvons pas songer à la concentrer dans une direction unique, par le moyen d'une lentille ou d'un miroir, comme on le fait pour la lumière, parce que, rappelez-vous bien, tout doit être proportionné, et alors il nous faudrait – toujours la même proportion – des lentilles 500 millions de fois plus grandes que les nôtres, et on n'en trouve pas chez les opticiens ! Mais, si nous gaspillons notre énergie dans toutes les directions, qu'est-ce qui va rester quand on sera à 1000 ou 10.000 kilomètres ! Hélas ! Bien peu de chose, à peine l'énergie nécessaire pour soulever un milligramme, à un demi-dixième de millimètre de hauteur. C'est là un travail bien minime, et que le premier microbe venu pourrait exécuter sans fatigue. Et c'est, pourtant, ce qu'il nous faut mettre en évidence. Il est vrai que ce travail si faible est dépensé en un cent millième de seconde, de sorte qu'il correspond encore à une puissance raisonnable quoique de très courte durée. Néanmoins, on n'aurait pu arriver au but, si Branly, et après lui d'autres savants, n'avaient imaginé des appareils d'une incroyable délicatesse. Voici un de ces appareils : c'est ce qu'on appelle le cohéreur. Il se compose tout simplement d'un petit tube, et, dans ce petit tube, se trouve de la limaille de fer. Que se passe-t-il alors ? Dans l'état ordinaire, la résistance est très grande.

Je dois vous dire qu'il faut mettre les deux extrémités du tube en communication, d'une part avec l'antenne réceptrice, avec le circuit de l'antenne réceptrice, et, d'autre part, avec les deux pôles d'une pile qui peut faire manœuvrer un appareil télégraphique ordinaire.

Dans l'état ordinaire, la résistance est trop grande, de sorte que le courant de la pile ne peut pas passer. Quand les ondes hertziennes agissent, qu'arrive-t-il ? Il arrive que, sous l'influence des ondes hertziennes, les grains de limaille se collent les uns contre les autres ; alors, le courant passe. Quand les ondes ont cessé d'agir, les grains restent collés, de sorte que l'effet survit à la cause ; cette cause qui est d'une puissance raisonnable, comme je vous le disais tout à l'heure, mais très éphémère, cette cause agit pendant un temps très court, mais son effet se prolonge après que la cause a disparu, parce que les grains restent collés. Alors, le courant de la pile peut durer assez longtemps pour faire marcher un appareil télégraphique ordinaire. Puis, quand on veut remettre les choses en état, décoller les grains de limaille, on n'a qu'à donner un petit choc. On a un appareil pour donner un petit choc sur le cohéreur, pour ramener le cohéreur à son état primitif. Ceci, c'est l'appareil de Branly.

Nous avons un appareil plus délicat encore, qu'on appelle le détecteur électrolytique. Celui-ci sert pour les grandes distances, et alors, au lieu de limaille, nous avons, dans le tube, un liquide, avec deux petits fils qui pénètrent dans ce liquide. Ici, le courant de la pile serait trop faible pour actionner un appareil télégraphique ordinaire ; mais on peut le faire agir sur un téléphone parce que l'oreille humaine est un instrument d'une sensibilité exquise et qu'on ne saurait jamais trop admirer ; par conséquent, elle nous décèle des courants beaucoup trop faibles pour actionner des appareils lourds : les appareils de la télégraphie ordinaire. (*Applaudissements*).

ⁿⁿ

En résumé, nous avons donc deux postes : l'un qui transmet les signaux, le poste d'émission, et l'autre qui les reçoit, le poste récepteur. Chacun d'eux comporte une antenne. Au poste d'émission, nous avons une antenne qui est reliée, soit directement, soit indirectement, au circuit où éclate l'étincelle ; le circuit est relié, d'une part à l'antenne, d'autre part au sol. Au poste de réception, notre antenne est reliée soit au détecteur électrolytique, soit au détecteur de Branly, ou cohéreur.

Il s'agit d'expliquer ce qui se passe, comment les signaux peuvent se transmettre. Je vous rappelle une chose : quand deux conducteurs sont placés l'un près de l'autre, et qu'on fait naître un courant alternatif dans l'un deux, il se produit, par sympathie pour ainsi dire, un courant secondaire dans le second conducteur voisin. C'est ce qu'on appelle le phénomène de l'induction. Je vous ai dit, tout à l'heure, que, pour les courants d'une fréquence suffisante, l'air se comporte comme un véritable conducteur, comme un conducteur d'une nature particulière.[8] Nous avons un courant alternatif dans l'antenne d'émission, nous avons l'air qui est à côté de cette antenne, qui constitue comme un conducteur voisin de l'antenne. Dans ce conducteur, par induction, va naître un courant secondaire ; ce courant, à son tour, va agir vers les couches d'air qui sont un peu plus loin par le même mécanisme, et nous avons un courant un peu plus loin, et ainsi de suite. Les ondes iront constamment en se propageant, jusqu'à ce que, finalement, elles atteignent les couches d'air qui sont voisines de l'antenne réceptrice. Dans ces couches d'air, nous allons avoir un courant alternatif, qui, par induction, fera naître un courant alternatif dans l'antenne de réception elle-même.

ⵥ

Si vous le voulez, nous allons, maintenant, transmettre des signaux. Nous allons avoir le poste d'émission au fond de la salle ; le poste de réception sera ici : le voici. Il était resté couvert jusqu'ici, parce que les étincelles de cet appareil éclateraient trop près et pourraient abîmer l'appareil. On vient de le découvrir, on l'a mis en communication avec ce fil qui joue le rôle d'antenne ; le fil est accroché là-haut, il ne s'en va pas dehors, par conséquent, il n'y a pas de trucage. (*Rires*).

Voilà l'appareil qui se déroule, on envoie des signaux. Nous avons ici le cohéreur de Branly, que je vous montrais tout à l'heure, et, ici, nous avons un petit marteau qui vient frapper, après chaque émission, le tube de façon à décoller les grains de limaille. Voici un appareil beaucoup plus sensible pour les grandes distances. Nous avons ici le second cohéreur dont je vous parlais, le détecteur électrolytique, qui est beaucoup plus sensible, qui sert pour les grandes distances. Cet appareil est dû au commandant Ferrié, qui a ainsi fait faire à la télégraphie sans fil un progrès considérable.

Voici un poste de réception muni d'un téléphone. On place alors tout simplement le téléphone aux oreilles, et on entend des sons, à peu près ce que vous entendiez du fond de la salle ici.

Voilà donc en quoi consiste la réception des signaux.

Les avantages de la télégraphie sans fil, comme aussi ses inconvénients, sont évidents à première vue. Les signaux que nous envoyons s'en vont dans tous les sens ; nous n'avons donc pas besoin de savoir où est notre correspondant. Il sera très facile de correspondre avec un poste mobile, par exemple avec un navire en mer. Autrefois, quand on s'embarquait et qu'on avait perdu le port de vue, on était séparé du monde. Jusqu'à la fin de la traversée, on ne pouvait ni recevoir ni envoyer de nouvelles, et cela même n'était pas sans agrément. (*Rires*). On prenait la mer absolument dégoûté de la presse quotidienne et on se disait :

---

[8] Illustration : « M. le commandant Ferrié ».

– Ah ! Enfin, pendant huit jours, je n'entendrai plus parler de Mme Steinheil !

Et, quand on débarquait, on retrouvait les journaux avec plaisir. (*Rires*).

Aujourd'hui, hélas ! au milieu même de l'Atlantique, on tremble à tout moment d'apprendre la chute du ministère ! (*Rires*).

C'est donc la marine surtout qui a bénéficié de l'invention nouvelle. Mais c'est aussi l'armée. On comprend combien elle doit être précieuse en campagne, quand les fils ordinaires sont coupés et qu'il faudrait du temps pour en installer de nouveaux. Nous ne devons donc pas nous étonner de voir au premier rang de ceux qui s'occupent de ces questions quelques uns des officiers les plus distingués de nos armées de terre et de mer. Heureusement, il n'est pas rare de trouver, chez les mêmes hommes, l'intelligence du savant réunie au courage du soldat. Cela est fréquent dans toutes les armées, mais plus fréquent encore dans l'armée française ! (*Applaudissements*).

Permettez-moi de vous citer particulièrement deux noms : celui de M. le lieutenant de vaisseau Tissot, dont les expériences nous ont appris beaucoup de choses intéressantes sur la nature des ondes hertziennes, et celui de M. le commandant Ferrié, dont je viens déjà de vous parler, qui a fait des travaux scientifiques remarquables, et qui vient de passer six mois au Maroc. C'est grâce à lui que, pendant toute la durée de cette pénible campagne, nos troupes de Casablanca ont pu rester en communications constantes avec la mère patrie. (*Applaudissements*).

Tout à l'heure, je vous projetterai un certain nombre de postes qu'il avait fait établir au Maroc.

Sur mer, l'utilité de la télégraphie sans fil n'est pas moindre, et on a pu, récemment, s'en rendre compte. Le paquebot le *Republic* approchait des côtes d'Amérique, quand il est entré en collision avec un bateau italien. Le bâtiment sombrait rapidement, malgré les efforts de l'équipage. Heureusement, le télégraphiste n'a pas perdu la tête ; il est resté courageusement à son poste ; ses signaux désespérés ont volé dans toutes les directions à l'adresse du sauveteur inconnu. De tous les points de l'horizon, les secours ont afflué. Ils sont arrivés à temps pour sauver les malheureux passagers.[9] (*Applaudissements*).

⊱♢⊰

Nous avons suffisamment fait l'éloge de la télégraphie sans fil ; il est temps de parler de ses inconvénients et des efforts que l'on fait pour y remédier.

Chaque poste se fait entendre à des milliers de kilomètres, dans toutes les directions. Que va-t-il arriver quand les postes se seront multipliés ? Oh ! mon Dieu, c'est bien simple, ce sera comme si, dans cette salle, nous nous mettions à parler haut tous à la fois. Il en résultera, probablement, quelque confusion, et un pareil milieu serait peu propice aux confidences un peu délicates. Le palais de la Bourse ne donnerait qu'une image incomplète de ce que sera, dans peu de temps, le monde de la télégraphie sans fil.

Ainsi donc, deux difficultés : préserver le secret de la correspondance et empêcher la confusion des signaux.

---

[9] Illustration : « Schéma de la collision des paquebots *Republic* et *Florida* montrant la situation des postes de télégraphie sans fil qui perçurent les ondes hertziennes ».

Pour le premier point, on peut écrire en chiffres. Pour le second, il faut chercher un autre remède. On n'a trouvé, jusqu'à présent, que des atténuations. Une des ces atténuations est ce qu'on appelle la syntonie. C'est ce que je vais vous expliquer.[10]

Supposons un diapason qui donne une certaine note, par exemple le *la* naturel. Si nous produisons un son dans le voisinage, si ce son n'est pas un *la*, si, même, c'est un *la* bémol ou un *la* dièse, notre diapason ne bronchera pas ; si, au contraire, le son que nous émettons est un *la* naturel, notre diapason va se mettre à vibrer par sympathie : c'est ce qu'on appelle la résonance. Ainsi, le diapason se comporte comme un détecteur pour le son ; mais c'est un détecteur qui n'est sensible qu'à une seule note. Pour les ondes hertziennes, il se passe un phénomène tout à fait analogue. Chaque antenne donne toujours des vibrations de même fréquence et le même nombre de voyages aller et retour ; elle donne de la lumière invisible toujours de la même couleur, de même que le diapason donne toujours la même note. Si deux antennes sont accordées, si elles sont à l'unisson, c'est-à-dire si la fréquence est la même pour l'une et pour l'autre, chacune d'elles recevra les signaux de l'autre beaucoup mieux qu'elle ne recevrait ceux d'une troisième antenne qui serait désaccordée, dont la fréquence serait plus lente ou plus rapide. Nous allons voir cela.[11]

Nous allons toujours nous servir du même appareil d'émission ; l'appareil de réception sera remplacé par le circuit que nous constituons ici. Vous voyez ici une lampe ; cette lampe va s'allumer quand le courant sera suffisamment intense. Voilà l'appareil d'émission qui est capable d'émettre une certaine note, voici l'appareil de réception, appareil qui, s'il fonctionnait comme appareil d'émission, donnerait une note propre, d'une fréquence constante. Nous pouvons faire varier cette fréquence en tournant cette vis. Le condensateur avance ou recule, et cela fait varier la fréquence, la note propre de l'appareil de réception ; nous pouvons profiter de cela pour mettre les deux appareils à l'unisson. Dans ce moment-ci, nous ne sommes pas à l'unisson, vous ne voyez rien. On change la note, nous approchons de l'unisson, la lampe commence à s'allumer ; nous voici à l'unisson, la lampe brille. Si nous faisons cesser l'unisson, la lampe s'éteint. (*Applaudissements*).

Vous voyez donc qu'il est possible d'avoir des appareils de réception qui ne répondent qu'à un appareil d'émission qui est à l'unisson. À ce compte, on ne sera entendu qu'avec les correspondants qui seront accordés, on ne troublera pas les voisins à qui on n'a rien à dire, et on pourrait même, semble-t-il, se risquer à dire des secrets.

N'allons pas trop vite : la syntonie est encore bien imparfaite, la résonance électrique est beaucoup moins nette que la résonance acoustique ; nos antennes ont l'oreille beaucoup moins musicienne que nos diapasons. Non seulement ils ne distingueront, ils ne discerneront pas les demi-tons, mais ils apprécieront même mal une tierce ! Ainsi, laissez-moi vous raconter une anecdote. Il y a quelques années, la flotte allemande revenait de Chine et passait près d'Ouessant ; elle était munie d'appareils de syntonie très perfectionnés, dus au génie d'un savant allemand très renommé. Les postes d'Ouessant entendirent très bien le signal envoyé, du vaisseau amiral, à un bâtiment de l'escadre, et aussi la réponse de ce bâtiment.

– Répétez, pas compris.

---

[10] Illustration : « Signaux de l'alphabet Morse ».

[11] Illustration : « Poste de la Guadeloupe ».

Ainsi, ceux qui n'auraient rien dû entendre parce qu'ils étaient désaccordés, avaient mieux compris que le bâtiment qui était accordé et qui demandait, pourtant, qu'on répétât. (*Rires*).

D'où vient cette différence entre la résonance électrique et la résonance acoustique ? Pourquoi est-elle bien meilleure en acoustique qu'en électricité ? Voici pourquoi : c'est que les vibrations électriques vont en s'affaiblissant rapidement, et, au bout de dix vibrations, elles sont à peu près totalement éteintes. Si je fais balancer ce petit pendule que vous voyez, au bout de très peu de temps les vibrations s'éteignent. Les vibrations électriques se comportent de même, tandis que les vibrations acoustiques continuent longtemps sans décroître d'intensité. C'est pour cela que la résonance est moins bonne maintenant pour l'électricité.

Vous n'apercevez peut-être pas très bien la conséquence. Je ne voudrais pas vous faire le petit calcul qui pourrait servir à la justifier, bien que ce calcul soit tout à fait élémentaire et puisse être compris des élèves de première année de l'École Polytechnique. Dans tous les cas, admettons le résultat : c'est parce que les vibrations s'éteignent trop rapidement que nous ne pouvons obtenir une bonne résonance. Le problème, c'est d'avoir des vibrations électriques entretenues, vibrations éléectriques qui ne s'affaiblissent pas, et de les entretenir pendant un certain temps.

On y est arrivé. Nous avons ici un appareil : c'est un arc électrique disposé d'une certaine manière. Cet arc est enfermé. La lumière en serait trop vive, enfermé dans une boîte ; mais, à travers les fentes, vous pouvez vous rendre compte qu'il y a un arc allumé dans la boîte.

Vous venez d'entendre un son ; voici l'origine de ce son : nous avons, dans l'appareil, des vibrations électriques, des oscillations électriques, et nous avons aussi des oscillations acoustiques. Il ne faut pas confondre ces deux phénomènes. Les oscillations acoustiques sont un effet secondaire des oscillations électriques, parce que ces courants alternatifs échauffent périodiquement l'air, ce qui le fait vibrer. Seulement, il n'en est pas moins vrai que ces oscillations acoustiques, que vous pouvez entendre, nous prouvent l'existence des vibrations électriques qui leur ont donné naissance, et même que la fréquence des unes peut vous donner une idée de la fréquence des autres.

Vous voyez que nous n'avons plus, comme tout à l'heure, un bruit sec correspondant à des étincelles de très courte durée ; nous avons un bruit continu et nous avons un son musical qui correspond à des vibrations régulières se prolongeant pendant un certain temps. En appuyant sur certaines touches, je puis faire varier la fréquence des oscillations électriques ; on peut varier, en même temps, la note émise.

Ainsi, au lieu d'une étincelle brillante, mais éphémère, nous avons un arc persistant, et les vibrations électriques sont constamment entretenues, de sorte que nous avons quelque chose d'analogue au *desideratum* que je formulais tout à l'heure, qui va nous permettre d'obtenir une syntonie meilleure.

Maintenant, l'arc chantant que nous venons de voir ne pourrait servir en télégraphie sans fil. En effet, la fréquence est beaucoup trop faible : elle est à peine de quelques centaines d'alternances par seconde, tandis qu'il nous en faudrait à peu près mille fois plus. L'installation d'un arc à fréquences rapides aurait présenté certaines difficultés, et, d'ailleurs, le son correspondant aurait été trop aigu, et vous n'auriez rien entendu, parce que, de même que nos yeux ne peuvent pas voir toutes les couleurs, nos oreilles ne peuvent entendre ni les sons trop graves, ni les sons trop aigus ; vous auriez vu un arc, vous auriez vu une lumière, mais vous n'auriez rien entendu, vous n'auriez pas vu en quoi cet arc différait des arcs d'éclairage ordinaires. Qu'il me suffise de vous dire qu'on a pu réaliser des arcs analogues à celui-ci, mais donnant une fréquence convenable pour la télégraphie hertzienne.[12] Il y a eu quelques difficultés, par exemple. On prend, ordinairement, une électrode creuse et on la refroidit par un courant d'eau ; l'une des deux électrodes doit rester froide. Ceci, ce sont des détails ; l'essentiel est de savoir qu'en somme, la difficulté a été vaincue, et il est probable que les conséquences de cette nouvelle découverte ne tarderont pas à se faire sentir, et qu'on obtiendra alors une syntonie plus parfaite, et qu'on pourra converser sans troubler ses voisins.

Mais ce n'est pas tout. Il y a, là aussi, la source d'une autre découverte, la solution d'un autre problème : celui de la téléphonie sans fil. La téléphonie sans fil sortira bientôt de la période des essais. Ainsi je vous ai dit, tout à l'heure, qu'à grandes distances on se servait du téléphone ; mais ce qu'on entend n'est pas la parole, ce qu'on entend, ce sont les signaux de l'alphabet Morse, ce sont des bruits secs comme ceux que vous entendiez tout à l'heure quand on faisait l'émission à l'autre bout de la salle. Bientôt, ce ne seront plus les signaux de l'alphabet Morse qu'on entendra, ce sera la parole elle-même, ce sera la téléphonie sans fil, et j'ai tort de parler au futur parce que, maintenant, les expériences sont assez avancées et ont déjà donné de très bons résultats.[13] (*Longs applaudissements*).

Il y a un autre problème qui est sur le point d'être résolu : le problème de la télégraphie dirigée. Je vous ai dit qu'on envoyait des signaux dans toutes les directions. On a un moyen d'envoyer des signaux dans une direction désignée. Au lieu d'une antenne, supposons que nous ayons deux antennes, que je représente par ces deux objets que vous voyez. Alors, que va-t-il se passer ? Je suppose que je veuille envoyer des signaux dans cette direction, très loin. Si je m'éloigne très loin dans cette direction, je serai toujours à égale distance des deux antennes ; si, au contraire, je m'éloigne très loin par ici, je serai plus près de l'une des antennes que de l'autre, de sorte que les signaux les plus éloignés vont m'arriver avec un certain retard. Que va-t-il se passer ? Quand celle-ci sera au voyage de retour, l'autre, étant en retard, paraîtra être au voyage d'aller ; un peu après, celle-ci sera au voyage de retour, et l'autre au voyage d'aller, de sorte que les effets se contrarieront constamment. Dans ce sens, on ne recevra rien ; dans l'autre, au contraire, on recevra très bien. C'est là le système que Tosi et Bellini ont mis en essai, qui n'est pas encore entré dans la pratique courante, mais qui a donné, dans les essais, des résultats satisfaisants. (*Vifs applaudissements*).

⊂ॐ⊃

Vous voyez, Mesdemoiselles, par cet exposé, les résultats déjà obtenus, et quels sont les résultats que l'on peut espérer à bref délai. Pour le moment déjà, les résultats sont merveilleux, puisque nous allons à des distances qu'on n'aurait jamais espéré franchir. Le principal progrès qui reste à accomplir est justement d'empêcher la confusion des signaux par le moyen de la syntonie. Cette syntonie est sur le point d'être réalisée. La direction des ondes restera, il faut bien le dire, encore longtemps très

---

[12] Illustration : « L'antenne de télégraphie sans fil surajoutée au mât du pavillon du Consulat de France à Casablanca ».

[13] Illustration : « M. Branly et ses appareils de télégraphie sans fil ».

imparfaite ; mais on peut espérer que, pour la syntonie, le petit instrument de musique que vous admiré tout à l'heure, l'arc chantant, nous donnera promptement la solution.

Nous sommes encore à une période d'essais ; mais j'espère, dans ce court entretien, vous avoir donné cette idée que l'intelligence de l'homme ne connaîtra bientôt plus d'obstacles. Vous avez vu, en effet, que les problèmes qui auraient parus insolubles, il y a dix années à peine, sont abordés, maintenant, hardiment par nos techniciens, grâce aux découvertes théoriques de Maxwell et de Hertz, dont il faut retenir les noms.

Je ne veux pas abuser davantage de votre bienveillante attention, et je vous en remercie. (*Applaudissements prolongés. L'illustre savant est acclamé. Les expériences, dirigées par M. Carpentier, de l'Institut, et le commandant Ferrié, ont brillamment réussi*).

Chapitre XII
Le Libre Examen en Matière Scientifique (1909)[1]

Mesdames, Messieurs,

Vous trouverez peut-être que j'ai choisi un sujet bien général et un titre bien ambitieux ; je ne songe pourtant pas à m'en excuser. Je ne pouvais pas, comme d'autres le font, vous entretenir de mes études quotidiennes ; elles sont un peu... comment dirai-je, ésotériques, et bien des auditeurs aiment mieux les révérer de loin que de près, et alors j'étais bien forcé de rester dans les généralités. D'ailleurs, je ne pouvais oublier que la maison qui me donne aujourd'hui l'hospitalité est avant tout une maison de liberté, et qu'on y est toujours bien accueilli quand on y parle de liberté. Permettez-moi d'ajouter que ce choix, c'est une idée de M. Le Recteur, idée que, du reste, j'ai saisie avec empressement.

La liberté est pour la Science ce que l'air est pour l'animal ; privée de liberté, elle meurt d'asphyxie comme un oiseau privé d'oxygène. Et cette liberté doit être sans limite, parce que, si on voulait lui en imposer, on n'aurait qu'une demi-science, et qu'une demi-science, ce n'est plus la science, puisque cela peut être, cela est forcément une science fausse. La pensée ne doit jamais se soumettre, ni à un dogme, ni à un parti, ni à une passion, ni à un intérêt, ni à une idée préconçue, ni à quoi que ce soit, si ce n'est aux faits eux-mêmes, parce que, pour elle, se soumettre, ce serait cesser d'être.

Depuis les temps lointains où il interdisait à nos premiers parents de toucher à l'arbre de la science, les idées du bon Dieu se sont sans doute bien élargies ; j'imagine que ce merveilleux artiste qui a fait le monde ne veut pas que cette incomparable œuvre d'art demeure inutile, faute d'admirateurs ; il ne veut pas non plus qu'on n'en connaisse qu'une mauvaise reproduction artificiellement mutilée. Si nous pouvions entendre sa voix, je crois qu'elle nous dirait : « Regardez bien et regardez tout », et non pas : « Ne regardez pas de ce côté, attendez qu'on ait mis à la Vérité une feuille de vigne ».

Si les bûchers sont éteints pour toujours, il arrive encore qu'un homme est puni pour avoir pensé. S'il est rare qu'il paye ses idées de sa vie, ou même de sa liberté, elles sont pour lui trop souvent l'origine de mille tracasseries sournoises ; elles l'exposent à la perte de sa place ou aux taquineries haineuses de persécuteurs hypocrites qui n'ont plus le courage d'être de francs inquisiteurs. C'est encore trop ; il est clair que s'il faut être un héros pour ouvrir les yeux et pour oser dire ce qu'on a vu, il y aura bien peu de gens qui se serviront loyalement de la vue ou de la parole, parce qu'en ce monde les héros seront toujours rares ; et ce qui est plus grave, c'est qu'il y aura des hommes qui se tromperont et qui nous tromperont, parce que, ne regardant qu'en tremblant, ils croiront de bonne foi avoir vu ce qu'il est le moins dangereux de voir. Il faut donc que

---

[1] The subtitle of this article was: « Par Henri Poincaré, membre de l'Académie Française et de l'Académie des Sciences ».

toute contrainte légale ou sociale exercée sur la pensée disparaisse autant que la nature humaine le permet.

Je rougirais d'insister, mais cela, ce n'est que la liberté extérieure, et cela ne suffit pas ; les pires chaînes sont celles que nous nous forgeons à nous-mêmes et c'est aussi de celles-là qu'il convient de s'affranchir.

Si vous abordez l'étude des phénomènes avec une croyance préconçue, qui vous est chère parce que vous l'avez sucée avec le lait, parce que les maîtres à qui vous la devez sont des hommes vertueux et dignes de respect, si, de plus, vous êtes persuadé que vous ne sauriez y renoncer sans crime, par quels conflits douloureux n'allez-vous pas passer, si les faits viennent à la démentir ? C'est à cette angoisse que beaucoup de savants éminents qui ont conservé leur foi toute entière ou des traces de leur foi se trouvent tous les jours exposés, et il leur faut, pour affronter la lumière, pour pouvoir appliquer aux faits une critique impartiale, et, après cette critique, se soumettre aux faits sans réserve, plus de courage qu'à nous autres ; il leur faut un esprit mieux trempé et peut-être plus vraiment libre.

Mais de tels hommes sont rares. Combien d'autres croiront de bonne foi faire de la science impartiale, parce qu'ils font quelquefois appel au témoignage des faits ? C'est vrai, mais ils les interrogent comme les présidents d'assises d'autrefois, ceux de la vieille école, interrogeaient les témoins ; ils ne les laissaient tranquilles que quand ils avaient dit ce qu'on voulait qu'ils dissent. Et c'était cela que ces magistrats appelaient de la justice, et c'est cela que ces soi-disant savants appellent de la science.

Je voudrais étudier de plus près le mécanisme par lequel ces hommes de bonne foi sont entraînés, à leur insu, par leurs idées préconçues, et souvent jusqu'à l'erreur. Les faits sont susceptibles de plusieurs interprétations, parce qu'ils ne sont jamais qu'imparfaitement connus. Parmi ces interprétations, il y en a qui sont plus vraisemblables que d'autres. Malheureusement, l'appréciation de la vraisemblance est une chose délicate, fugitive, éminemment subjective, sur laquelle tous les bons esprits ne peuvent toujours s'accorder. Ils ne tombent d'accord que quand les vraisemblances s'accumulent et, sans jamais atteindre la certitude mathématique, engendrent la certitude pratique. Eh bien, de deux interprétations d'un fait, l'homme asservi à un dogme ne choisira pas celle qu'il jugerait la plus raisonnable s'il ne connaissait que ce fait isolé, mais celle qui est la moins contraire à la vérité qu'il croyait connaître avant de l'avoir observé. C'est celle-là qu'il regardera comme vraisemblable et, jusqu'ici, il est dans son droit. L'explication peut sembler étrange, mais, après tout, il arrive en ce monde des choses étranges.

Seulement, après ce fait, il en observera un second, puis un troisième ; et pour chaque fait il trouvera une explication nouvelle ; comme chacune d'elles ne sera qu'à demi-invraisemblable, il croira que tout est sauvé ; il ne s'apercevra pas que les invraisemblances s'accumulent et il n'osera pas s'avouer à lui-même qu'il aurait reculé devant ce faisceau d'absurdités si elles s'étaient présentées à lui à la fois, et non pas l'une après l'autre. Il sera très fier parce qu'il pourra dire : « Nous avons réponse à tout ! ». Ce sont les avocats qui... (Messieurs, il y a peut-être des avocats parmi vous ; je leur fais toutes mes excuses, mais je continue tout de même). Ce sont les avocats qui se contentent à si bon marché et qui sont satisfaits quand ils n'ont pas été réduits au silence ; leur métier n'est pas de chercher la vérité, mais de faire croire qu'ils la possèdent.

Pour le vrai savant, il ne s'agit pas d'abuser de la naïveté d'un juge ; il faut qu'il ait l'esprit assez libre pour se faire son propre juge et pour apprécier à sa valeur un échafaudage artificiel, dont les pièces avaient pu le séduire tant qu'elles restaient séparées.

N'allez pas comprendre au moins que je veux interdire la Science aux hommes de foi, et en particulier aux catholiques. À Dieu ne plaise ! Je ne serais pas assez bête pour priver l'humanité des services d'un Pasteur. Il y a des hommes qui oublient leur foi en entrant au laboratoire ; dès qu'ils ont revêtu leur costume de travail, ils savent regarder la vérité en face, et ils ont autant d'esprit critique que personne. C'est là tout ce qu'on peut leur demander.

J'en connais beaucoup et Pasteur n'est que le plus illustre. Mais, rappelez-vous le bien ; Pasteur a été élève de l'École normale. Là il était dirigé par des penseurs éminents qui lui ont appris le respect qui est dû à la vérité ; il se frottait constamment à des camarades qui avaient d'autres idées que lui, et leurs discussions hardies faisaient son âme forte et libre. Supposez, au contraire, qu'il ait été élevé dans un établissement d'un autre esprit, où ses maîtres auraient regardé ses qualités éminentes comme un danger, où il n'aurait vu autour de lui que des condisciples soumis à l'autorité et coulés dans le même moule, où on lui aurait appris dès l'enfance à se défier de sa raison comme d'une ennemie, à redouter des curiosités qui pouvaient l'exposer au péché du doute ; eh bien, sa foi n'aurait pas été plus vive, mais il n'aurait pas été Pasteur.

Les dogmes des religions révélées ne sont pas les seuls à craindre. L'empreinte que le catholicisme a imprimé sur l'âme occidentale a été si profonde que bien des esprits à peine affranchis ont eu la nostalgie de la servitude et se sont efforcés de reconstituer des églises ; c'est ainsi que certaines écoles positivistes ne sont qu'un catholicisme sans Dieu. Auguste Comte lui-même rêvait de discipliner les âmes et certains de ses disciples exagérant la pensée du maître, deviendraient bien vite des ennemis de la science s'ils étaient les plus forts. Toute discipline extérieure n'est pour la pensée qu'une entrave, et ce ne serait pas la peine d'avoir brisé l'ancienne si c'était pour en accepter une nouvelle.

Ce péril est encore lointain, et je ne veux pas insister. Mais, sans adhérer à aucune église, sommes-nous bien certains d'avoir toujours conservé l'impartialité qui convient au savant, de ne pas nous être écriés en face d'une découverte particulièrement embarrassante pour les croyants : « Ah ! je voudrais bien savoir quelle tête vont faire les cléricaux ! ». Ce n'est pas la sérénité avec laquelle doit être accueillie une conquête scientifique ; l'admiration qu'elle inspire doit être désintéressée, elle doit s'adresser à la beauté pure, sans aucun souci de l'avantage qu'en peut tirer tel ou tel parti.

Voyez, par exemple, l'histoire des religions ; c'est une science qui doit être traitée comme une science, par des hommes résolus à tout voir et à aller jusqu'au bout. On ne la confiera pas à un croyant qui ne toucherait pas volontiers à ce qui lui est plus cher que lui-même ; les chirurgiens les plus habiles n'aiment pas à opérer leurs proches. Mais il ne convient pas davantage de choisir un homme qui a de l'antipathie pour les choses religieuses et qui par là même est incapable de comprendre les phénomènes qu'il doit étudier. Autant confier un cours d'optique à un aveugle, ou un cours d'acoustique à un sourd.

Nous ne serons libres, et capables de libre examen, que quand nous ne serons plus les dupes d'aucune passion, et je ne parle pas seulement des passions politiques ; peut-être arrive-t-il quelquefois qu'un expérimentateur éprouve un sentiment pénible quand il fait une observation qui vient à l'appui d'une théorie chère à un collègue pour qui il ne ressent qu'une demi-sympathie. Et cela arrivera sans doute tant que les hommes seront des hommes. L'affranchissement ne sera donc jamais que partiel ; c'est déjà quelque chose qu'on en rougisse, qu'on ne regarde pas la partialité comme une obligation morale, ainsi qu'on fait lorsqu'on est dominé par un souci d'apologétique.

Il n'y a pas d'ailleurs que les catholiques qui se croient obligés par un devoir étroit à combattre certaines propositions et à ne pas écouter les raisons de ceux qui les défendent ; il y a ceux qui invoquent l'intérêt social. Y-a-t-il des doctrines dangereuses pour la société ? Et alors la société qui veut vivre et qui a le droit de se défendre, peut-elle s'en débarrasser comme elle se débarrasse des criminels ? Non, il n'y a pas de mensonge salutaire ; le mensonge n'est pas un remède, il ne peut qu'éloigner momentanément le danger, en l'aggravant. Il est impuissant à le conjurer. C'est à ceux qui ne savent pas regarder la vérité en face qu'elle inspire de périlleuses tentations. Ceux qui sont les plus familiers avec elle n'en aperçoivent que la splendeur sereine, de même que le sculpteur, en face du modèle nu, oublie ses désirs pour ne plus songer qu'à l'éternelle beauté.

Les théories sont des auxiliaires indispensables de la Science, mais ce sont des auxiliaires tyranniques contre lesquels il faut savoir se défendre ; celui qui subirait leur empire sans réagir ne serait plus capable d'un examen vraiment libre ; il se mettrait à lui-même des œillères, et cependant, on ne saurait se passer d'elles. Que faire alors ?

Les uns chercheront à les négliger, ils les mépriseront et ils mépriseront ceux qui s'en servent ; ils n'auront foi qu'à l'expérience toute nue et ils croiront qu'eux seuls sont fidèles à la vraie méthode expérimentale. Mais pourront-ils aller bien loin dans cette voie ? S'ils sont conséquents avec eux-mêmes, ils devront s'interdire tout rapprochement entre les faits, parce qu'un rapprochement, c'est déjà une théorie. Mais les faits isolés sont dépourvus d'intérêt, parce que c'est leur comparaison qui nous révèle leur harmonie, source de leur beauté, et parce que l'analogie permet seule la prévision sans laquelle il n'y a pas d'application pratique possible. Toute classification est une théorie déguisée, et ce n'est pourtant qu'en classant les faits qu'on pourra se mouvoir dans le dédale sans s'égarer. Ceux qui méconnaîtront cette vérité ne marcheront qu'à tâtons, revenant sans cesse sur leurs pas, refaisant cent fois le même chemin ; ils ne seront pas, comme il convient, économes de leur pensée ; ils doivent se rappeler que la tâche est longue et que la vie est courte (je ne dis pas seulement celle de l'homme, mais celle de l'humanité), et ils ne doivent pas s'exposer à perdre un temps précieux.

D'autres tombent dans un excès tout opposé. Ils ont tant de confiance dans les théories qu'ils se refusent à voir les faits qui peuvent les contredire, ou simplement montrer qu'elles ne sont qu'approchées. Quand on fait une expérience, il arrive, en général, qu'on n'en saurait accepter les résultats bruts, qu'il y a certaines causes d'erreur, et qu'il est nécessaire en conséquence de pratiquer quelques corrections. Eh bien, si les résultats bruts concordent avec la théorie, les savants dont je parle ne se donneront pas la peine de rechercher les erreurs ; si, au contraire, il y a désaccord, ils se creuseront la tête pour en découvrir ; ils ne rechercheront que celles qui agiront dans le bon sens ; ils seront aveugles pour celles qui pourraient agir en sens contraire ; et à force de se donner du mal, cela finira toujours par marcher. Est-il besoin de dire que ce n'est pas là le libre examen, qui ne peut être qu'un examen impartial ? Il faut être aussi sévère pour les expériences qui réussissent que pour celles qui ne réussissent pas.

Heureusement, il y a des savants qui font des théories un usage plus judicieux ; ils s'en servent, mais ils s'en défient ; elles ne sont pour eux que des guides qui leur indiquent ce qu'il est intéressant de chercher, plutôt qu'elles ne leur font pressentir quel sera le résultat de cette recherche. Parmi tous les faits qui nous environnent, aucun n'est indifférent ; ils devraient tous nous arrêter si le temps ne nous était mesuré ; malheureusement, nous sommes pressés et nous ne devons retenir que les plus importants ; la difficulté est de les discerner, c'est à cela que les théories peuvent nous aider ; les faits importants sont les faits cruciaux, comme disent les Anglais, c'est-à-dire ceux qui peuvent confirmer ou infirmer une théorie. Après cela, si les résultats ne sont pas conformes à ce qu'on a prévu, les vrais savants n'éprouvent pas un sentiment de gêne, dont ils ont hâte de se débarrasser grâce à la magie des coups de pouce ; ils sentent, au contraire, leur curiosité vivement surexcitée ; ils savent que leurs efforts, leur déconvenue momentanée, vont être payés au centuple, parce que la vérité est là, tout près, encore cachée et parée pour ainsi dire de l'attrait du mystère, mais sur le point de se dévoiler.

J'arrive à une question délicate, celle du surnaturel et du miracle ; je ne veux pas parler seulement des faits merveilleux dont les partisans des diverses religions tirent argument, mais de tout ce qu'on appelle télépathie ou spiritisme. Il n'y a pas longtemps que tout cela aurait été écarté par la question préalable ; ce ne sont que des superstitions d'un autre âge, aurait-on dit, et dont les progrès des lumières ont définitivement fait justice. Mais il arrive aujourd'hui que le triomphe du positivisme ne nous permet plus d'adopter sans remords cette attitude commode. Le savant ne se croit plus le représentant de je ne sais quelle raison éternelle à laquelle il saurait d'avance que les faits doivent se soumettre. L'expérience seule est reine et ceux qui reconnaissent sa royauté ne doivent rien nier sans examen.

Aussi voyons-nous des savants authentiques, et quelquefois éminents, se laisser attirer par ces mystérieuses questions. « Pourquoi, disent les uns, laisser toute une classe de faits au dehors de la science ; il faut leur appliquer les méthodes scientifiques ; comme les autres, ils obéissent à des lois ; seulement ces lois sont inconnues, il ne s'agit que de les découvrir ». Et ils n'ont pas tout à fait tort, puisqu'ils ont découvert les phénomènes d'hypnose.

D'autres vont plus loin. « De quel droit, disent-ils, proclamez-vous *a priori* le déterminisme universel et l'impossibilité du miracle ? Ce n'est pas là du libre examen, c'est tout le contraire. Non seulement vous n'avez pas le droit de déclarer d'avance que ces phénomènes n'existent pas, vous n'avez pas même celui de nier leur caractère surnaturel. Regardez d'abord, vous parlerez ensuite ».

On pourrait répondre, sans doute, que nous sommes obligés de faire un choix parmi la multitude d'objets qui sollicitent notre attention ; que nous sommes, par conséquent, forcés d'en négliger quelques-uns et que ce n'est pas là manquer aux règles puisque c'est une nécessité ; qu'en conséquence il est légitime de laisser de côté les essais dont l'expérience du passé nous fait prévoir l'insuccès. Une expérience d'aujourd'hui a-t-elle plus de poids que mille expériences d'hier ?

Et ce n'est pas tout ; pour aborder ces questions avec quelque chance d'éviter les erreurs, il ne suffit pas d'être un physicien habile, il faut avant tout être un psychologue averti ; il y a des instruments de physique très perfectionnés, mais qui ne fonctionnent bien que si l'observateur est sans parti-pris.

On sait que les médiums sont enclins à la supercherie ; tous les médiums trichent, disent les croyants ; il nous suffit qu'ils ne trichent pas toujours. Ceux qui raisonnent ainsi ne doivent pas être très difficiles à tromper. Les médecins eux-mêmes, qui ont créé la science de l'hypnotisme, et qui avaient un sens critique beaucoup plus développé, ne se sont pas toujours suffisamment défiés des ruses de leurs sujets.

L'enthousiasme n'est pas moins à redouter que la fraude. Quand on nous raconte un fait de ce genre, et surtout quand on nous le raconte avec l'accent de la foi, nous devons nous rappeler quel est chez certaines âmes l'appétit du merveilleux, avec quelle ardeur elles croient l'incroyable, quand elles douteraient d'une demi-vraisemblance, et nous ne devons croire que ce que nous avons vu nous-mêmes.

Eh bien, alors, allez-y voir, nous dira-t-on. Mais si quelqu'un d'entre nous y voulait aller, on lui imposerait des conditions saugrenues. Eusapia consentait à l'intervention d'un photographe, mais elle se réservait d'ordonner elle-même l'inflammation du magnésium en criant : *fuoco*. Ce n'est plus là le libre examen, puisqu'il y a des modes d'examen qu'on ne nous laisse pas libres d'employer, et ceux qui ne veulent pas se prêter à cette comédie ont bien raison.

Que devons-nous répondre maintenant à ceux qui nous reprochent de nier le miracle *a priori* et d'être ainsi infidèles à la méthode expérimentale ? Pouvons-nous dire que la physique moderne en a démontré l'impossibilité ; non, ce serait une pétition de principe. La science ne peut que nous faire connaître les lois des phénomènes ; elle ne nous apprend pas que ces lois ne comportent aucune exception, elle le postule, cela n'est pas la même chose. Nous aurons beau montrer que ces exceptions sont rares, que dans tel cas particulier, celles qu'on avait cru observer n'étaient qu'apparentes, nous n'aurons pas la démonstration rigoureuse qui réduirait nos adversaires au silence.

Tout au plus pourra-t-on dire que nos habitudes expérimentales nous ont fait un état d'âme qui nous rend impossible la croyance au miracle, cet état d'âme ne se communique pas.

Non, ce qui plaide contre le surnaturel, ce n'est pas la physique, c'est la psychologie et l'histoire.

La première nous apprend, je l'ai déjà dit, quelles illusions engendre l'enthousiasme ; il faut toujours en revenir au mot de Renan : les témoins qui se font égorger, c'est justement de ceux-là qu'il convient de se défier.

Quant à l'histoire, elle nous montre que les faux dieux ont fait autant de miracles que le vrai.

Si l'on veut établir que les faits dits surnaturels sont non seulement authentiques, mais inexplicables sans l'action d'un être surhumain, encore faut-il que cet être existe ; et alors nous avons le droit de demander aux croyants de juger les récits de ces faits comme ils le feraient si le prodige était attribué à Jupiter.

Il reste bien les miracles modernes ; là aussi, sans doute, Esculape faisait tout aussi bien ; il serait néanmoins désirable que des médecins sans parti-pris étudiassent ces phénomènes de près.

Je sais bien à quoi ils s'exposent et je comprends qu'ils hésitent ; aussi est-il heureux qu'un procès récent à Metz ait jeté quelque lumière sur ces questions.

J'ai dit, Messieurs, ce que la liberté est pour la science ; je voudrais, en terminant, dire ce que la science peut faire pour la liberté ; les fondateurs de votre Université l'ont bien compris.

« Ce qui fait la force de notre établissement, disait l'un d'eux, ce qui a sauvegardé son existence, c'est que bien qu'émanant d'un parti politique, il n'en a jamais été l'instrument. L'Université de Bruxelles n'est point destinée à défendre telle ou telle doctrine libérale, sa mission est de propager les grands principes, et spécialement celui du libre examen ».

On ne saurait mieux dire ; non, ce qu'on doit demander à la science, ce n'est pas de découvrir des vérités aussi désagréables que possible pour nos adversaires politiques, c'est de faire des esprits libres ; quand elle nous en aura donné beaucoup, elle aura payé sa dette envers la liberté.

Voyez Pasteur, sa foi était profonde et il ne croyait certes pas travailler contre le catholicisme ; cependant il a formé des élèves qui se sont imprégnés de ses méthodes, de sa rigoureuse critique, de ses habitudes d'expérimentateur consciencieux ; ce sont de libres esprits qu'il a donnés à l'humanité et tous ceux qui aiment la liberté doivent lui en être reconnaissants. Parmi ces élèves, il y en a peut-être qui partagent ses idées religieuses ; mais ils travailleront librement comme leur maître ; à leur tour, ils engendreront des esprits libres et par là il travailleront pour nous ; quoi qu'ils en aient, ces croyants sont des nôtres ; s'il n'y en avait que de pareils, on pourrait vivre avec eux.

Postface

About Henri Poincaré and Gustave Le Bon

Henri Poincaré was elected to the *Académie des sciences* at the age of 33 and soon became one of the most famous French mathematicians. Nevertheless, public recognition came very much later. Around 1900, most of his works, especially the philosophical ones, were intended for a restricted academic and intellectual public. Poincaré probably did not imagine that some of his philosophical writings were potential bestsellers and that he would enter the *Académie Française* eight years later. According to Gustave Le Bon's recollections, Poincaré skeptically welcomed his proposition to compose a philosophical book with several of his ancient articles:

> When, twelve years ago, I founded the *Bibliothèque de Philosophie Scientifique*, Henri Poincaré was the first of the authors I thought to contact. This illustrious mathematician was then little known as a philosopher. Indeed, his philosophical productions restricted themselves to some articles in prefaces and special reviews. However they revealed the depth of his conceptions. I persuaded him, with great difficulty, to take them as the point of departure of a volume entitled: *La science et l'hypothèse*. Although this volume was not a popularization book, its success was immense. Very few philosophical works so profoundly influenced philosophical thought.[1]

Flammarion's *Bibliothèque de Philosophie scientifique* undoubtedly contributed to the public recognition of Poincaré. It widened the diffusion of his philosophical conceptions and increased his capital of authority. In 1913 the 103 books of the collection represented 608.513 printed books and Poincaré's contribution 10.14% of the total.[2]

This postface aims at reconstituting the history of Poincaré's collaboration with Gustave Le Bon's *Bibliothèque de Philosophie Scientifique*. Hence it will be divided into two parts: the first part will deal with the creation of the collection by Ernest Flammarion and Gustave Le Bon. More precisely, the second part, will be concerned with Poincaré's writings within the collection. As is well known, Gustave Le Bon was the promoter of racist and anti-semitic conceptions. He can be considered, along with Georges Vacher de Lapouge, as a representative of evolutionist racism and his influence on fascism and National Socialism has often been put forward. This important question has very often been dealt with and we deliberately chose to disregard it.[3]

---

[1] Gustave Le Bon wrote these words in the foreword of a luxury edition of *La science et l'hypothèse*, which was published around 1914. This is my own translation.

[2] [Marpeau 2000], pp. 191. In 1950, E. T. Bell noted: « Pendant la première décade du XXe siècle, la renommée de Poincaré alla croissant rapidement et, surtout en France, on le considérait comme un oracle en toutes choses touchant les mathématiques. Il se prononçait sur toutes sortes de questions, depuis la politique jusqu'à l'éthique, de façon ordinairement brève et catégorique et ses conclusions étaient des verdicts pour la majorité ». [Bell 1950], p. 586.

[3] In a 1888 article he wrote for instance: « Si les Juifs ont joué un rôle bien nul dans le monde antique, il en est tout autrement aujourd'hui. Si des nations aussi civilisées que les Russes et les Allemands les écartent soigneusement des fonctions publiques et de l'armée, et font leur possible pour se débarrasser d'eux, ce n'est pas en raison de leurs croyances, mais des sentiments particuliers à leur race. Beaucoup de bons esprits considèrent que les fils d'Israël constituent un formidable danger pour les nations telles que la nôtre, qui les

→

The creation of the Bibliothèque de Philosophie Scientifique

At the turn of the nineteenth century, Ernest Flammarion's publishing company was an integral part of the Parisian editorial scene. It was the result of the association, in 1875, with the Parisian bookseller Charles Marpon. In 1900 Flammarion was in possession of an important and diversified catalog, from literature to scientific popularization. This last domain was particularly prosperous thanks to Ernest Flammarion's brother, Camille.

Camille Flammarion was a famous self-taught astronomer and a prolific popularizer; from 1880 until 1914 he was to reserve the exclusivity of his works for the company, that is 31 books (700.000 volumes).[4] Following the enormous success of his *Astronomie populaire* (1879), Camille Flammarion had became the director of the *Bibliothèque Scientifique Populaire*, a popularization collection that shortly after had turned into *Bibliothèque Camille Flammarion*. Its purpose was 'to put human knowledge within the reach of everyone'. Unfortunately, most of the books of the collection, except those of Flammarion, were quite out of date and did not sell very well.

In 1900, the *Bibliothèque Camille Flammarion* was running out of steam and Ernest Flammarion envisaged giving a new impulsion to the edition of scientific books. This field was then divided into two sectors: the learned edition and the edition of scientific popularization. The first one was reserved for several specialized companies which had privileged relationships with academic institutions (for instance Firmin-Didot, J. G. Baillière, Gauthier-Villars, Carré & Naud); the second one belonged to big publishers such as Hachette, Larousse and Delagrave. The competition was all the more difficult for Flammarion as his company did not occupy the textbook sector, which was a very profitable one since Jules Ferry's reforms. Meanwhile, the universities of science were developing. The 1893 and 1896 reforms had favoured the expansion of academic research institutes and a new category of readers was emerging. Such an evolution was not without consequences for publishers, who were aware of the appearance of a new market for scientific publications (which was profitable for specialized editors) and the widening of an educated public interested in the recent evolution of scientific research.[5]

By 1902, Ernest Flammarion was strongly yearning to attract a part of this rapidly growing public. It is thus with benevolence that he welcomed Le Bon's proposition to create a *Bibliothèque de Philosophie Scientifique*. Le Bon had published several of his books at Alcan, in the *Bibliothèque de Philosophie Contemporaine*. This prestigious collection had largely transformed the organization of French philosophical publishing at the turn of the century. However, Le Bon had been led to regret its too narrow limits and its restriction to an intellectual and philosophical elite. For all these reasons (and

---

traitent comme s'ils n'étaient pas en réalité des étrangers. Ce n'est pas le pays où l'on est né qui donne la véritable nationalité : elle ne peut être créée que par les aïeux. Le Juif moderne n'est ni Allemand, ni Russe, ni Français : il est Juif et ne peut être que Juif » (« Le rôle des juifs dans l'histoire de la civilisation », *Revue scientifique*, October 1888). A recent evaluation of this debate can be found in Benoît Marpeau, *Gustave Le Bon, parcours d'un intellectuel 1841–1931* [Marpeau 2000]. See also Robert Allan Nye's important book, *The Origins of Crowd Psychology – Gustave Le Bon and the Crisis of Mass Democracy in the Third Republic* [Nye R. 1975]. Cf. also [Sternhell 1978], [Sternhell 1983], [Vlach 1981], [Rouvier 1986], [Thiec 1981] and [Thiec 1982].

[4] See [Parinet 1989], p. 170. Further information concerning Camille Flammarion's life and works can be found in [De la Cotardière / Fuentes 1994].

[5] [Parinet 1989], p. 180.

also for reasons of prestige), he had suggested Félix Alcan creating a new collection directed at a wider audience.[6] Alcan had refused this proposition, which was manifestly contradictory to his editorial policy, and Le Bon finally turned to Ernest Flammarion.

Le Bon's objective was not to create a scientific popularization collection comparable to Alcan's *Bibliothèque Scientifique Internationale*, which had started in 1879, but to offer to an educated public a general point of view on the sciences which did not only help to accumulate precise information in a specialized domain, but also allowed one to build a personal philosophy of the world. This objective was clearly put forward in the advertisement for the collection :

> Scientific facts so multiply that it becomes impossible to know all of them. Scholars are confined to very restricted specialities. [...] To keep up to date on scientific, philosophical and social knowledge, it is necessary to attempt to know the principles which are the soul of this knowledge and which constitute at the same time their best summary. It is with the aim of clearly presenting the philosophical synthesis of diverse sciences, the evolution of their principles and the general problems that they raise, that the *Bibliothèque de Philosophie Scientifique* was founded. Addressing all educated persons, it is intended to find its place in every library.[7]

In this advertisement the word 'popularization' did not appear at any moment although it was present between the lines. The ambiguity of the formulation was probably deliberate. Le Bon intended to place the collection under the honorable patronage of philosophy and to obtain a favorable echo from philosophical, scientific and popular audiences. Clearly, most of the books in this collection were commissioned works in which the authors tried to present previous articles and conferences in a logic of popularization. The three books published by Poincaré in his lifetime – and of course *Dernières pensées* – share this feature.[8]

The engaging of Le Bon as director of the collection was made in a rather informal way. Ernest Flammarion simply added a short paragraph in the publishing agreement for Le Bon's *Psychologie de l'éducation*; it stipulated that this volume was to become the first of a collection which would be entitled *Bibliothèque de Philosophie Scientifique*. In a letter sent to Ernest Flammarion in April 1902, Le Bon defined his objectives in a very precise way. The collection had to be within anyone's capability; its purpose was to propose philosophical and scientific consumables. Consequently the price of the

---

[6] See [Fabiani 1988], pp. 109–110. Félix Alcan (1841–1925) is probably one of the most striking figures of French publishing in the nineteenth century. Born in Metz, this son of a bookseller integrated the scientific section of the *École Normale Supérieure* while maintaining friendly relationships with some prominent students of the literary section, notably Théodule Ribot and Gabriel Monod. It is during his studies that he had the idea to create an editorial company widely open to intellectual, philosophical and scientific conceptions. He realized his project at first in 1874 by forming an association with the editor Germer-Baillière. A few years later, in 1883, he bought Germer-Baillière Company and Alcan very quickly became a French cultural reference. Félix Alcan resumed and developed the old *Bibliothèque de Philosophie Contemporaine* and *Bibliothèque d'Histoire Contemporaine* (respectively created in 1863 and 1866) and managed to confer on them an indisputable scientific authority. Alcan was also the publisher of prestigious reviews such as the *Revue philosophique* (founded in 1866 by his friend Ribot), the *Revue historique* (founded in 1866 by Monod), the *Année sociologique* (founded by Émile Durkheim) and the *Journal de psychologie normale et pathologique*.

[7] [Parinet 1989], p. 181. This is my own translation.

[8] Cf. the annex p. 169. For an analysis of Poincaré's popularization of science, see [Rollet 1996] and [Rollet 2000c].

books had to be relatively low (3.50 *francs* for a 300-page book). Moreover, in order to insure the unity of the collection and to give it an identity, he adopted the principle of a brick-red cover. Le Bon cautiously planned to publish four volumes a year for three years, with an initial run of 1500 copies.[9] For each book, he proposed to give 500 *francs* to the author, 250 *francs* to the director of the collection (himself) and 150 *francs* to the secretary of publication. His financial claims were quite high; he thus wrote to Flammarion:

> If you wish to distribute these figures in another way, feel free to do so. The only point on which I shall be inflexible, is that no volume shall be published in this collection without my approval. It is indeed in your interest because you are such a nice person that, out of kindness, you would accept things of inferior quality.[10]

Flammarion obliged him to revise his claims. However, Le Bon managed to obtain the essential, that is, a total freedom for the recruitment of the authors of the collection. On this point, he knew that Flammarion, who had very few relationships with the intellectual and academic communities, had to rely on him.

Born in 1841 in Nogent-le-Rotrou, Le Bon's father was a minor official of the financial administration (he was *receveur de l'enregistrement*). Le Bon's secondary studies were quite mediocre and it is probable that he did not obtain his *baccalauréat*. In 1860, he followed his father's steps and entered the administration of indirect taxation as a supernumerary employee (i.e. without retribution). Four years later he started medical studies in order to obtain a position as a medical officer.[11] He then became a disciple of Pierre Adolphe Piorry and, even though he did not manage to get a diploma, he succeeded in gaining a reputation within the medical community. From 1862 until 1880 he published numerous articles in popularization reviews as well as medical treatises: *Physiologie de la génération de l'homme et des principaux êtres vivants* (1868), *Traité pratique des maladies des organes génito-urinaires* (1869), *Traité de physiologie humaine* (1873), etc. In 1884 he directed an archaeological mission in India and Nepal and came back to France with the material for several books which sold very well: *Les civilisations de l'Inde* (1887), *Les premières civilisations* (1889) and *Les monuments de l'Inde* (1893). In 1895 he published *La psychologie des foules*, one of his most famous books, which contributed to establish his intellectual authority.[12] In 1902, Le Bon was 61 years old, he was rich and his reputation was immense inside and outside the country.

He was one the rare French intellectuals who lived by his pen but he was on the fringe of the academic society. For this reason, he always tried, during his lifetime, to keep regular (and useful) contacts with scientists, politicians, philosophers and intellectuals. In this perspective, he had founded in 1893, together with his friend Théodule Ribot, his famous *Banquet des XX*; every last Friday of the month, this dinner gathered academics, high-ranking officials, members of the government and general officers (the

---

[9] Scientific, academic and limited editions did not usually exceed 2000 copies at that time.

[10] This letter is kept in Paris, at the Institut Mémoire de l'Édition Contemporaine (IMEC). Quoted in [Parinet 1989], p. 186. This is my own translation.

[11] *Officier de santé*.

[12] For a complete – and very impressive – bibliography of Le Bon's writings, cf. [Marpeau 2000]

prince Roland Bonaparte, Henri and Raymond Poincaré, Camille Flammarion, Paul Painlevé etc.). A few years later, in 1902, he founded his *Déjeuner du mercredi* which gathered every week about fifteen guests: Aristide Briand, Charles Mangin, Camille Saint-Saëns, Marie Bonaparte, Paul Valéry or Gabriel Hanotaux were regularly invited. These social whirls were not organized without ulterior motives: Le Bon's aim was to constitute a solid network, to establish fruitful contacts within the intellectual community in order to enhance his reputation and the standing of his collection. He thus used his network to promote the *Bibliothèque de Philosophie Scientifique*.[13]

As director of the collection, Le Bon closely controlled the content of the books as well as the technical details of their publication. Since most of the volumes of the collection were commissioned books, the authors were largely invited to submit themselves to the orders of the director. Le Bon did not hesitate to modify sentences, paragraphs or chapters that did not match his own vision of science and politics. In other words, Le Bon was more than the director of the collection; he was an ideological manager. As Robert Nye remarked:

> It was Le Bon's practice to frequently remind prospective authors of the advisability of adding a few words which might make their works more relevant to his view of current politics. Even men with well-established academic reputations occasionally received crude suggestions on political content from the editor; and frequently, when the author held firm on content, Le Bon persuaded him to make a few concessions in the title and chapter headings which gave the appearance that the book was a 'scientific' deflation of Le Bon's latest *bête noire*.[14]

In the beginning, Le Bon decided to recruit exclusively first-rank authors, in order to assure the credibility of the collection (in 1902 he wrote to Flammarion: « Later I shall lower the quality but for the first volumes I can only take valuable books, which is, I think, also your opinion »[15]). Indeed he tried to obtain the collaboration of recognized scientists from the *Sorbonne*, the *Institut* or the *Collège de France*. In 1914, among the 85 authors of the collection catalogue, 70 were in possession of at least one academic degree.

Le Bon was directly concerned by the success of his collection. Indeed Flammarion had accepted to pay 50 *centimes* per volume, i.e. 33 *centimes* for the author of the book and 17 *centimes* for the director of the collection (4.8% of the retail price). Beyond 5000 copies of the book, the author received 35 *centimes* per volume and, for his own part, Le Bon was to receive 22 *centimes* if more than 1500 copies of a book were printed. These were usual conditions in the general edition community. Nevertheless, in 1907 Le Bon managed to obtain more profitable conditions since Flammarion accepted to guarantee him almost 7% of the retail price. Such an increase was far from negligible, because of

---

[13] For instance, in a letter to Ernest Flammarion he wrote: « Tomorrow I am having a lunch with the President at the Élysée. Please, send me, this very day, our first complete set so that I can give it to him ». Undated letter, [Parinet 1989], p. 188.

[14] [Nye R. 1975], p. 163. See for instance Le Bon's conflict with the historian Georges Renard. Le Bon had asked him for a book dealing with ancient Italian democracies but did not want to hear about Florentine syndicalism because he was opposed to socialism. Finally Renard put an end to his relations with Le Bon (cf. [Marpeau 2000], pp. 178–182).

[15] September 13th, 1902. Quoted in [Parinet 1989], p. 190. This is my own translation.

the number of copies. The *Bibliothèque de Philosophie Scientifique* constituted a profitable business for Flammarion, but it also made Gustave Le Bon's fortune.[16] In comparison with him, the remuneration of the authors was not very high; however, most of them came from the academic scene and were accustomed to less profitable editorial conditions. The *Bibliothèque de Philosophie Scientifique* offered them a wider audience and allowed them to hope for a good diffusion of their books.

Poincaré at the *Bibliothèque de Philosophie Scientifique*

Gustave Le Bon chose to inaugurate the *Bibliothèque de Philosophie Scientifique* with Poincaré's *La science et l'hypothèse*. This book was to become one of the most popular books of the collection and gave the mathematician a literary fame that he probably did not expect (the other bestselling authors were Gustave Le Bon, Félix Le Dantec, Lucien Poincaré, Alfred Binet and Henri Lichtenberger).[17]

In 1902, the scientific fame of Poincaré was considerable. He moved in the fashionable society and was frequently invited to Gustave Le Bon's receptions. Le Bon possessed a small private laboratory in which he made experiments on light polarization. In 1896 he had been convinced that he had discovered a new kind of radiation – which he called *black light* – and he had asked some of his scientific acquaintances to expose his results at the *Académie des Sciences*. Poincaré and Lippmann had seemed quite interested by Le Bon's results and had given him some support.[18]

---

[16] See [Marpeau 2000], pp. 196–197: « Un calcul approximatif mais sans marge d'incertitude considérable donne à partir des archives Flammarion un niveau de rémunération impressionnant. Pour les ouvrages de la *Bibliothèque de Philosophie Scientifique* dont il n'est pas l'auteur, Le Bon reçoit en effet de Flammarion avant 1914 une somme de l'ordre de 112.000 francs-or. À cela s'ajoutent, pour les six ouvrages de sa plume publiés dans la collection, 37.420 francs. Les incitations financières au développement de la collection sont donc fortes pour Le Bon. [...] Ajoutons que cette aisance financière considérable – [...] le ministère des Finances évaluait à la veille de la guerre à 187.200 le nombre de revenus supérieurs, comme ceux de Le Bon, à 10.000 francs par an – favorise dans tous les cas les efforts de Le Bon pour construire et entretenir son système de réunions et d'invitations régulières du Déjeuner du mercredi ».

[17] A proof of this literary fame can for instance be found in the following letter sent by Marie Bonaparte to Poincaré in November 1910 (Poincaré Archives, Nancy 2 university): « Vous m'avez rendue bien heureuse, Monsieur, en voulant bien venir parmi nous – et j'ai gardé de cette soirée un profond souvenir. Mieux vaut vous approcher quelques heures que lire les livres des Docteurs Toulouse !! C'est alors, à vous écouter, qu'éclate la différence du 'temps physiologique' et du 'temps paramètre' ! Et je m'enhardis à vous demander si vous voudriez bien revenir dîner avec nous mardi prochain 29 novembre ? Vous me feriez une bien grande joie. J'ai suivi vos conseils de lecture et Bergson et James sont sur ma table. Mais d'abord c'est vous que je continue de lire. Et je vous prie, Monsieur, de me laisser vous dire mon dévoué souvenir ». Marie Bonaparte (1882–1962) was Roland Bonaparte's daughter (1858–1924), an important scientific patron and author of numerous geographic, ethnographical and botanical works. She played an important role in the genesis of psychoanalysis. For more details about her life and work, see [Bertin 1982].

[18] Jean Becquerel finally demonstrated in 1897 that Le Bon's results were due to infrared radiation. See Jean Becquerel, « Explications de quelques expériences de M. G. Le Bon », *Comptes-rendus de l'Académie des Sciences* **124** (1897), pp. 984–988. See also [Nye 1974], pp. 176–177, footnotes 65 and 66. Le Bon exchanged a few letters with Poincaré concerning his scientific research: some of them are kept in the Poincaré Archives (Nancy 2 University); some others can be found in the *Cabinet des Manuscrits* of the *Bibliothèque Nationale* in Paris (Don 87-18). Throughout his lifetime, Le Bon published more than twenty notes in the *Comptes-rendus de l'Académie des Sciences*. In 1903, he tried to obtain the Nobel prize for his scientific works (see [Marpeau 2000], pp. 254–257, as well as the chapter concerning his relationships with 'official science'). In July 1922, he also exchanged a short correspondence with Albert Einstein concerning the priority for the discovery of the equivalence between mass and energy. Le Bon claimed that he had been the first to formulate this principle in his 1905 book, *L'évolution de la matière*, although he admitted not having demonstrated it

→

Poincaré and Le Bon seemed to be in regular contact. Le Bon used to send his new publications to the mathematician (for instance *Psychologie de l'éducation* in 1898 and *Psychologie du socialisme* in 1902). Poincaré sometimes paid great attention to them.[19] Nevertheless, judging from several of his short letters to Le Bon he did not always reply to him (« I see that the absence of an acknowledgment of receipt for your last book offended you. It proves that you still don't know me and that you don't know how lazy I am when I have to write. It does not mean that I do not read your books, or that I do not appreciate them »[20]). On his part, Le Bon was very interested in Poincaré's philosophical articles and he was convinced that his conventionalism was to constitute an intellectual revolution.[21]

The exact circumstances in which Poincaré decided to collaborate with Le Bon's collection are unknown. Nevertheless, a letter sent to the mathematician by Flammarion in 1902 indicates that Le Bon had managed to obtain his support:

> Dear Sir,
> Dr Gustave Le Bon, with whose support I am founding the *Bibliothèque de Philosophie Scientifique*, tells me that you will accept to give me a volume of about 250–300 pages, whose title – modifiable at your will – would be *La science et l'hypothèse.*
> I send you my acknowledgements for your invaluable collaboration and I would be grateful if you would send this volume as soon as possible.
> As you already know, the author receives five hundred *francs* for the volume when it is published.[22]

Poincaré's publishing agreement was established in accordance with planned editorial conditions. The financial conditions of the publishing agreements were rather profitable for the publisher and the director of the collection. For the authors the benefit was elsewhere: since most of them came from the academic field the *Bibliothèque de Philosophie Scientifique* provided them with the opportunity to release themselves from the constraints of specialized publishing and find a new audience for their works. This observation applies to the case of Poincaré but should however be slightly qualified. Poincaré was indeed one the most famous French scientists and an attentive analysis of his publication contracts for his scientific works reveals that he benefited from quite advantageous conditions. In 1890, for instance, Poincaré signed an agreement with Gauthier-Villars for the publication of his book *Méthodes nouvelles de la mécanique céleste*: the edition of the first volume was set at 1700 copies, it was agreed that Poincaré would get 10% of the retail price and that he would receive forty off-prints of the book. Such conditions were very close to those of Flammarion, except for the fact that the price fixed for this scientific book was much higher than 3.50 *francs*, and could

---

(letters kept in the *Bibliothèque Nationale*). For more details concerning Le Bon's scientific activity, cf. [Nye R. 1975].

[19] « J'ai reçu votre volume sur l'Éducation ; je vous en remercie beaucoup, je l'ai lu avec autant de plaisir que d'intérêt. Votre tableau n'est pas faux mais il est dépourvu de nuances ; vous avez voulu faire du Taine, mais le procédé de Taine, qui consiste à juxtaposer des découpures d'auteurs divers peut conduire et a conduit Taine lui-même à des résultats bien extraordinaires. [...] ». Undated letter (1898 ?), *Bibliothèque Nationale* (Don 87-18, carton 1).

[20] Undated letter, Société des Amis de Gustave Le Bon. This is my own translation.

[21] See in particular [Le Bon 1908a], [Le Bon 1908b], [Le Bon 1914a] and [Le Bon 1914b].

[22] Undated letter (1902), Poincaré Archives, University Nancy 2. This is my own translation.

guarantee an appreciable profit in case of success. Similarly, the conditions granted by the Georges Carré publishing house for the books *Théorie mathématique de la lumière* (1889), *Thermodynamique* (1891) or *Théorie analytique de la propagation de la chaleur* (1895) seemed relatively advantageous; the publisher accepted to take care of all the expenses required by the publication (limited to 1000 copies) and the contracts stipulated that the author would get 33% of the sales (after deduction of the costs for the technical composition of the books).[23]

In a letter sent by Le Bon to Flammarion in September 1902 one can read that the book was almost ready at that time, except for the conclusion.[24] Another letter written at the same time provides interesting information concerning the method adopted by Poincaré in order to compose *La science et l'hypothèse*. He thus wrote to Flammarion:

> Dear Sir,
> I have the honor to deliver you enclosed with this letter two issues of the *Revue de métaphysique et de morale*.
> It would be necessary [...] to copy out, in these two issues, the two articles entitled: *le Raisonnement mathématique* and *le Continu mathématique*.
> The copy should be made on a single side and with a sufficient margin for the corrections.
> In any case, the copy should not be sent directly to the printers; it should be returned to Claude Bernard Street 63, for corrections.
> Yours sincerely.[25]

Consequently, *La science et l'hypothèse* was not written for the occasion but was a collection of articles previously published in philosophical or scientific reviews. The mathematician indeed drew up an introduction, constructed a general framework and updated some of his ancient conceptions. However, his corrections were not so numerous: with the exception of the second part of the book – which consisted of three chapters[26] – most of the chapters contained only minor emendations (simplification of mathematical formalism, addition or suppression of several paragraphs, updating of bibliographical references...). Poincaré systematically used this technique of composition for the two other books published in the *Bibliothèque de Philosophie Scientifique* (*La valeur de la science* and *Science et méthode*). Finally the result was quite misleading: *La science et l'hypothèse* seemed to be the fruit of a work of several months, it did not contain any piece of information concerning the origins of the different chapters.[27]

---

[23] A large number of Poincaré's publishing agreements are kept in the Poincaré Archives at Nancy 2 University.

[24] September 13, 1902, Institut Mémoire de l'Édition Contemporaine : « Le succès du livre de Dastre [*La vie et la mort*] m'a l'air certain vu le titre. J'espère avoir la fin dans quelques jours. Envoyez-moi les épreuves de couverture des nouveaux tirages pour que j'annonce les nouveaux livres de la collection. J'espère obtenir de Poincaré qu'il ajoute *à la fin* une conclusion qui manque à son livre ce qui lui permettra de mettre {ill.} augmenter ».

[25] Undated letter (1902), Institut Mémoire de l'Édition Contemporaine. This is my own translation.

[26] In the second part entitled « L'espace », chapters come from a large set of articles dedicated to geometry and philosophy of geometry. For instance chapter V (*L'espace et la géométrie*) contains paragraphs resulting from at least four articles published during a period of nine years. For more details concerning this particular point, see the appendix devoted to the sources of Poincaré's philosophical writings p. 169.

[27] At the most Poincaré indicated in a footnote that chapter XII was a partial reproduction of the prefaces of *Théorie mathématique de la lumière* (1899) and of *Électricité et optique* (1901).

Several questions thus naturally arise: why did Poincaré choose to adopt this editorial strategy? Was it his personal choice? Was he guided by motivations of convenience and rapidity? Or shall one consider the ambiguity of the presentation – which seemed skillfully maintained – as a commercial strategy decided by Gustave Le Bon and Ernest Flammarion? It is probable that Poincaré did not have so much time to give over to the writing of a completely new book. Moreover, such an editorial formula was relatively current at that time. From the point of view of Flammarion and Le Bon, the situation was quite different: the publication of a collection of articles unmistakably presented a lesser commercial potential with regard to a book in the classic sense of the word. Furthermore, the opening of a new collection with such a book could possibly tarnish the image of creativity and inventiveness that Flammarion and Le Bon wished to confer on the *Bibliothèque de Philosophie Scientifique*. Consequently, the best commercial strategy was perhaps to be discreet about the exact composition of the book. One can indeed notice that Poincaré did not feel embarrassed by this practice since he introduced very few modifications in the next two books of the collection.

La science et l'hypothèse came out in December 1902 and the sales were so encouraging that Le Bon and Flammarion had to prepare a reprint in September 1903.[28] Faced with this success they also decided to double the initial number of copies for the books of the *Bibliothèque de Philosophie Scientifique* (3000 copies instead of 1500). Poincaré thus benefited from these new conditions for his later books, even in 1910 when he published *Savants et écrivains*, a collection of academic and historic eulogies which did not enter within the framework of the *Bibliothèque de Philosophie Scientifique* (the book did not have the expected success and was never reprinted).

In 1914, twelve reprintings of *La science et l'hypothèse* had been made, for a total of 20.900 copies (see note 2 page vii); the success of the book was therefore considerable. On that basis, it is possible to estimate that in 1914 Poincaré's family had earned more than 7000 *francs* with this single book. The *Bibliothèque de Philosophie Scientifique* probably did not make the fortune of Poincaré but it provided him with rather comfortable resources.[29]

Poincaré died in July 1912. His sudden death was not without consequences on the sales of his books and that most likely explains the publication of his posthumous book *Dernières pensées* in 1913. One year later, while the *Académie des sciences* was preparing the publication of his scientific works, Le Bon significantly decided to publish a collection entitled *Œuvres philosophiques de Henri Poincaré*. The publishing agreement was established in January and projected a luxury edition of *La science et l'hypothèse*, *La valeur de la science*, *Science et méthode* and *Dernières pensées*. The retail price for the books was fixed at 6 *francs* and the cover of each volume indicated that it was the *definitive edition*. It was of course a commercial trick. Five years later, Louis Rougier and Gustave Le Bon suggested publishing volume V of Poincaré's philo-

---

[28] Ernest Flammarion declared in an interview: « Si le roman psychologique est tombé [*a serious crisis affected this editorial field at that time*], nous avons bien d'autres choses à vendre. *La science et l'hypothèse*, d'Henri Poincaré, atteint 5000 exemplaires en six mois ».

[29] This estimation does not take into account Poincaré's royalties, reproduction and translation rights. On the same basis, one can estimate that Gustave Le Bon had earned in 1914 around 4500 Francs for this book. Gustave Le Bon often boasted he was the most profitable person at Flammarion.

sophical works. As we now know this project did not reach fulfilment into the world at that time...

To conclude

Poincaré's philosophical conceptions are very complex. They cover various different fields and contain numerous implicit references to technical, mathematical or physical debates and discussions. For all these reasons, this philosophy has often been studied from a scientific point of view.

Nevertheless, it was mainly disseminated through Gustave Le Bon and Flammarion's *Bibliothèque de Philosophie Scientifique*. And this fact is not without consequences for its understanding and interpretation: on the one hand, the presentation of heterogeneous articles within the same books gives an appearance of consistency and coherence, which is quite problematic since Poincaré did not aim at elaborating a philosophical system. On the other hand, the emendations of the original articles can be rather misleading: most of the time the simplicity and the clarity of these books is only apparent. Indeed Rougier was very aware of this fact when he wrote to Léon Daum that among the 24.000 customers of *La science et l'hypothèse* only 1000 persons were probably able to understand the book.

The study of Poincaré's philosophical books shows that they all oscillate between the philosophy of science, scientific popularization and, sometimes, the history of science. Such a situation must be taken into account: the interpretation of this philosophical thought cannot go without a complete analysis of its process of elaboration and of Poincaré's relationships with such a complex character as Gustave Le Bon.

This book consequently constitutes an invitation. An invitation to explore a conventionalist conception of science – namely a scientific opportunism – which profoundly influenced contemporary philosophy of science.

An invitation to examine the juxtaposition of different stratums in the mathematician's writings (science, philosophy, lower and higher popularization).

An invitation to observe Poincaré's integration within scientific, philosophical, academic and intellectual communities and his various incursions in the social and political debates of his time (Dreyfus Affair, proportional representation, etc.).

In other words, this book is intended as a contribution to Poincaré's intellectual biography, a biography that is still under construction.[30]

Laurent Rollet

---

[30] Concerning some of these points, see [Rollet 1996], [1997], [1999c], [2000a], [2000b] and [2000c].

Bibliography

BELL, E. T.
1950   *Les grands mathématiciens*. (Paris : Payot).

BERTIN, C.
1982   *La dernière Bonaparte*. (Paris : Perrin).

CHAUBET, FRANÇOIS / LOYER, ÉMANUELLE
2000   « L'École Libre des Hautes Études de New-York : exil et résistance intellectuelle (1942–
1946) », *Revue historique* CCCII/4 (octobre-décembre), pp. 939–972.

DE LA COTARDIÈRE, PH. / FUENTES, P.
1994   *Camille Flammarion*. (Paris : Flammarion 'Grandes Biographies').

JULLIARD, JACQUES
1984   « Le fascisme en France. Sur un fascisme imaginaire : à propos d'un livre de Zeev
Sternhell », *Annales ESC*, 39° année, n° 4, juillet-août, p. 852.

LE BON, GUSTAVE
1889   *Les premières civilisations*. (Paris : Marpon et Flammarion).
1895   *Psychologie des foules*. (Paris : Alcan). Seconde édition en 1896. Treizième édition en
1908.
1898   *Psychologie du socialisme*. (Paris : Félix Alcan, Bibliothèque de Philosophie Contemporaine). Sixième édition en 1910.
1902   *Psychologie de l'éducation*. (Paris : Flammarion, Bibliothèque de Philosophie Scientifique).
1905   *L'évolution de la matière*. (Paris : Flammarion, Bibliothèque de Philosophie Scientifique).
1908a   « L'édification scientifique de la connaissance », *Revue scientifique (revue rose)* IX, n° 5
et 6, pp. 129–135 et pp. 168–176.
1908b   « Brelan d'académiciens : Henri Poincaré », *L'Opinion* 8 (7 mars), pp. 13–14.
1914a   « Les vérités encore inaccessibles et les formes ignorées de la connaissance », *Revue
mondiale* (15 février), 472.
1914b   « Les mystères de la vie », *Revue mondiale* (15 février), pp. 44–52.

MARPEAU, BENOÎT
1991   « Les stratégies de Gustave Le Bon », *Mil neuf cent, revue d'histoire intellectuelle* 9,
pp. 115–128.
2000   *Gustave Le Bon, parcours d'un intellectuel 1841–1931*. (Paris : CNRS Éditions).

MARTIN, H.-J. / CHARTIER, R. / VIVET, J.-P. (DIR)
1986   *Histoire de l'édition française*. (Paris : Promodis).

NYE, MARY JO
1974   « Gustave Le Bon' Black Light : a Study in Physics and Philosophy in France at the Turn
of the Century », *Historical Studies in the Physical Sciences* 4, pp. 163–195.

NYE, ROBERT ALLAN
1975   *The Origins of Crowd Psychology – Gustave Le Bon and the Crisis of Mass Democracy in
the Third Republic*. (Londres : Sage).

PARINET, ÉLIZABETH
1986   « L'édition littéraire, 1890–1914 », in Henri-Jean Martin, Roger Chartier, Jean Pierre
Vivet (Dir.), *Histoire de l'édition française*, tome IV. (Paris : Promodis), pp. 148–187.
1990   *La librairie Flammarion*, thèse de doctorat d'histoire, sous la direction de Raoul Girardet,
IEP Paris, n° 90IEPP001.

POINCARÉ, JULES HENRI
1902   *La science et l'hypothèse.* (Paris : Flammarion, Bibliothèque de Philosophie Scientifique).
       Réédition en 1968 (Paris : Flammarion, Champs).
1905   *La valeur de la science.* (Paris : Flammarion, Bibliothèque de Philosophie Scientifique).
       Réédition en 1970 (Paris : Flammarion, Champs).
1908   *Science et méthode.* (Paris : Flammarion, Bibliothèque de Philosophie Scientifique).
       Réédition en 1999, comme numéro spécial de la revue *Philosophia Scientiæ* (Paris : Kimé).
1910   *Savants et écrivains.* (Paris : Flammarion).
1913   *Dernières pensées.* (Paris : Flammarion, Bibliothèque de Philosophie Scientifique).
       Réédition en 1963 (Paris : Hermann).

PROCHASSON, CHRISTOPHE
1991   *Les années électriques (1880–1910).* (Paris : Éditions La Découverte).

ROLLET, LAURENT
1996   « Henri Poincaré – vulgarisation scientifique et philosophie des sciences », *Philosophia
       Scientiae – Travaux d'histoire et de philosophie des sciences* 1, pp. 125–153.
1997   « Autour de l'affaire Dreyfus, Henri Poincaré et l'action politique », *Revue historique*
       CCXCVIII/3 (juillet-septembre), pp. 49–101.
1999a « Sciences et humanités chez Henri Poincaré », article écrit en collaboration avec Gerhard
       Heinzmann, in Samuel-Schneider, Monique / Alexandre, Philippe (éds.), *Pensée pédago-
       gique, enjeux, continuités, ruptures en Europe du XVIème siècle au XXème siècle.* (Bern :
       Peter Lang), pp. 343–355.
1999b *Science et méthode. Nouvelle édition de l'ouvrage de Poincaré, accompagnée d'une
       préface et d'un appareil critique.* Numéro spécial de la revue *Philosophia Scientiæ.* (Pa-
       ris : Kime).
1999c « L'engagement public d'un homme de science : Henri Poincaré (première partie) »,
       Revue des questions scientifiques **170**, 4, pp. 335–354.
2000a « L'engagement public d'un homme de science : Henri Poincaré (seconde partie) », *Revue
       des questions scientifiques* **172**, 3, pp. 213–239.
2000b « Poincaré, un savant engagé ? », in *Poincaré, philosophe et mathématicien*, collection
       Les Génies de la Science, *Pour la science*, pp. 95–96.
2000c *Henri Poincaré : Des mathématiques à la philosophie. Étude du parcours intellectuel
       social et politique d'un mathématicien au tournant du siècle.* (Lille : Éditions du Septen-
       trion).

ROUGIER, LOUIS
1920a *Les paralogismes du rationalisme.* (Paris : Alcan).
1920b *La philosophie géométrique de Henri Poincaré.* (Paris : Alcan).

ROUVIER, CATHERINE
1986   *Les idées politiques de Gustave Le Bon.* (Paris : PUF).

STERNHELL, ZEEV
1978   *La droite révolutionnaire. Les origines françaises du fascisme 1885–1914.* (Paris : Seuil).
1983   *Ni droite, ni gauche. L'idéologie fasciste en France.* (Paris : Seuil).

TESNIÈRES, VALÉRIE
1993   « Le livre de science en France au XIXème siècle » ; *Romantisme* **80**, pp. 67–77.

THIEC, YVON-JEAN
1981   « Gustave Le Bon, prophète de l'irrationnalisme de masse », *Revue française de sociolo-
       gie* **XXII** (juillet–septembre), pp. 409–428.

1982   *Gustave Le Bon, la psychologie des foules, la fondation de la psychologie collective et sa propagation dans les sciences sociales et politiques à la fin du XIXe siècle*, thèse de l'Institut Universitaire Européen, Florence.

VLACH, CLAIRE
1981   *Sociologie et lecture de l'histoire chez Gustave Le Bon*, thèse de troisième cycle, sous la direction de Raymond Aron, Maison des Sciences de l'Homme.

Annexes

Translations of Poincaré's Writings

The aim of this appendix is to provide some information about the existing translations of Poincaré's writings at the time of his death. Most of the information given here come from Ernest Lebon's book, *Henri Poincaré, biographie, bibliographie analytique des écrits*. Second edition, Paris, Gauthier-Villars, 1912.

« Sur les hypothèses fondamentales de la géométrie », *Bulletin de la Société mathématique de France* **15** (1887), pp. 203–216; *Œuvres*, tome **XI**, pp. 79–91.
- Translated into Russian by D. Sintsoff, *Bulletin de la Société physico-mathématique de Kasan* 3, n° **4** (1893), pp. 109–121.

Théorie mathématique de la lumière, tome 1, Paris, G. Carré & C. Naud, 1890, IV + 408 p.
- German translation by E. Gumlich et W. Jäger, Berlin, Julius Springer, 1894.

Électricité et optique, tome 1 – Les théories de Maxwell et la théorie électromagnétique de la lumière, Paris, G. Carré & C. Naud, 1890, XIX + 314 p. *Électricité et optique, tome 2 – Les théories de Helmholtz et les expériences de Hertz*, Paris, G. Carré & C. Naud, 1892, XI + 262 p.
- The two volumes were translated into German by W. Jäger et E. Gumlich, Berlin, Julius Springer), 1891.

« Les géométries non euclidiennes », *Revue générale des sciences pures et appliquées* **2** (1891), pp. 769–774.
- English translation in *Nature* **45** (25 février 1892), pp. 404–407.

La Thermodynamique, Paris, G. Carré & C. Naud, 1892, XIX + 432 p.
- Translated into German by W. Jäger et E. Gumlich, Berlin, Julius Springer, 1893.

« Sur la nature du raisonnement mathématique », *Revue de métaphysique et de morale* **2** (1894), pp. 371–384.
- Russian translation by S. Choubine, *Bulletin de la Société physico-mathématique de Kasan* **8** (1898), pp. 74–88.

« La lumière et l'électricité d'après Maxwell et Hertz », *Annuaire du Bureau des longitudes 1894*, pp. A.1–A.22. *Revue scientifique*, 4ème série, 1 (1894), pp. 106–111. *Œuvres*, tome **X**, pp. 557–569.
- Published in English in *Nature* **50** (3 mai 1894), pp. 8–11;
- Also published in English in the *Annual Report of the Board of Regents of the Smithsonian Institution*, 1896, pp. 129–139.

« Sur les rapports de l'analyse pure et de la physique mathématique », *Acta Mathematica* **21** (1897), pp. 331–341; *Revue générale des sciences pures et appliquées* **8** (1897) pp. 857–861; *Verhandlungen der ersten internationalen Mathematiker-Kongresses in Zürich vom 9. bis 11. August 1897*, Leipzig, 1898, pp. 81–90.

- Polish translation by S. Dickstein, *Wiadomosci Matematyczne* **2** (février 1898), pp. 10–20;
- English translation by C. J. Keyser, *Bulletin of the American Mathematical Society* **4** (1897–1898), pp. 247–255.

« On the Foundations of Geometry », *The Monist* **9** (1898), pp. 1–43.

- English translation by T. J. McCormack;
- French translation by Louis Rougier, *Des fondements de la* géométrie, Paris, Chiron, 1921 (see page xx).

La théorie de Maxwell et les oscillations hertziennes. La télégraphie sans fil, Paris, G. Carré & C. Naud, 1899, 80 p.

- Translated into English by F. K. Vreeland, London, New-York, 1904, 1905;
- Translated into German by Max Ikle, Leipzig, Johann Ambrosius Barth, 1909.

« Les relations entre la physique expérimentale et la physique mathématique », *Rapports du Congrès international de physique*, tome I, Paris, 1900, pp. 1–29; *Revue générale des sciences pures et appliquées* **11** (1900), pp. 1163–1175; *Revue scientifique* **14**, 4ème série, pp. 705–715.

- German translation, *Physikalische Zeitschrift* **2** (1900–1901), pp. 166, 182, 196;
- English translation by Georges K. Burgess, *The Monist* **12** (1901–1902), pp. 516–543.

« Sur une forme nouvelle des équations de la mécanique », *Comptes rendus de l'Académie des sciences* **132** (1901), pp. 369–371. *Œuvres*, tome **VII**, pp. 218–219.

- Translated into Russian by A. V. Vassilief, *Bulletin de la Société physico-mathématique de Kasan* **10** (1905), pp. 57–59.

La science et l'hypothèse, Paris, Flammarion, 1902, 284 p.

- German translation by F. et L. Lindemann, Leipzig, Teubner, 1904 et 1906;
- English translation and preface by Larmor, London, Walter Scott, 1905 and New-York 1907;
- English translation by G. B. Halsted, New-York, 1905;
- Spanish translation by Gonzáles Quijano, Madrid, José Ruiz, 1907;
- Hungarian translation by Szilárd Béla, Budapest, 1908;
- Japanese translation by Tsuruiche Hayashi, Tokyo, 1909;
- Swedish translation by Anna Sundqvist, Stockholm, Albert Bonnier, 1910.

« Sur la méthode horistique de Gyldén », *Comptes rendus de l'Académie des sciences* **138** (1904), pp. 583–586.

- German translation by Hugo Buchholtz, *Physikalische Zeitschrift* **5** (1904), pp. 385–386.

« Les définitions générales en mathématiques », *in* Conférences du Musée pédagogique, *L'enseignement des sciences mathématiques et des sciences physiques*, Paris : Imprimerie Nationale, 1904, pp. 1–2; *L'enseignement mathématique* **6** (1904), pp. 257–283.
- Italian translation by Giulio Lazzeri, *Periodico di matematica per l'insegnamento secondario* **20** (1905), pp. 193–202.
- Spanish translation by Angel Bozal Obejero, *Gazeta de matemáticas*, Madrid, **3** (1905), pp. 121–132, 164–177.

« L'état actuel et l'avenir de la physique mathématique », *Bulletin des sciences mathématiques* **28** (1904), 2ème série, pp. 302–324; *La revue des idées*, 1ère année, (15 novembre 1904), pp. 801–814; some extracts were also published as « Une image de l'univers » in the *Bulletin de la Société astronomique de France* **19** (1905), pp. 30–31.
- English translation by G. B. Halsted, *The Monist* **15** (1905), pp. 1–24;
- Japanese translation by Yoshio Mikami, *Tokyobateu ri gakkozaschi* **165** (1905), pp. 1–13, 1–14;
- English translation by J. W. Young, *Bulletin of the American Mathematical Society* **12** (1905–1906), pp. 240–260.

La valeur de la science, Paris, Flammarion, 1905, 278 p.
- German translation by E. and H. Weber, Leipzig, Teubner, 1906;
- Spanish translation by Emilio Gonzlez Llana, Madrid, José Ruiz, 1906;
- English translation by G. B. Halsted, New-York, 1907.

« La voie lactée et la théorie des gaz », *Bulletin de la Société astronomique de France* **20** (1906), pp. 153–165.
- Czech translation in *Ziva* (1907), pp. 65–70.

« Sur la télégraphie sans fil », *La lumière électrique* **4** (1908), 2ème série, pp. 259–266, 291–297, 323–327, 355–359, 387–393. *Conférences sur la télégraphie sans fil*, Paris, 1909, 86 p.
- German translation by W. Jäger, *Deutsche-Mechaniker-Zeitung*, 1902, pp. 63–73, 114, 144, 237.

Science et méthode, Paris, Flammarion, 1908, 314 p.
- German translation by F. and L. Lindemann, Leipzig, Teubner, 1909;
- English translation by G. B. Halsted, London / New-York, 1914;
- Spanish translation by Eduardo Cazorla, Madrid, José Ruiz, 1909;
- The chapter entitled « Les logiques nouvelles » was translated by G. B. Halsted for *The Monist* **22** (1912), pp. 243–256.

« Sur la diffraction des ondes hertziennes I », *Comptes rendus de l'Académie des sciences* **148** (1909), 812–817. *Œuvres*, tome **X**, pp. 70–75.
- German translation by G. Eichhorn, *Jahrbuch der drahtlosen Telegraphie und Telephonie*, Zürich, **3** (1910), pp. 445–487.

« Sur la diffraction des ondes hertziennes II », *Comptes rendus de l'Académie des sciences* **148** (1909), pp. 966–968. *Œuvres*, tome **X**, pp. 76–77.
- German translation by G. Eichhorn, *Jahrbuch der drahtlosen Telegraphie und Telephonie*, Zürich, **3** (1910), pp. 445–487.

« Sur la diffraction des ondes hertziennes III », *Comptes rendus de l'Académie des sciences* **149** (1909), pp. 621–622. *Œuvres*, tome **X**, pp. 92–93.
- German translation by G. Eichhorn, *Jahrbuch der drahtlosen Telegraphie und Telephonie*, Zürich, **3** (1910), pp. 445–487.

« Sur la diffraction des ondes hertziennes IV », *La lumière électrique* **10** (1910), 2ème série, pp. 355–362, 387–394. 11, pp. 7–12.
- German translation by G. Eichhorn, *Jahrbuch der drahtlosen Telegraphie und Telephonie*, Zürich, **3** (1910), pp. 445–487.

« Sur la diffraction des ondes hertziennes V », *Rendiconti del Circolo matematico di Palermo* **29** (1910), pp. 169–259. *Œuvres*, tome **X**, pp. 94–203.
- German translation by G. Eichhorn, *Jahrbuch der drahtlosen Telegraphie und Telephonie*, Zürich, **3** (1910), pp. 445–487.

Leçons sur les hypothèses cosmogoniques, Paris, Hermann et Fils, 1911, XV + 294 p. Second edition, 1913, XV + 294 p.
- Chapter IX was translated into Rumanian by V. Arrestin, *Orion*, Bucuresti, janvier 1912, pp. 87–60.

Sources of Poincaré's Philosophical Books

The purpose of this appendix is to provide information concerning the origins of Poincaré's philosophical books, i.e. *La science et l'hypothèse, La valeur de la science, Science et méthode, Dernières pensées* and *Savants et écrivains*. As is well known, the chapters of these books were constituted from different articles published in scientific or philosophical reviews. I have tried to determine from which material each of these chapters was elaborated and to indicate the proportion of the modifications made by Poincaré.[1] There remains of course several gaps. In this case I have formulated the most probable hypotheses.

La science et l'hypothèse (1902)

PREMIÈRE PARTIE
LE NOMBRE ET LA GRANDEUR[2]

Chapter I – Sur la nature du raisonnement mathématique

« Sur la nature du raisonnement mathématique », *Revue de métaphysique et de morale* **2** (1894), pp. 371–384. Poincaré made several changes and suppressed some few passages.

Chapter II – La grandeur mathématique et l'expérience

« Le continu mathématique », *Revue de métaphysique et de morale* **1** (1893), pp. 26–34. This chapter contains some important changes: the section entitled « La grandeur mesurable » was not in the original article and the section « Remarques diverses » was considerably modified. The final section (« Le continu physique à plusieurs dimensions ») seems to be inspired by the article « Correspondance sur les géométries non euclidiennes (lettre à M. Mouret) », *Revue générale des sciences pures et appliquées* **3** (1892), pp. 74–75.

---

[1] I have used the information given by Jules Vuillemin in the 1968 and 1970 French editions of *La science et l'hypothèse* and *La valeur de la science*. Nevertheless, I have tried to correct Vuillemin's errors and to give the correct bibliographical references. For more details concerning the nature of the modifications made by Poincaré in each chapter see Laurent Rollet, *Henri Poincaré, des mathématiques à la philosophie. Étude du parcours intellectuel, social et politique d'un mathématicien au tournant du siècle*, Lille, Presses Universitaires du Septentrion, 2000.

[2] The introduction of the book was written for the occasion.

DEUXIÈME PARTIE
L'ESPACE

Chapter III – Les géométries non euclidiennes

« Les géométries non euclidiennes », *Revue générale des sciences pures et appliquées* 2 (1891), pp. 769–774. Poincaré introduced a lot of modifications. The half of the section « La géométrie et l'astronomie » was inserted in the fifth chapter of the book. Four paragraphs from the end of the article were used to constitute the beginning of chapter IV.

Chapter IV – L'espace et la géométrie

« L'espace et la géométrie », *Revue de métaphysique et de morale* 3 (1895), pp. 631–646. Most of the sections were modified. The first four paragraphs come from the 1891 article concerning Euclidean geometries (cf. previous paragraph).

Chapter V – L'expérience et la géométrie

This chapter is one of Poincaré's most famous philosophical texts. It contains passages from at least four articles: « Les géométries non euclidiennes », *Revue générale des sciences pures et appliquées* 2 (1891), pp. 769–774; « On the Foundations of Geometry », *The Monist* 9 (1898), pp. 1–43; « Des fondements de la géométrie, à propos d'un livre de M. Russell », *Revue de métaphysique et de morale* 7 (1899), pp. 251–279; « Sur les principes de la géométrie. Réponse à M. Russell », *Revue de métaphysique et de morale* 8 (1900), pp. 73–86.

TROISIÈME PARTIE
LA FORCE

Chapter VI – La mécanique classique

« Sur les principes de la mécanique », *Bibliothèque du Congrès international de philosophie*, tome III, Paris, 1901, pp. 457–494. Poincaré made some important changes and divided this article into two parts. The rest of the article (i.e. after the section « L'école du fil ») was used to elaborate chapter VII.

Chapter VII – Le mouvement relatif et le mouvement absolu

« Sur les principes de la mécanique », *Bibliothèque du Congrès international de philosophie*, tome III, Paris, 1901, pp. 457–494. The section entitled « Le principe de réaction » does not appear in the chapter and Poincaré did not insert the last paragraphs of the article (they appear as the « Conclusion de la troisième partie »).

Chapter VIII – Énergie et thermodynamique

La thermodynamique, Paris, G. Carré & C. Naud, 1891, XIX + 432 p. The reprise is not complete. Moreover, Poincaré suppressed most of mathematical formulas and equations.

Conclusion de la troisième partie

« Sur les principes de la mécanique », *Bibliothèque du Congrès international de philosophie*, tome III, Paris, 1901, pp. 457–494. This short chapter is made of the end of this article and of a few passages which were probably written by Poincaré for the occasion.

QUATRIÈME PARTIE
LA NATURE

Chapter IX – Les hypothèses en physique

« Les relations entre la physique expérimentale et la physique mathématique », *Rapports du Congrès international de physique*, tome I, Paris, 1900, pp. 1–29; *Revue générale des sciences pures et appliquées* **11** (1900), pp. 1163–1175; *Revue scientifique* **14** (1900), 4ème série, pp. 705–715. This chapter is almost a *copie conforme* of the beginning of the article.

Chapter X – Les théories de la physique moderne

« Les relations entre la physique expérimentale et la physique mathématique », *Rapports du Congrès international de physique*, tome I, Paris, 1900, pp. 1–29; *Revue générale des sciences pures et appliquées* **11** (1900), pp. 1163–1175; *Revue scientifique* **14** (1900), 4ème série, pp. 705–715. This chapter is almost a *copie conforme* of the end of the article.

Chapter XI – Le calcul des probabilités

« Réflexions sur le calcul des probabilités », *Revue générale des sciences pures et appliquées* **10** (1899), pp. 262–269. Poincaré suppressed most of mathematical formulas and equations.

Chapter XII – L'optique et l'électricité

Théorie mathématique de la lumière, tome 1, Paris, G. Carré & C. Naud, 1889, IV + 408 p.; *Électricité et optique, tome 1 – Les théories de Maxwell et la théorie électromagnétique de la lumière*, Paris, G. Carré & C. Naud, 1890, XIX + 314 p. This chapter finds its origin in the prefaces of the two books (with some important changes).

Chapter XIII – L'électrodynamique

We could not find the source of this chapter.

Chapter XV – La fin de la matière

« La fin de la matière », *Atheneum* **4086** (1906), pp. 201–202. Of course, this chapter did not appear in the 1902 edition of the book !

La valeur de la science (1905)

PREMIÈRE PARTIE
LES SCIENCES MATHÉMATIQUES[3]

Chapter I – L'intuition et la logique en mathématiques

« Du rôle de l'intuition et de la logique en mathématiques », *Compte-rendu du deuxième Congrès international des mathématiciens tenu à Paris du 6 au 12 août 1900*, Paris, 1900, pp. 115–130. Poincaré made a few changes and suppressed the illustration of the article.

---

[3] The introduction of the book was written for the occasion.

Chapter II – La mesure du temps

« La mesure du temps », *Revue de métaphysique et de morale* **6** (1898), pp. 1–13. This chapter is almost identical to the original article.

Chapter III – La notion d'espace

« L'espace et ses trois dimensions », *Revue de métaphysique et de morale* **11** (1903), pp. 281–301. Some references to previous articles are replaced in the chapter by references to *La science et l'hypothèse*. Nevertheless, the chapter seems to be identical to the article.

Chapter IV – L'espace et ses trois dimensions

« L'espace et ses trois dimensions », *Revue de métaphysique et de morale* **11** (1903), pp. 281–301. This chapter is the reprise of the end of the article.

Deuxième partie
Les sciences physiques

Chapter V – L'analyse et la physique

« Sur les rapports de l'analyse pure et de la physique mathématique », *Acta Mathematica* **21** (1897), pp. 331–341; *Revue générale des sciences pures et appliquées* **8** (1897), pp. 857–861; *Verhandlungen der ersten internationalen Mathematiker-Kongresses in Zürich vom 9. bis 11. August 1897*, Leipzig, 1898, pp. 81–90. Poincaré made a few changes in the section concerning Kowaleski's works (i.e. suppression of several mathematical formulas).

Chapter VI – L'astronomie

« Grandeur de l'astronomie », *Bulletin de la Société astronomique de France* **17** (1903), pp. 253–259. The first four paragraphs and the last one of the chapter did not appear in the article.

Chapter VII – L'histoire de la physique mathématique

« L'état actuel et l'avenir de la physique mathématique », *Bulletin des sciences mathématiques* **28** (1904), 2ème série, pp. 302–324; *La revue des idées*, 1ère année, (November 15, 1904), pp. 801–814; some extracts were also published in a text entitled « Une image de l'univers », *Bulletin de la Société astronomique de France* **19** (1905), pp. 30–31. This chapter is a reprise of the beginning of the article (until the p. 307 of the *Bulletin des sciences mathématiques* version).

Chapter VIII – La crise actuelle de la physique

« L'état actuel et l'avenir de la physique mathématique », *Bulletin des sciences mathématiques* **28** (1904), 2ème série, pp. 302–324; *La revue des idées*, 1ère année, (November 15, 1904), pp. 801–814. This chapter is a reprise of the middle of the article (pp. 307–318 of the *Bulletin des sciences mathématiques* version).

Chapter IX – L'avenir de la physique mathématique

« L'état actuel et l'avenir de la physique mathématique », *Bulletin des sciences mathématiques* **28** (1904), 2ème série, pp. 302–324; *La revue des* idées, 1ère année, (November 15, 1904), pp. 801–814. This chapter is a reprise of the end of the article. Some paragraphs were suppressed.

TROISIÈME PARTIE

LA VALEUR OBJECTIVE DE LA SCIENCE

Chapter X – La science est-elle artificielle ?

« Sur la valeur objective de la science », *Revue de métaphysique et de morale* **10** (1902), pp. 263–293. This chapter reprints the beginning of the article (until p. 281), with several additions.

Chapter XI – La science et la réalité

« Sur la valeur objective de la science », *Revue de métaphysique et de morale* **10** (1902), pp. 263–293. This chapter has its source in the end of the article. Section VII entitled « La rotation de la Terre » did not appear in the article.

Science et méthode (1908)

LIVRE I

LE SAVANT ET LA SCIENCE

Chapter I – Le choix des faits

« The Choice of Facts », preface to English translation of *The Value of Science*, New-York, 1907 (translated into English by G. B. Halsted). This preface was also published in *The Monist* in 1909 as « The Choice of Facts », *The Monist* **19** (April 1909), pp. 231–239. There seems to be no difference between the two versions of this text.

Chapter II – L'avenir des mathématiques

« L'avenir des mathématiques », *Atti IV Congr. Internaz. Matematici, Roma, 11 Aprile 1908*, pp. 167–182; *Bulletin des sciences mathématiques*, 2ème série, **32** (1908), pp. 168–190; *Rendiconti del Circolo matematico di Palermo* **16** (1908), pp. 162–168; *Revue générale des sciences pures et appliquées* **19** (1908), pp. 930–939; *Scientia (Rivista di Scienza)* **2** (1908), pp. 1–23. The chapter slightly differs from the article since Poincaré suppressed several rather technical sections such as « Équations aux dérivées partielles », « Les fonctions abéliennes » or « Théorie des groupes ».

Chapter III – L'invention mathématique

« L'invention mathématique », *L'enseignement mathématique* **10** (1908), pp. 357–371; *Bulletin de l'Institut général de psychologie* **8** (1908), pp. 175–187; *Revue du mois* **6** (1908), pp. 9–21; *Revue générale des sciences pures et appliquées* **19** (1908), pp. 521–526. Moreover, this article was published in H. Fehr's *Enquête de L'enseignement mathématique sur la méthode de travail des mathématiciens*, Paris / Genève, Gauthier-Villars / Georg & Cie, 1912, pp. 123–137. There does not seem to be any notable difference between the article and the chapter.

Chapter IV – Le hasard

« Le hasard », *Revue du mois* **3** (1907), pp. 257–276. This chapter does not significantly modify the original article.

LIVRE II

LE RAISONNEMENT MATHÉMATIQUE

Chapter V – La relativité de l'espace

« La relativité de l'espace », *Année psychologique* **13** (1907), pp. 1–17. The chapter is apparently identical to the original article.

Chapter VI – Les définitions mathématiques et l'enseignement

« Les définitions générales en mathématiques », *in* Conférences du Musée pédagogique, *L'enseignement des sciences mathématiques et des sciences physiques*, chapitre 1, Paris, Imprimerie Nationale, 1904, pp. 1–28; *L'enseignement mathématique* **6** (1904), pp. 257–283. This chapter gives a lighter version of the article since Poincaré suppressed the sections devoted to differential and integral calculus.

Chapter VII – Les mathématiques et la logique

« Les mathématiques et la logique », *Revue de métaphysique et de morale* **14** (1905), pp. 294–317. This chapter is a reproduction of the beginning of the original article. Poincaré made some important cuts and modifications.[4]

Chapter VIII – Les logiques nouvelles

« Les mathématiques et la logique », *Revue de métaphysique et de morale* **14** (1905), pp. 294–317. The beginning of this chapter is a reprise of the end of the article. The end of the chapter (from section VI devoted to Hilbert's logic) finds its origin in the 1906 article « Les mathématiques et la logique », *Revue de métaphysique et de morale* **14** (1906), pp. 17–34.

Chapter IX – Les derniers efforts des logisticiens

This chapter also has its source in the 1906 article: « Les mathématiques et la logique », *Revue de métaphysique et de morale* **14** (1906), pp. 294–317

LIVRE III

LA MÉCANIQUE NOUVELLE

Chapters X, XI and XII[5]

The three chapters are a reprint of Poincaré's 1908 article « La dynamique de l'électron », *Revue générale des sciences pures et appliquées* **19** (1908), pp. 386–402. This article was a simplified version of two homonymous technical articles: on the one hand, « Sur la dynamique de l'électron », *Comptes rendus de l'Académie des sciences* **140** (1905), pp. 1504–1508; on the other hand, « Sur la dynamique de l'électron », *Rendiconti del Circolo matematico di Palermo* **21** (1906), pp. 129–176. The differences compared to the original article are very slight.

---

[4] For more details concerning the changes made by Poincaré in this chapter, cf. Gerhard Heinzmann's *Poincaré, Russell, Zermelo et Peano, textes de la discussion (1906–1912) sur les fondements des mathématiques : des antinomies à la prédicativité*, Paris, Blanchard, 1986, pp. 11–53.

[5] Respectively « La mécanique et le radium », « La mécanique et l'optique » and « La mécanique nouvelle et l'astronomie ».

LIVRE IV

LA SCIENCE ASTRONOMIQUE

Chapter XIII – La voie lactée et la théorie des gaz

« La voie lactée et la théorie des gaz », *Bulletin de la Société astronomique de France* **20** (1906), pp. 153–165. Poincaré made some minor modifications. Nevertheless, he suppressed the illustrations of the original article.

Chapter XIV – La géodésie française

« La géodésie française », *Mémoires de l'Institut* **20** (1900), pp. 13–25; also published as « La mesure de la Terre et la géodésie française », *Bulletin de la Société astronomique de France* **14** (1900), pp. 513–521. This chapter is a reprint of the *Bulletin* article without any notable change, apart from the suppression of two illustrations.

Savants et écrivains (1910)

Chapter I – Sully Prudhomme

« Sur la vie et l'œuvre poétique et philosophique de Sully Prudhomme », *Mémoires de l'Institut* (1909), pp. 3–37. Some passages of this article were reproduced in a short article entitled « Poésie scientifique et philosophique », *Le mois littéraire et pittoresque* **165** (1909), pp. 280–281.

Chapter II – Gréard, écrivain

« Discours à l'inauguration du monument élevé à la mémoire d'Octave Gréard (11/07/1909) », *Mémoires de l'Institut* (1909), pp. 3–8; *Le Temps*, July 12, 1909, p. 3. There does not seem to be any difference between the chapter and the original conference.

Chapter III – Curie et Brouardel

This chapter is a reprint, without modification of two différent obituaries published in the *Comptes rendus de l'Académie des Sciences*: « Sur M. Curie, membre de l'Académie », *Comptes rendus de l'Académie des sciences* **142** (1906), pp. 939–941; « Sur M. Bischoffsheim », *Comptes rendus de l'Académie des sciences* **142** (1906), p. 1119.

Chapter IV – Laguerre

Notice sur Laguerre, Paris, Gauthier-Villars, 1887. It was originally published in the *Comptes rendus de l'Académie des sciences* **104** (1887), pp. 1643–1650; also published as a preface to *Œuvres de Laguerre*, tome 1, Paris, 1898, pp. V–XV. In the chapter, Poincaré suppressed most of the references concerning Laguerre's mathematical and scientific works.

Chapter V – Hermite

« Au jubilé de M. Charles Hermite », in: *Jubilé de M. Charles Hermite*, Paris, Gauthier-Villars, 1893, pp. 6–8; *Revue des questions scientifiques*, 2 série, **3** (1893), pp. 244–246.

Chapter VI – Cornu

« Discours prononcé aux funérailles de M. A. Cornu (16/04/1902) », *Mémoires de l'Institut* (1902), pp. 15–18; *Bulletin de la Société française de physique* (1902), pp. 186–188; *Annuaire du Bureau des longitudes* (1903), pp. D. 7–D. 11.

Chapter VII – Halphen

« Notice sur Halphen », *Journal de l'École Polytechnique* **cahier 60** (1890), pp. 137–161. The chapter reprints only the first three sections of the article; the final sections (sections IV to IX) are devoted to Halphen's mathematical works and were not used in this version.

Chapter VIII – Tisserand

This chapter seems to have its origin in two articles: « Sur la vie et les travaux de F. Tisserand », *Revue générale des sciences pures et appliquées* **7** (1896), pp. 1230–1233; « Discours prononcé aux funérailles de M. Tisserand », *Bulletin astronomique* **13** (1896), pp. 430–432; *Annuaire du Bureau des longitudes* (1897), pp. H. 15–H. 18.

Chapter IX – Bertrand

« Au cinquantenaire de l'entrée de M. Joseph Bertrand dans l'enseignement », *Revue scientifique* **1** (1894), 4ème série, pp. 685–686; *Annuaire de l'École Polytechnique*, (1895), pp. 107–108.

Chapter X – Berthelot

« Sur l'œuvre de Marcelin Berthelot », *Le Matin*, March 25, 1907, p. 1.

Chapter XI – Faye

« Sur la vie et les travaux de M. Faye », *Bulletin de la Société astronomique de France* **16** (1902), pp. 496–501.

Chapter XII – Potier

« A. Potier », *Éclairage électrique* **43** (1905), pp. 281–282; also reprinted in Potier, A., *Mémoires sur l'électricité et l'optique*, Paris, Gauthier-Villars, 1912, pp. V–X.

Chapter XIII – Weierstraß

« L'œuvre mathématique de Weierstraß », *Acta Mathematica* **22** (1898), pp. 1–18. The chapter is a reprise of the non technical parts of the original article.

Chapter XIV – Lord Kelvin

« Lord Kelvin », *La lumière électrique* **1** (1908), 2ème série, pp. 139–147.

Chapter XV – Lœwy

« Sur M. Maurice Lœwy », *Annuaire du Bureau des longitudes* (1908), pp. D. 1–D. 18.

Chapter XVI – Les polytechniciens

Sur la part des polytechniciens dans l'œuvre scientifique du XIXème siècle, Compte-rendu, Paris, Gauthier-Villars, 1903, pp. 11–17.

Dernières pensées (1913)

Chapter I– L'évolution des lois

« L'évolution des lois », *Scientia (Rivista di Scienza)* **9** (1911), pp. 275–292.

Chapter II – L'espace et le temps

« L'espace et le temps », *Scientia (Rivista di Scienza)* **12** (1912), pp. 159–171.

Chapter III – Pourquoi l'espace a trois dimensions

« Pourquoi l'espace a trois dimensions », *Revue de métaphysique et de morale* **20** (1912), pp. 483–504.

Chapter IV – La logique de l'infini

« La logique de l'infini », *Revue de métaphysique et de morale* **17** (1909), pp. 461–482.

Chapter V – Les mathématiques et la logique

« La logique de l'infini », *Scientia (Rivista di Scienza)* **12** (1912), pp. 1–11.

Chapter VI – L'hypothèse des quanta

« L'hypothèse des quanta », *Revue scientifique* **17** (1912), 4ème série, pp. 225–232. *Œuvres*, tome **IX**, pp. 654–668.

Chapter VII – Les rapports de la matière et de l'éther

« Les rapports de la matière et de l'éther », *Journal de physique théorique et appliquée* **2** (1912), 5ème série, pp. 347–360. *Œuvres*, tome **IX**, pp. 669–682.

Chapter VIII – La morale et la science

« La morale et la science », *Foi et vie* (Paris) **13** (1910), pp. 323–329; *Questions du temps présent*, Paris, 1910, pp. 49–69; *La revue* **86** (1910), pp. 289–302.

Chapter IX – L'union morale

« L'union pour l'éducation morale », *Le Parthénon, Revue bimensuelle politique, littéraire et indépendante* **12** (July 5, 1912), pp. 545–549.

Since 1926, the following chapters were added to the editions of Dernières pensées.

Chapter X – Les fondements de la géométrie

« Les fondements de la géométrie – *Grundlagen der Geometrie* par M. Hilbert, professeur à l'Université de Göttingen. – Festschrift zur Feier der Enthüllung des Gauß-Weber-Denkmals », *Journal des savants* (1902), Paris, Imprimerie Nationale, Hachette, pp. 252–271.

Chapter XI – Cournot et les principes du calcul infinitésimal

« Cournot et les principes du calcul infinitésimal », *Revue de métaphysique et de morale* **13** (1905), pp. 293–306.

Chapter XII – Le libre examen en matière scientifique

Le libre examen en matière scientifique – conférence faite aux Fêtes jubilaires de l'Université de Bruxelles le 21 novembre 1909, extrait de la *Revue de l'Université de Bruxelles* (décembre 1909), Liège, Imprimerie La Meuse, 1909, pp. 5–15.

Chapter XIII – Le démon d'Arrhenius

« Le démon d'Arrhenius », published in the collective book *Hommage à Louis Olivier*, Paris, Imprimerie L. Maretheux, 1911, pp. 281–287.

Bibliography of Poincaré's Writings

1874

« Démonstration nouvelle des propriétés de l'indicatrice d'une surface », *Nouvelles annales mathématiques* **13**, 2ème série, pp. 449–456.

1875

« Note sur les propriétés des fonctions définies par les équations différentielles », *Journal de l'École Polytechnique* **45ème cahier**, pp. 13–26 ; *Œuvres*, tome **I**, pp. XXXVI–XLVIII.

1879

a) « Sur quelques propriétés des formes quadratiques », *Comptes rendus de l'Académie des sciences* **89**, pp. 344–346. *Œuvres*, tome **V**, pp. 189–191.

b) « Sur les formes quadratiques », *Comptes rendus de l'Académie des sciences* **89**, pp. 87–89. *Œuvres*, tome **V**, pp. 192–194.

c) « Sur les propriétés des fonctions définies par les équations aux différences partielles », *Thèses présentées à la Faculté des sciences de Paris, 1er août 1879*, Paris, Gauthier-Villars, 93 p. *Œuvres*, tome **I**, pp. XLIX–CXXXI.

1880

a) « Sur les courbes définies par une équation différentielle », *Comptes rendus de l'Académie des sciences* **90**, pp. 673–675. *Œuvres*, tome **I**, pp. 1–2.

b) « Sur les formes cubiques ternaires », *Comptes rendus de l'Académie des sciences* **90**, pp. 1336–1339. *Œuvres*, tome **V**, pp. 291–292.

c) « Sur la réduction simultanée d'une forme quadratique et d'une forme linéaire », *Comptes rendus de l'Académie des sciences* **91**, pp. 844–846. *Œuvres*, tome **V**, pp. 337–339.

d) « Sur un mode nouveau de représentation géométrique des formes quadratiques définies ou indéfinies », *Journal de l'École Polytechnique* **cahier 47**, pp. 177–245. *Œuvres*, tome **V**, pp. 117–180.

e) « Note sur les principes de la mécanique dans Descartes et dans Leibnitz, par Henri Poincaré, ingénieur des mines, chargé de cours à la Faculté des sciences de Caen », *in* Boutroux, É. (éd.), *La monadologie – Édition annotée et précédée d'une exposition du système de Leibnitz*, Paris, Delagrave, pp. 225–231.

1881

a) « Sur les fonctions fuchsiennes », *Comptes rendus de l'Académie des sciences* **92**, pp. 333–335. *Œuvres*, tome **II**, pp. 1–4.

b) « Sur les fonctions fuchsiennes », *Comptes rendus de l'Académie des sciences* **92**, pp. 395–398. *Œuvres*, tome **II**, pp. 5–7.

c) « Sur les équations différentielles linéaires à intégrales algébriques », *Comptes rendus de l'Académie des sciences* **92**, pp. 698–701. *Œuvres*, tome **III**, pp. 95–97.

d) « Sur les représentations des nombres par les formes », *Comptes rendus de l'Académie des sciences* **92**, pp. 777–779. *Œuvres*, tome **V**, pp. 397–399.

e) « Sur une nouvelle application et quelques applications importantes des fonctions fuchsiennes », *Comptes rendus de l'Académie des sciences* **92**, pp. 859–861. *Œuvres*, tome **II**, pp. 8–10.

f) « Sur l'intégration des équations linéaires par les moyens des fonctions abéliennes », *Comptes rendus de l'Académie des sciences* **92**, pp. 913–915. *Œuvres*, tome **III**, pp. 98–100.

g) « Sur les fonctions fuchsiennes », *Comptes rendus de l'Académie des sciences* **92**, p. 957. *Œuvres*, tome **II**, p. 11.

h) « Sur les fonctions abéliennes », *Comptes rendus de l'Académie des sciences* **92**, pp. 958–959. *Œuvres*, tome **IV**, pp. 299–301.

i) « Sur les fonctions fuchsiennes », *Comptes rendus de l'Académie des sciences* **92**, pp. 1198–1200. *Œuvres*, tome **II**, pp. 12–15.

j) « Sur les fonctions fuchsiennes », *Comptes rendus de l'Académie des sciences* **92**, pp. 1274–1276. *Œuvres*, tome **II**, pp. 16–18.

k) « Sur une propriété des fonctions uniformes », *Comptes rendus de l'Académie des sciences* **92**, pp. 1335–1336. *Œuvres*, tome **IV**, pp. 9–10.

l) « Sur les fonctions fuchsiennes », *Comptes rendus de l'Académie des sciences* **92**, pp. 1484–1487. *Œuvres*, tome **II**, pp. 19–22.

m) « Sur les groupes kleinéens », *Comptes rendus de l'Académie des sciences* **93**, pp. 44–46. *Œuvres*, tome **II**, pp. 23–25.

n) « Sur une fonction analogue aux fonctions modulaires », *Comptes rendus de l'Académie des sciences* **93**, pp. 138–140. *Œuvres*, tome **II**, pp. 26–28.

o) « Sur les fonctions fuchsiennes », *Comptes rendus de l'Académie des sciences* **93**, pp. 301–303. *Œuvres*, tome **II**, pp. 29–31.

p) « Sur les fonctions fuchsiennes », *Comptes rendus de l'Académie des sciences* **93**, pp. 581–582. *Œuvres*, tome **II**, pp. 32–34.

q) « Sur les courbes définies par les équations différentielles », *Comptes rendus de l'Académie des sciences* **93**, pp. 951–952. *Œuvres*, tome **I**, pp. 85–86.

r) « Sur les applications de la géométrie non-euclidienne à la théorie des formes quadratiques », *Comptes rendus des Sessions de l'Association Française pour l'Avancement des Sciences*, $10^{\text{ème}}$ Session (Alger 1881), Paris, Gauthier-Villars, 1882, pp. 132–138. *Œuvres*, tome **V**, pp. 267–274.

s) « Sur les formes cubiques ternaires et quaternaires ($1^{\text{ère}}$ partie) », *Journal de l'École Polytechnique* **cahier 50**, pp. 199–253. *Œuvres*, tome **V**, pp. 28–72.

t) « Mémoire sur les courbes définies par une équation différentielle ($1^{\text{ère}}$ partie) », *Journal de mathématiques pures et appliquées* 7, $3^{\text{ème}}$ série, pp. 375–422. *Œuvres*, tome **I**, pp. 3–44.

1882

a) « Sur les invariants arithmétiques », *Comptes rendus de des Sessions de l'Association Française pour l'Avancement des Sciences*, $10^{\text{ème}}$ session (Alger 1881), Paris, Gauthier-Villars, 1882, pp. 109–117. *Œuvres*, tome **V**, pp. 195–202.

b) « Sur les formes cubiques ternaires et quaternaires (2nde partie) », *Journal de l'École Polytechnique* **cahier 51**, pp. 45–91. *Œuvres*, tome **V**, pp. 293–334.

c) « Sur une extension de la notion arithmétique de genre », *Comptes rendus de l'Académie des sciences* **94**, pp. 67–71. *Œuvres*, tome **V**, pp. 435–437.

d) « Sur une extension de la notion arithmétique de genre », *Comptes rendus de l'Académie des sciences* **94**, pp. 124–127. *Œuvres*, tome **V**, pp. 438–440.

e) « Sur les fonctions fuchsiennes », *Comptes rendus de l'Académie des sciences* **94**, pp. 163–166. *Œuvres*, tome **II**, pp. 35–37.

f) « Sur les points singuliers des équations différentielles », *Comptes rendus de l'Académie des sciences* **94**, pp. 416–418 *Œuvres*, tome **XI**, pp. 3–5.

g) « Sur l'intégration des équations différentielles par les séries », *Comptes rendus de l'Académie des sciences* **94**, pp. 577–578. *Œuvres*, tome **I**, pp. 162–163.

h) « Sur les groupes discontinus », *Comptes rendus de l'Académie des sciences* **94**, pp. 840–843. *Œuvres*, tome **II**, pp. 38–40.

i) « Sur les fonctions fuchsiennes », *Comptes rendus de l'Académie des sciences* **94**, pp. 1038–1040. *Œuvres*, tome **II**, pp. 41–43.

j) « Sur les fonctions fuchsiennes », *Comptes rendus de l'Académie des sciences* **94**, pp. 1166–1167. *Œuvres*, tome **II**, pp. 44–46.

k) « Sur une classe d'invariants relatifs aux équations linéaires », *Comptes rendus de l'Académie des sciences* **94**, pp. 1402–1405. *Œuvres*, tome **II**, pp. 47–49.

l) « Sur les transcendantes entières », *Comptes rendus de l'Académie des sciences* **95**, pp. 23–26. *Œuvres*, tome **IV**, pp. 14–16.

m) « Sur les fonctions fuchsiennes », *Comptes rendus de l'Académie des sciences* **95**, pp. 626–628. *Œuvres*, tome **II**, pp. 50–52.

n) « Sur les séries trigonométriques », *Comptes rendus de l'Académie des sciences* **95**, pp. 766–768. *Œuvres*, tome **IV**, pp. 585–587.

o) « Théorie des groupes fuchsiens », *Acta Mathematica* **1**, pp. 1–62. *Œuvres*, tome **II**, pp. 108–168.

p) « Sur les fonctions fuchsiennes », *Acta Mathematica* **1**, pp. 193–294. *Œuvres*, tome **II**, pp. 169–257.

q) « Mémoire sur les courbes définies par une équation différentielle (2nde partie) », *Journal de mathématiques pures et appliquées* **8**, $3^{\text{ème}}$ série, pp. 251–296. *Œuvres*, tome **I**, pp. 44–84.

r) « Sur les fonctions uniformes qui se reproduisent par des substitutions linéaires », *Mathematische Annalen* **19**, pp. 553–564. *Œuvres*, tome **II**, pp. 92–104.

s) « Sur les fonctions uniformes qui se reproduisent par des substitutions linéaires (extrait d'une lettre adressée à F. Klein) », *Mathematische Annalen* **20**, pp. 52–53. *Œuvres*, tome **II**, pp. 106–107.

t) « Sur la théorie des fonctions fuchsiennes », *Mémoires de l'Académie Nationale des Sciences, Arts et belles Lettres de Caen*, pp. 3–29. *Œuvres*, tome **II**, pp. 75–91.

1883

a) « Sur les fonctions de deux variables », *Comptes rendus de l'Académie des sciences* **96**, pp. 238–240. *Œuvres*, tome **IV**, pp. 144–146.

b) « Sur les séries de polynômes », *Comptes rendus de l'Académie des sciences* **96**, pp. 637–639. *Œuvres*, tome **I**, pp. 223–225.

c) « Sur les groupes des équations linéaires », *Comptes rendus de l'Académie des sciences* **96**, pp. 691–694. *Œuvres*, tome **II**, pp. 53–55.

d) « Sur les fonctions à espaces lacunaires », *Comptes rendus de l'Académie des sciences* **96**, pp. 1134–1136. *Œuvres*, tome **IV**, pp. 25–27.

e) « Sur les groupes des équations abéliennes », *Comptes rendus de l'Académie des sciences* **96**, pp. 1302–1304. *Œuvres*, tome **II**, pp. 56–58.

f) « Sur les fonctions fuchsiennes », *Comptes rendus de l'Académie des sciences* **96**, pp. 1485–1487. *Œuvres*, tome **II**, pp. 59–61.

g) « Sur certaines solutions particulières du problème des trois corps », *Comptes rendus de l'Académie des sciences* **97**, pp. 251–252. *Œuvres*, tome **VII**, pp. 251–252.

h) « Sur la reproduction des formes », *Comptes rendus de l'Académie des sciences* **97**, pp. 949–951. *Œuvres*, tome **V**, pp. 73–75.

i) « Sur l'intégration algébrique des équations linéaires », *Comptes rendus de l'Académie des sciences* **97**, pp. 984–985. *Œuvres*, tome **III**, pp. 101–102.

j) « Sur l'intégration algébrique des équations linéaires », *Comptes rendus de l'Académie des sciences* **97**, pp. 1189–1191. *Œuvres*, tome **III**, pp. 103–105.

k) « Sur un théorème de Riemann relatif aux fonctions de n variables indépendantes admettant $2n$ systèmes de périodes (en collaboration avec É. Picard) », *Comptes rendus de l'Académie des sciences* **97**, pp. 1284–1287. *Œuvres*, tome **IV**, pp. 307–310.

l) « Sur les équations algébriques », *Comptes rendus de l'Académie des sciences* **97**, pp. 1418–1419. *Œuvres*, tome **V**, pp. 81–82.

m) « Sur les séries trigonométriques », *Comptes rendus de l'Académie des sciences* **97**, pp. 1471–1473. *Œuvres*, tome **IV**, pp. 588–590.

n) « Sur les fonctions de deux variables », *Acta Mathematica* **2**, pp. 97–113. *Œuvres*, tome **IV**, pp. 147–161.

o) « Mémoire sur les groupes kleinéens », *Acta Mathematica* **3**, pp. 49–92. *Œuvres*, tome **II**, pp. 258–299.

p) « Sur les fonctions à espaces lacunaires », *Acta Societatis Scientiarum Fennicae* **12**, pp. 343–350. *Œuvres*, tome **IV**, pp. 28–35.

q) « Sur un théorème de la théorie générale des fonctions », *Bulletin de la Société mathématique de France* **11**, pp. 112–125. *Œuvres*, tome **IV**, pp. 57–69.

r) « Sur les Θ fonctions », *Bulletin de la Société mathématique de France* **11**, pp. 129–134. *Œuvres*, tome **IV**, pp. 302–306.

s) « Sur les fonctions entières », *Bulletin de la Société mathématique de France* **11**, pp. 136–144. *Œuvres*, tome **IV**, pp. 17–24.

1884

a) « Sur les courbes définies par les équations différentielles », *Comptes rendus de l'Académie des sciences* **98**, pp. 287–289. *Œuvres*, tome **I**, pp. 87–89.

b) « Sur les substitutions linéaires », *Comptes rendus de l'Académie des sciences* **98**, pp. 349–352. *Œuvres*, tome **IV**, pp. 531–533.

c) « Sur les groupes hyperfuchsiens », *Comptes rendus de l'Académie des sciences* **98**, pp. 503–504. *Œuvres*, tome **II**, pp. 62–63.

d) « Sur une équation différentielle », *Comptes rendus de l'Académie des sciences* **98**, pp. 793–795. *Œuvres*, tome **VII**, pp. 543–545.

e) « Sur un théorème de M. Fuchs », *Comptes rendus de l'Académie des sciences* **99**, pp. 75–77. *Œuvres*, tome **III**, pp. 1–3.

f) « Sur les nombres complexes », *Comptes rendus de l'Académie des sciences* **99**, pp. 740–742. *Œuvres*, tome **V**, pp. 77–79.

g) « Sur la réduction des intégrales abéliennes », *Comptes rendus de l'Académie des sciences* **99**, pp. 853–855. *Œuvres*, tome **III**, pp. 352–354.

h) « Sur une généralisation des fractions continues », *Comptes rendus de l'Académie des sciences* **99**, pp. 1014–1016. *Œuvres*, tome **V**, pp. 185–187.

i) « Sur les intégrales de différentielles totales », *Comptes rendus de l'Académie des sciences* **99**, pp. 1145–1147. *Œuvres*, tome **III**, pp. 355–356.

j) « Sur la réduction des intégrales abéliennes », *Bulletin de la Société mathématique de France* **12**, pp. 124–143. *Œuvres*, tome **III**, pp. 333–351.

k) « Remarques sur l'emploi d'une méthode proposée par M. P. Appell intitulée *Méthode élémentaire pour obtenir le développement en série trigonométrique des fonctions elliptiques* », *Bulletin de la Société mathématique de France* **13**, pp. 19–27. *Œuvres*, tome **V**, pp. 85–94.

l) « Sur les groupes des équations linéaires », *Acta Mathematica* **4**, pp. 201–311. *Œuvres*, tome **II**, pp. 300–401.

m) « Mémoire sur les fonctions zétafuchsiennes », *Acta Mathematica* **5**, pp. 209–278. *Œuvres*, tome **II**, pp. 402–462.

n) « Sur certaines solutions particulières du problème des trois corps », *Bulletin astronomique* **1**, pp. 65–74. *Œuvres*, tome **VII**, pp. 253–261.

o) « Sur la convergence des séries trigonométriques », *Bulletin astronomique* **1**, pp. 319–327. *Œuvres*, tome **IV**, pp. 591–598.

p) *Notice sur les travaux scientifiques de M. Poincaré (rédigée par lui-même)*, Paris, Gauthier-Villars, 51 p.

1885

a) « Sur une généralisation du théorème d'Abel », *Comptes rendus de l'Académie des sciences* **100**, pp. 40–42. *Œuvres*, tome **III**, pp. 357–359.

b) « Sur l'équilibre d'une masse fluide animée d'un mouvement de rotation », *Comptes rendus de l'Académie des sciences* **100**, pp. 346–348. *Œuvres*, tome **VII**, pp. 14–16.

c) « Sur les fonctions abéliennes », *Comptes rendus de l'Académie des sciences* **100**, pp. 785–787. *Œuvres*, tome **IV**, pp. 311–313.

d) « Sur l'équilibre d'une masse fluide animée d'un mouvement de rotation », *Comptes rendus de l'Académie des sciences* **100**, pp. 1068–1070. *Œuvres*, tome **VII**, pp. 34–36.

e) « Sur l'équilibre d'une masse fluide animée d'un mouvement de rotation », *Comptes rendus de l'Académie des sciences* **101**, pp. 307–309. *Œuvres*, tome **VII**, pp. 37–39.

f) « Sur les intégrales irrégulières des équations linéaires », *Comptes rendus de l'Académie des sciences* **101**, pp. 939–941. *Œuvres*, tome **IV**, pp. 611–613.

g) « Sur les intégrales irrégulières des équations différentielles », *Comptes rendus de l'Académie des sciences* **101**, pp. 990–991. *Œuvres*, tome **IV**, pp. 614–615.

h) « Sur les séries trigonométriques », *Comptes rendus de l'Académie des sciences* **101**, pp. 1131–1134. *Œuvres*, tome **I**, pp. 164–166.

i) « Sur un théorème de M. Fuchs », *Acta Mathematica* **7**, pp. 1–32. *Œuvres*, tome **III**, pp. 4–31.

j) « Sur l'équilibre d'une masse fluide animée d'un mouvement de rotation », *Acta Mathematica* **7**, pp. 259–380. *Œuvres*, tome **VII**, pp. 40–140.

k) « Sur les courbes définies par les équations différentielles (3ème partie) », *Journal de mathématiques pures et appliquées* **4ème série**, pp. 167–244. *Œuvres*, tome **I**, pp. 90–161.

l) « Sur l'équilibre d'une masse fluide animée d'un mouvement de rotation », *Bulletin astronomique* **2**, pp. 109–118. *Œuvres*, tome **VII**, pp. 17–25.

m) « Sur l'équilibre d'une masse fluide animée d'un mouvement de rotation », *Bulletin astronomique* **2**, pp. 405–413. *Œuvres*, tome **VII**, pp. 26–33.

n) « Note sur la stabilité de l'anneau de Saturne », *Bulletin astronomique* **2**, pp. 507–508. *Œuvres*, tome **VIII**, pp. 457–458.

o) « Sur les équations linéaires aux différentielles ordinaires et aux différences finies », *American Journal of Mathematics* **7**, n° 3, pp. 1–56. *Œuvres*, tome **I**, pp. 226–289.

p) « Sur la représentation des nombres par les formes », *Bulletin de la Société mathématique de France* **13**, pp. 162–194. *Œuvres*, tome **V**, pp. 400–432.

1886

a) « Sur la transformation des fonctions fuchsiennes et la réduction des intégrales abéliennes », *Comptes rendus de l'Académie des sciences* **102**, pp. 41–44. *Œuvres*, tome **IV**, pp. 314–317.

b) « Sur les résidus des intégrales doubles », *Comptes rendus de l'Académie des sciences* **102**, pp. 202–204. *Œuvres*, tome **III**, pp. 437–439.

c) « Sur les fonctions fuchsiennes et les formes quadratiques ternaires indéfinies », *Comptes rendus de l'Académie des sciences* **102**, pp. 735–737. *Œuvres*, tome **II**, pp. 64–66. *Œuvres*, tome **V**, pp. 275–277.

d) « Sur la réduction des intégrales abéliennes », *Comptes rendus de l'Académie des sciences* **102**, pp. 915–916. *Œuvres*, tome **III**, pp. 360–361.

e) « Sur l'équilibre d'une masse fluide en rotation », *Comptes rendus de l'Académie des sciences* **102**, pp. 970–972. *Œuvres*, tome **VII**, pp. 141–142.

f) « Sur les transformations des surfaces en elles-mêmes », *Comptes rendus de l'Académie des sciences* **103**, pp. 732–734. *Œuvres*, tome **VI**, pp. 1–5.

g) « Sur une classe étendue de transcendantes uniformes », *Comptes rendus de l'Académie des sciences* **103**, pp. 862–864. *Œuvres*, tome **IV**, pp. 534–536.

h) « Sur les déterminants d'ordre infini », *Bulletin de la Société mathématique de France* **14**, pp. 77–90. *Œuvres*, tome **V**, pp. 95–107.

i) « Réduction d'une forme quadratique et d'une forme linéaire », *Journal de l'École Polytechnique* **cahier 56**, pp. 79–142. *Œuvres*, tome **V**, pp. 340–393.

j) « Sur les intégrales irrégulières des équations linéaires », *Acta Mathematica* **8**, pp. 295–344. *Œuvres*, tome **I**, pp. 290–332.

k)   « Sur les courbes définies par les équations différentielles (4ème partie) », *Journal de mathématiques pures et appliquées* 4ème **série**, pp. 151–217. *Œuvres*, tome **I**, pp. 167–222.

l)   « Sur les fonctions abéliennes », *American Journal of Mathematics* **8**, pp. 289–342. *Œuvres*, tome **IV**, pp. 318–378.

m) « Sur une méthode de M. Lindstedt », *Bulletin astronomique* **3**, pp. 57–61. *Œuvres*, tome **VII**, pp. 546–550.

n)   « Sur un moyen d'augmenter la convergence des séries trigonométriques », *Bulletin astronomique* **3**, pp. 521–528. *Œuvres*, tome **IV**, pp. 599–606.

o)   *Cinématique pure – Mécanismes. II. Potentiel et mécanique des fluides*, Paris, autographié, I – 140 p., II – 140 p.

p)   *Notice sur les travaux scientifiques de M. Poincaré*, 2nde édition, Paris, Gauthier-Villars, 75 p.

1887

a)   « Sur le problème de la distribution électrique », *Comptes rendus de l'Académie des sciences* **104**, pp. 44–46. *Œuvres*, tome **IX**, pp. 15–17.

b)   « Sur un théorème de M. Liapounoff relatif à l'équilibre d'une masse fluide en rotation », *Comptes rendus de l'Académie des sciences* **104**, pp. 622–625. *Œuvres*, tome **VII**, pp. 143–146.

c)   *Notice sur Laguerre*, Paris, Gauthier-Villars, 14 p. Initially published in *Comptes rendus de l'Académie des sciences* **104**, pp. 1643–1650 ; préface des *Œuvres de Laguerre*, tome 1, Paris, 1898, pp. V–XV. *Savants et écrivains*, chapter IV.

d)   « Sur la théorie analytique de la chaleur », *Comptes rendus de l'Académie des sciences* **104**, pp. 1753–1759. *Œuvres*, tome **IX**, pp. 18–23.

e)   « Sur les résidus des intégrales doubles », *Acta Mathematica* **9**, pp. 321–380. *Œuvres*, tome **III**, pp. 440–489.

f)   « Remarques sur les intégrales irrégulières des équations linéaires (réponse à M. Thomé) », *Acta Mathematica* **10**, pp. 310–312. *Œuvres*, tome **I**, pp. 333–335.

g)   « Les fonctions fuchsiennes et l'arithmétique », *Journal de mathématiques pures et appliquées* 4ème **série**, pp. 405–464. *Œuvres*, tome **II**, pp. 463–511.

h)   « Sur les hypothèses fondamentales de la géométrie », *Bulletin de la Société mathématique de France* **15**, pp. 203–216 ; *Œuvres*, tome **XI**, pp. 79–91. Russian translation by D. Sintsoff, *Bulletin de la Société physico-mathématique de Kasan* **3**, n° 4 (1893), pp. 109–121.

1888

a)   « Sur l'équilibre d'une masse hétérogène en rotation », *Comptes rendus de l'Académie des sciences* **106**, pp. 1571–1574. *Œuvres*, tome **VII**, pp. 147–150.

b)   « Sur la figure de la Terre », *Comptes rendus de l'Académie des sciences* **107**, pp. 67–71. *Œuvres*, tome **VIII**, pp. 120–124.

c)   « Sur les satellites de Mars », *Comptes rendus de l'Académie des sciences* **107**, pp. 890–892. *Œuvres*, tome **VIII**, pp. 459–460.

d)   « Sur la théorie analytique de la chaleur », *Comptes rendus de l'Académie des sciences* **107**, pp. 967–971. *Œuvres*, tome **IX**, pp. 24–27.

e)   « Sur une propriété des fonctions analytiques », *Rendiconti del Circolo matematico di Palermo* **2**, pp. 197–200. *Œuvres*, tome **IV**, pp. 11–13.

1889

a)   « Sur les séries de M. Lindstedt », *Comptes rendus de l'Académie des sciences* **108**, pp. 21–24. *Œuvres*, tome **VII**, pp. 551–554.

b)   « Sur les tentatives d'explication mécanique des principes de la thermodynamique », *Comptes rendus de l'Académie des sciences* **108**, pp. 550–553. *Œuvres*, tome **X**, pp. 231–233.

c)   « Sur la figure de la Terre (1ère partie) », *Bulletin astronomique* **6**, pp. 5–11. *Œuvres*, tome **VIII**, pp. 125–131.

d) « Sur la figure de la Terre (2nde partie) », *Bulletin astronomique* **6**, pp. 49–60. *Œuvres*, tome **VIII**, pp. 132–142.

e) *Théorie mathématique de la lumière*, tome 1, Paris, G. Carré & C. Naud, IV + 408 p. German translation by E. Gumlich et W. Jäger, Berlin, Julius Springer, 1894. *La science et l'hypothèse*, chapter XII.

1890

a) « Sur la loi électrodynamique de Weber », *Comptes rendus de l'Académie des sciences* **110**, pp. 825–829. *Œuvres*, tome **X**, pp. 292–296 ».

b) « Rapport sur un mémoire de M. Cellerier intitulé : *Sur les variations des excentricités et des inclinaisons* », *Comptes rendus de l'Académie des sciences* **110**, pp. 942–944.

c) « Contribution à la théorie des expériences de M. Hertz », *Comptes rendus de l'Académie des sciences* **111**, pp. 322–326. *Œuvres*, tome **X**, pp. 1–5.

d) « Sur une classe nouvelle de transcendantes uniformes », *Journal de mathématiques pures et appliquées* **6**, 4ème série, pp. 313–365. *Œuvres*, tome **IV**, pp. 537–582.

e) « Sur les équations aux dérivées partielles de la physique mathématique », *American Journal of Mathematics* **12**, pp. 211–294. *Œuvres*, tome **IX**, pp. 28–113.

f) « Contribution à la théorie des expériences de Hertz », *Archives des sciences physiques et naturelles* **24**, Genève, 3ème période, pp. 285–290.

g) « Notice sur Halphen », *Journal de l'École Polytechnique* **cahier 60**, pp. 137–161. *Savants et écrivains*, chapter VII.

h) « Sur le problème des trois corps et les équations de la Dynamique », *Acta Mathematica* **13**, pp. 1–270. *Œuvres*, tome **VII**, pp. 262–479.

i) *Électricité et optique, tome 1 – Les théories de Maxwell et la théorie électromagnétique de la lumière*, Paris, G. Carré & C. Naud, XIX + 314 p. German translation by W. Jäger et E. Gumlich, Berlin, Julius Springer, 1891. *La science et l'hypothèse*, chapter XII.

j) « Préface », *in* Tisserand, F., *Leçons sur la détermination des orbites*, Paris, Gauthier-Villars, pp. V–XIV. *Bulletin des sciences mathématiques* **23**, 2ème série, pp. 107–117.

1891

a) « Sur le développement approché de la fonction perturbatrice », *Comptes rendus de l'Académie des sciences* **112**, pp. 269–273. *Œuvres*, tome **VIII**, pp. 5–9.

b) « Sur l'expérience de M. Wiener », *Comptes rendus de l'Académie des sciences* **112**, pp. 325–329. *Œuvres*, tome **X**, pp. 271–277.

c) « Sur la réflexion métallique », *Comptes rendus de l'Académie des sciences* **112**, pp. 456–459. *Œuvres*, tome **X**, pp. 278–286.

d) « Sur l'équilibre des diélectriques fluides dans un champ électrique », *Comptes rendus de l'Académie des sciences* **112**, pp. 555–557. *Œuvres*, tome **X**, pp. 297–298.

e) « Sur l'intégration algébrique des équations différentielles », *Comptes rendus de l'Académie des sciences* **112**, pp. 761–764. *Œuvres*, tome **III**, pp. 32–34.

f) « Sur la théorie de l'élasticité », *Comptes rendus de l'Académie des sciences* **112**, pp. 914–915. *Œuvres*, tome **X**, pp. 221–227.

g) « Sur la théorie des oscillations hertziennes », *Comptes rendus de l'Académie des sciences* **113**, pp. 515–519. *Œuvres*, tome **X**, pp. 33–37.

h) « Sur la distribution des nombres premiers », *Comptes rendus de l'Académie des sciences* **113**, p. 819. *Œuvres*, tome **V**, p. 441.

i) « Extension aux nombres premiers complexes des théorèmes de M. Tchebicheff », *Journal de mathématiques pures et appliquées* **8**, 4ème série, pp. 25–68. *Œuvres*, tome **V**, pp. 442–479.

j) « Sur le calcul de la période des excitateurs horizions », *Archives des sciences physiques et naturelles*, Genève, 3ème période, **25**, pp. 5–25. *Œuvres*, tome **X**, pp. 6–19.

k) « Sur la résonance multiple des oscillations hertziennes », *Archives des sciences physiques et naturelles*, Genève, 3ème période, **25**, pp. 609–627. *Œuvres*, tome **X**, pp. 20–32.

l)   « Sur l'intégration algébrique des équations différentielles du premier ordre et du premier degré », *Rendiconti del Circolo matematico di Palermo* **5**, pp. 161–191. *Œuvres*, tome **III**, pp. 35–58.

m)   « Sur le problème des trois corps », *Bulletin astronomique* **8**, pp. 12–24. *Œuvres*, tome **VII**, pp. 480–490.

n)   « Le problème des trois corps », *Revue générale des sciences pures et appliquées* **2**, pp. 1–5. *Œuvres*, tome **VIII**, pp. 529–537.

o)   « Les géométries non euclidiennes », *Revue générale des sciences pures et appliquées* **2**, pp. 769–774. *La science et l'hypothèse*, chapter III. English translation in *Nature* **45** (1892), pp. 404–407.

p)   *Électricité et optique, tome 2 – Les théories de Helmholtz et les expériences de Hertz*, Paris, G. Carré & C. Naud, XI + 262 p. German translation by W. Jäger et E. Gumlich, Berlin, Julius Springer, 1891. *La science et l'hypothèse*, chapter XII.

1892

a)   « Sur un mode anormal de propagation des ondes », *Comptes rendus de l'Académie des sciences* **114**, pp. 16–18. *Œuvres*, tome **X**, pp. 38–40.

b)   « Sur la théorie de l'élasticité », *Comptes rendus de l'Académie des sciences* **114**, pp. 385–389. *Œuvres*, tome **X**, pp. 228–230.

c)   « Rapport sur un mémoire présenté par M. Blondlot et relatif à la propagation des ondes hertziennes », *Comptes rendus de l'Académie des sciences* **114**, pp. 645–648.

d)   « Sur la propagation des ondes hertziennes », *Comptes rendus de l'Académie des sciences* **114**, pp. 1046–1048. *Œuvres*, tome **X**, pp. 41–43.

e)   « Sur la propagation des oscillations électriques », *Comptes rendus de l'Académie des sciences* **114**, pp. 1229–1233. *Œuvres*, tome **X**, pp. 44–47.

f)   « Sur l'application de la méthode de M. Lindstedt au problème des trois corps », *Comptes rendus de l'Académie des sciences* **114**, pp. 1305–1309. *Œuvres*, tome **VII**, pp. 491–495.

g)   « Sur l'Analysis Situs », *Comptes rendus de l'Académie des sciences* **115**, pp. 633–636. *Œuvres*, tome **VI**, pp. 189–192.

h)   « Note accompagnant la présentation d'un ouvrage relatif aux *Méthodes nouvelles de la Mécanique céleste* », *Comptes rendus de l'Académie des sciences* **115**, pp. 905–907.

i)   « Rapport sur le concours du prix Bordin », *Comptes rendus de l'Académie des sciences* **115**, pp. 1126–1127.

j)   « Sur les fonctions à espaces lacunaires », *American Journal of Mathematics* **14**, pp. 201–221. *Œuvres*, tome **IV**, pp. 36–35.

k)   « Correspondance sur les géométries non euclidiennes (lettre à M. Mouret) », *Revue générale des sciences pures et appliquées* **3**, pp. 74–75. *La science et l'hypothèse*, chapter II.

l)   « Les formes d'équilibre d'une masse fluide en rotation », *Revue générale des sciences pures et appliquées* **3**, pp. 809–815. *Œuvres*, tome **VII**, pp. 203–217.

m)   « Réponse à P. G. Tait », *Nature* **45**, p. 485. *Œuvres*, tome **X**, pp. 236–237.

n)   « Réponse à l'article de P. G. Tait : 'Poincaré's Thermodynamics' », *Nature* **45**, pp. 414–415. *Œuvres*, tome **X**, pp. 234–235.

o)   « Réponse à P. G. Tait », *Nature* **46**, p. 76. *Œuvres*, tome **X**, pp. 238–239.

p)   *Les méthodes nouvelles de la Mécanique céleste*, tome 1, Paris, Gauthier-Villars, 385 p.

q)   *Leçons sur la théorie de l'élasticité*, Paris, G. Carré & C. Naud, 210 p.

r)   *Théorie mathématique de la lumière, tome 2 – Nouvelles études sur le diffraction. Théorie de la dispersion de Helmholtz*, Paris, G. Carré & C. Naud, VI + 310 p.

s)   *Thermodynamique*, Paris, G. Carré & C. Naud, XIX + 432 p. *La science et l'hypothèse*, chapter VIII. German translation by W. Jäger et E. Gumlich, Berlin, Julius Springer, 1893.

t)   « Sur la polarisation par diffraction – 1ère partie », *Acta Mathematica* **16**, pp. 297–339. *Œuvres*, tome **IX**, pp. 293–330.

1893

a) « Sur une objection à la théorie cinétique des gaz », *Comptes rendus de l'Académie des sciences* **116**, pp. 1017–1021. *Œuvres*, tome **X**, pp. 240–243.

b) « Sur la théorie cinétique des gaz », *Comptes rendus de l'Académie des sciences* **116**, pp. 1165–1166.

c) « Sur les transformations birationnelles des courbes algébriques », *Comptes rendus de l'Académie des sciences* **117**, pp. 18–23. *Œuvres*, tome **VI**, pp. 6–11.

d) « Observations sur la Communication précédente de MM. Birkeland et Sarasin », *Comptes rendus de l'Académie des sciences* **117**, pp. 622–624. *Œuvres*, tome **X**, pp. 48–52.

e) « Sur la généralisation d'un théorème d'Euler relatif aux polyèdres », *Comptes rendus de l'Académie des sciences* **117**, pp. 144–145. *Œuvres*, tome **XI**, pp. 6–7.

f) « Sur la propagation de l'électricité », *Comptes rendus de l'Académie des sciences* **117**, pp. 1027–1032. *Œuvres*, tome **IX**, pp. 278–283.

g) « Le continu mathématique », *Revue de métaphysique et de morale* **1**, pp. 26–34. *La science et l'hypothèse*, chapter II.

h) « Mécanisme et expérience », *Revue de métaphysique et de morale* **1**, pp. 534–537.

i) « Au jubilé de M. Charles Hermite », in : *Jubilé de M. Charles Hermite*, Paris, Gauthier-Villars, pp. 6–8 ; *Revue des questions scientifiques*, 2 série, **3**, pp. 244–246. *Savants et écrivains*, chapter V.

j) *Les méthodes nouvelles de la Mécanique céleste*, tome 2, Paris, Gauthier-Villars, VIII + 479 p.

k) *Théorie des tourbillons*, Paris, G. Carré & C. Naud, 212 p.

1894

a) « Sur certains développements en séries que l'on rencontre dans la théorie de la propagation de la chaleur », *Comptes rendus de l'Académie des sciences* **118**, pp. 383–387. *Œuvres*, tome **IX**, pp. 114–118.

b) « Sur la série de Laplace », *Comptes rendus de l'Académie des sciences* **118**, pp. 497–501. *Œuvres*, tome **IV**, pp. 607–610.

c) « Sur l'équation des vibrations d'une membrane », *Comptes rendus de l'Académie des sciences* **118**, pp. 447–451. *Œuvres*, tome **IX**, pp. 119–122.

d) « Rapport verbal (concernant une démonstration du théorème de Fermat adressée par M. G. Korneck) », *Comptes rendus de l'Académie des sciences* **118**, p. 841.

e) « Sur l'équilibre des mers », *Comptes rendus de l'Académie des sciences* **118**, pp. 948–952. *Œuvres*, tome **VIII**, pp. 193–197.

f) « Rapport sur un mémoire de M. Stieltjes intitulé : 'Recherches sur les fractions continues' », *Comptes rendus de l'Académie des sciences* **119**, pp. 630–632.

g) « Rapport sur le concours du prix Bordin (en commun avec MM. Picard et Appell) », *Comptes rendus de l'Académie des sciences* **119**, pp. 1051–1056

h) « Sur le faisceau de cubiques passant par huit points d'un plan (Question proposée) », *Intermédiaire des mathématiciens* **1**, p. 2.

i) « Sur le réseau de quadriques passant par sept points donnés dans l'espace (Question proposée) », *Intermédiaire des mathématiciens* **1**, p. 3.

j) « Sur le problème de la rotation d'un corps solide autour d'un point fixe (Réponse à une question proposée par M. Appell) », *Intermédiaire des mathématiciens* **1**, pp. 41–42.

k) « Sur les courbes gauches particulières (Question proposée en commun avec M. Léon Autonne) », *Intermédiaire des mathématiciens* **1**, p. 90.

l) « Sur le théorème de Golbach relatif aux nombres premiers (Question proposée en commun avec E. Catalan) », *Intermédiaire des mathématiciens* **1**, p. 91.

m) « Sur une propriété d'une fonction algébrique d'un arc (réponse à une question posée par M. H. Dellac) », *Intermédiaire des mathématiciens* **1**, pp. 141–144.

n) « Sur certaines familles de courbes algébriques (Question proposée) », *Intermédiaire des mathématiciens* **1**, p. 145.

o) « Mécanisme et expérience (réponse à M. Lechalas) », *Revue de métaphysique et de morale* **2**, pp. 197–198.

p) « Sur la nature du raisonnement mathématique », *Revue de métaphysique et de morale* **2**, pp. 371–384. Russian translation by S. Choubine, *Bulletin de la Société physico-mathématique de Kasan* **8** (1898), pp. 74–88. *La science et l'hypothèse*, chapter I.

q) « La lumière et l'électricité d'après Maxwell et Hertz », *Annuaire du Bureau des longitudes*, pp. A.1–A.22. *Revue scientifique*, 4ème série, **1**, pp. 106–111. *Œuvres*, tome **X**, pp. 557–569. English translation, *Nature* **50** (3 mai 1894), pp. 8–11. English translation in the *Annual Report of the Board of Regents of the Smithsonian Institution*, 1896, pp. 129–139.

r) « Sur la théorie cinétique des gaz », *Revue générale des sciences pures et appliquées* **5**, pp. 513–521. *Œuvres*, tome **X**, pp. 246–263.

s) « Sur les équations de la physique mathématique », *Rendiconti del Circolo matematico di Palermo* **8**, pp. 57–155. *Œuvres*, tome **IX**, pp. 123–196.

t) *Les oscillations électriques*, Paris, G. Carré & C. Naud, 343 p.

u) « Au cinquantenaire de l'entrée de M. Joseph Bertrand dans l'enseignement », *Revue scientifique* **1**, 4ème série, pp. 685–686 ; *Annuaire de l'École Polytechnique*, 1895, pp. 107–108. *Savants et écrivains*, chapter IX.

1895

a) « Sur un procédé de vérification applicable au calcul des séries de la Mécanique céleste », *Comptes rendus de l'Académie des sciences* **120**, pp. 57–59. *Œuvres*, tome **VII**, pp. 555–557.

b) « Sur les fonctions abéliennes », *Comptes rendus de l'Académie des sciences* **120**, pp. 239–243. *Œuvres*, tome **IV**, pp. 379–383.

c) « Observations au sujet de la communication de M. Delandres (intitulée 'Recherches spectrales sur la rotation et les mouvements des planètes') », *Comptes rendus de l'Académie des sciences* **120**, pp. 420–421.

d) « Sur le spectre cannelé », *Comptes rendus de l'Académie des sciences* **120**, pp. 757–762. *Œuvres*, tome **X**, pp. 287–291.

e) « Sur la méthode de Neumann et le problème de Dirichlet », *Comptes rendus de l'Académie des sciences* **120**, pp. 347–352. *Œuvres*, tome **IX**, pp. 197–201.

f) « Remarque sur un mémoire de M. Jaumann intitulé *Longitudinales Licht* », *Comptes rendus de l'Académie des sciences* **121**, pp. 792–793. *Œuvres*, tome **X**, pp. 299–306.

g) « À propos de la théorie de M. Larmor », *Éclairage électrique* **3**, pp. 5–13. *Œuvres*, tome **IX**, pp. 369–382.

h) « À propos de la théorie de M. Larmor », *Éclairage électrique* **5**, pp. 5–14. *Œuvres*, tome **IX**, pp. 395–413.

i) « À propos de la théorie de M. Larmor », *Éclairage électrique* **3**, pp. 289–295. *Œuvres*, tome **IX**, pp. 383–394.

j) « À propos de la théorie de M. Larmor », *Éclairage électrique* **5**, pp. 385–392. *Œuvres*, tome **IX**, pp. 414–426.

k) « Remarques diverses sur les fonctions abéliennes », *Journal de mathématiques pures et appliquées*, 5ème série, **1**, pp. 219–314. *Œuvres*, tome **IV**, pp. 384–468.

l) « Analysis Situs », *Journal de l'École Polytechnique* **cahier 1**, 2nde série, pp. 1–121. *Œuvres*, tome **VI**, pp. 193–288.

m) « Rapport sur la proposition d'unification des jours astronomique et civil », *Annuaire du Bureau des longitudes*, pp. E.1–E.10. *Œuvres*, tome **VIII**, pp. 642–647.

n) « La méthode de Neumann et le problème de Dirichlet », *Acta Mathematica* **20**, pp. 59–142. *Œuvres*, tome **IX**, pp. 202–272.

o) « L'espace et la géométrie », *Revue de métaphysique et de morale* **3**, pp. 631–646. *La science et l'hypothèse*, chapter IV.

p)   *Théorie analytique de la propagation de la chaleur*, Paris, G. Carré & C. Naud, 316 p.

q)   *Capillarité*, Paris, G. Carré & C. Naud, 1895, 189 p.

1896

a)   « Observation au sujet de la communication précédente (de M. G. Jaumann) », *Comptes rendus de l'Académie des sciences* **122**, p. 76.

b)   « Sur l'équilibre d'un corps élastique », *Comptes rendus de l'Académie des sciences* **122**, pp. 154–159. *Œuvres*, tome **IX**, pp. 273–277.

c)   « Observations au sujet de la Communication de M. J. Perrin 'Quelques propriétés des rayons de Röntgen' », *Comptes rendus de l'Académie des sciences* **122**, p. 188. *Œuvres*, tome **X**, p. 307.

d)   « Observation au sujet de la communication précédente (de M. G. Jaumann) », *Comptes rendus de l'Académie des sciences* **122**, p. 520.

e)   « Sur la divergence des séries de la Mécanique céleste », *Comptes rendus de l'Académie des sciences* **122**, pp. 497–499. *Œuvres*, tome **VII**, pp. 558–560.

f)   « Sur la divergence des séries trigonométriques », *Comptes rendus de l'Académie des sciences* **122**, pp. 557–559. *Œuvres*, tome **VII**, pp. 561–563.

g)   « Observations au sujet de la communication de M. G. Metz, *Photographie à l'intérieur d'un tube de Crookes* », *Comptes rendus de l'Académie des sciences* **122**, p. 881. *Œuvres*, tome **X**, p. 308.

h)   « Observation au sujet de la communication de M. G. Jaumann », *Comptes rendus de l'Académie des sciences* **122**, p. 990.

i)   « Remarque sur une expérience de M. Birkeland », *Comptes rendus de l'Académie des sciences* **123**, pp. 530–533. *Œuvres*, tome **X**, pp. 310–313.

j)   « Observations au sujet de la communication de M. G. Metz, *Photographie à l'intérieur d'un tube de Crookes* », *Comptes rendus de l'Académie des sciences* **123**, p. 881. *Œuvres*, tome **X**, p. 309.

k)   « Sur les solutions périodiques et le principe de moindre action », *Comptes rendus de l'Académie des sciences* **123**, pp. 915–918. *Œuvres*, tome **VII**, pp. 224–226.

l)   « Sur une forme nouvelle des équations du problème des trois corps », *Comptes rendus de l'Académie des sciences* **123**, pp. 1031–1035. *Œuvres*, tome **VII**, pp. 496–499.

m) « Prix Bordin (rapport sur le mémoire de M. Hadamard) », *Comptes rendus de l'Académie des sciences* **123**, pp. 1109–1111.

n)   « Sur la méthode de Bruns », *Comptes rendus de l'Académie des sciences* **123**, pp. 1224–1228. *Œuvres*, tome **VII**, pp. 512–516.

o)   « Sur l'équilibre et les mouvements des mers », *Journal de mathématiques pures et appliquées* 2, 5ème série, pp. 57–102. *Œuvres*, tome **VIII**, pp. 198–236.

p)   « Sur l'équilibre et les mouvements des mers », *Journal de mathématiques pures et appliquées* 2, pp. 217–262. *Œuvres*, tome **VIII**, pp. 237–274.

q)   « Les rayons cathodiques et la théorie de Jaumann », *Éclairage électrique* **9**, pp. 241–251. *Œuvres*, tome **X**, pp. 314–332.

r)   « Les rayons cathodiques et la théorie de Jaumann », *Éclairage électrique* **9**, pp. 289–293. *Œuvres*, tome **X**, pp. 333–340.

s)   « Les rayons cathodiques et les rayons de Röntgen », *Revue générale des sciences pures et appliquées* 7, pp. 52–59. *Œuvres*, tome **X**, pp. 570–583.

t)   « Sur la vie et les travaux de F. Tisserand », *Revue générale des sciences pures et appliquées* 7, pp. 1230–1233.

u)   *Calcul des probabilités*, Paris, G. Carré & C. Naud, 275 p.

v)   « Sur la polarisation par diffraction – 2nde partie », *Acta Mathematica* **20**, pp. 313–355. *Œuvres*, tome **IX**, pp. 331–368.

w) « Discours prononcé aux funérailles de M. Tisserand », *Bulletin astronomique* **13**, pp. 430–432 ; *Annuaire du Bureau des longitudes*, 1897, pp. H. 15–H. 18. *Savants et écrivains*, chapter VIII.

1897

a) « Sur les périodes des intégrales doubles et les développements de la fonction perturbatrice », *Comptes rendus de l'Académie des sciences* **124**, pp. 199–200. *Œuvres*, tome **VIII**, pp. 48–49.

b) « Sur les solutions périodiques et le principe de moindre action », *Comptes rendus de l'Académie des sciences* **124**, pp. 713–716. *Œuvres*, tome **VII**, pp. 227–230.

c) « Sur les fonctions abéliennes », *Comptes rendus de l'Académie des sciences* **124**, pp. 1407–1411. *Œuvres*, tome **IV**, pp. 469–472.

d) « Rapport sur un mémoire de M. Hadamard (*Lignes géodésiques sur les surfaces à courbures opposées*) », *Comptes rendus de l'Académie des sciences* **125**, pp. 589–591.

e) « Rapport sur un mémoire de M. Le Roy (Sur l'intégration des équations de la chaleur) », *Comptes rendus de l'Académie des sciences* **125**, pp. 847–849.

f) « Sur les périodes des intégrales doubles », *Comptes rendus de l'Académie des sciences* **125**, pp. 995–997. *Œuvres*, tome **III**, pp. 490–492.

g) « Sur une forme nouvelle des équations du problème des trois corps », *Bulletin astronomique* **14**, pp. 53–67. *Œuvres*, tome **VII**, pp. 500–511.

h) « Sur l'intégration des équations du problème des trois corps », *Bulletin astronomique* **14**, pp. 241–270. *Œuvres*, tome **VII**, pp. 517–542.

i) « Sur les périodes des intégrales doubles et le développement de la fonction perturbatrice », *Bulletin astronomique* **14**, pp. 353–354. *Œuvres*, tome **VIII**, pp. 110–111.

j) « Sur le développement de la fonction perturbatrice », *Bulletin astronomique* **14**, pp. 449–466. *Œuvres*, tome **VIII**, pp. 10–26.

k) « La théorie de Lorentz et les expériences de Zeeman », *Éclairage électrique* **11**, pp. 481–489. *Œuvres*, tome **IX**, pp. 427–441.

l) « La décimalisation de l'heure et de la circonférence », *Éclairage électrique* **11**, pp. 529–531. *Œuvres*, tome **VIII**, pp. 676–679.

m) « À propos de la décimalisation de l'heure », *Éclairage électrique* **12**, p. 40.

n) « Observations au sujet de la note de M. J. J. Thomson (intitulée 'On the Cathode Rays') », *Éclairage électrique* **12**, p. 186.

o) « Sur les rapports de l'analyse pure et de la physique mathématique », *Acta Mathematica* **21**, pp. 331–341 ; *Revue générale des sciences pures et appliquées* **8**, pp. 857–861 ; *Verhandlungen des ersten internationalen Mathematiker-Kongresses in Zürich vom 9. bis 11. August 1897*, Leipzig, 1898, pp. 81–90. Polish translation by S. Dickstein, *Wiadomosci Matematyczne* **2** (février 1898), pp. 10–20. English translation by C. J. Keyser, *Bulletin of the American Mathematical Society* **4** (1897–1898), pp. 247–255. *La valeur de la science*, chapter V.

p) « Les idées de Hertz sur la Mécanique », *Revue générale des sciences pures et appliquées* **8**, pp. 734–743. *Œuvres*, tome **VII**, pp. 1231–250.

q) « Sur l'intégration algébrique des équations différentielles du premier ordre et du premier degré », *Rendiconti del Circolo matematico di Palermo* **11**, pp. 193–239. *Œuvres*, tome **III**, pp. 59–94.

r) « Sur les périodes des intégrales doubles et le développement de la fonction perturbatrice », *Journal de mathématiques pures et appliquées* **3**, 5ème série, pp. 203–276. *Œuvres*, tome **VIII**, pp. 50–109.

s) « Rapport sur les résolutions de la Commission chargée de l'étude des projets de décimalisation du temps et de la circonférence », *Archives du Bureau des longitudes*, 12 p. *Œuvres*, tome **VIII**, pp. 648–664.

t) « Les rayons cathodiques et les rayons Röntgen », *Annuaire du Bureau des longitudes*, pp. D.1–D.35. *Revue scientifique* **7**, 4ème série, pp. 72–81. *Œuvres*, tome **X**, pp. 584–603.

u) « Réponse à quelques critiques », *Revue de métaphysique et de morale* **5**, pp. 59–70.

1898

a) « Sur le développement approché de la fonction perturbatrice », *Comptes rendus de l'Académie des sciences* **126**, pp. 370–373. *Œuvres*, tome **VIII**, pp. 27–30.

b) « Les fonctions fuchsiennes et l'équation $\Delta u = e^u$ », *Comptes rendus de l'Académie des sciences* **126**, pp. 627–630. *Œuvres*, tome **II**, pp. 67–70.

c) « Les fonctions fuchsiennes et l'équation $\Delta u = e^u$ », *Journal de mathématiques pures et appliquées* **4**, 5ème série, pp. 137–230 ; *Œuvres*, tome **II**, pp. 512–591.

d) « L'œuvre mathématique de Weierstraß », *Acta Mathematica* **22**, pp. 1–18. *Savants et écrivains*, chapter XIII.

e) « Sur les propriétés du potentiel et sur les fonctions abéliennes », *Acta Mathematica* **22**, pp. 89–178. *Œuvres*, tome **IV**, pp. 162–243.

f) « Développement de la fonction perturbatrice », *Bulletin astronomique* **15**, pp. 70–71. *Œuvres*, tome **VIII**, pp. 31–32.

g) « Sur la façon de grouper les termes des séries trigonométriques qu'on rencontre en Mécanique céleste », *Bulletin astronomique* **15**, pp. 289–310. *Œuvres*, tome **VII**, pp. 564–582.

h) « Développement de la fonction perturbatrice », *Bulletin astronomique* **15**, pp. 449–464. *Œuvres*, tome **VIII**, pp. 33–47.

i) « Sur la stabilité du système solaire », *Annuaire du Bureau des Longitudes* (1898) ; *Revue scientifique* **9**, 4ème série, pp. 609–613. *Œuvres*, tome **VIII**, pp. 538–547.

j) « La mesure du temps », *Revue de métaphysique et de morale* **6**, pp. 1–13. *La valeur de la science*, chapter II.

k) « On the Foundations of Geometry », *The Monist* **9**, pp. 1–43. English translation from Poincaré's manuscript by T. J. Mc Cormack. French translation from the English version by Louis Rougier (the French original was lost), *Des fondements de la géométrie*, Paris, Chiron.

l) « Grand Prix des Sciences mathématiques (en commun avec M. Picard) », *Comptes rendus de l'Académie des sciences* **127**, pp. 1061–1065.

1899

a) « Le phénomène de Hall et la théorie de Lorentz », *Comptes rendus de l'Académie des sciences* **128**, pp. 339–341. *Œuvres*, tome **IX**, pp. 461–463.

b) « Sur les nombres de Betti », *Comptes rendus de l'Académie des sciences* **128**, pp. 629–630. *Œuvres*, tome **VI**, p. 289.

c) « Sur les groupes continus », *Comptes rendus de l'Académie des sciences* **128**, pp. 1065–1069. *Œuvres*, tome **III**, pp. 169–172.

d) « Analyse d'un ouvrage de Ch. André (intitulé *Traité d'astronomie stellaire*) », *Bulletin astronomique* **16**, pp. 124–127.

e) « Sur l'équilibre d'un fluide en rotation », *Bulletin astronomique* **16**, pp. 161–169. *Œuvres*, tome **VII**, pp. 151–158.

f) « Sur les quadratures mécaniques », *Bulletin astronomique* **16**, pp. 382–387. *Œuvres*, tome **VIII**, pp. 461–466.

g) « La théorie de Lorentz et le phénomène de Zeeman », *Éclairage électrique* **19**, pp. 5–15. *Œuvres*, tome **IX**, pp. 442–460.

h) « Sur l'induction unipolaire », *Éclairage électrique* **19**, pp. 41–53. *Œuvres*, tome **X**, pp. 3355–371.

i) « L'énergie magnétique d'après Maxwell et Hertz », *Éclairage électrique* **19**, pp. 361–367. *Œuvres*, tome **X**, pp. 341–351.

j) « Sur les groupes continus », *Cambridge Philosophical Transactions* **18**, pp. 220–225. *Œuvres*, tome **III**, pp. 173–212.

k) « Complément à l'Analysis Situs », *Rendiconti del Circolo matematico di Palermo* **13**, pp. 285–343. *Œuvres*, tome **VI**, pp. 290–337.

l) « Fourier's Series (Lettre à A. A. Michelson) », *Nature* **60**, p. 52.

m) « Des fondements de la géométrie, à propos d'un livre de M. Russell », *Revue de métaphysique et de morale* 7, pp. 251–279.

n) « Réflexions sur le calcul des probabilités », *Revue générale des sciences pures et appliquées* 10, pp. 262–269. *La science et l'hypothèse*, chapter XI.

o) « La logique et l'intuition dans la science mathématique et dans l'enseignement », *L'enseignement mathématique* 1, pp. 157–162 ; *Œuvres*, tome **XI**, pp. 129–133.

p) « La notation différentielle et l'enseignement », *L'enseignement mathématique* 1, pp. 106–110 ; *Œuvres*, tome **XI**, pp. 125–128.

q) *Cinématique et mécanismes. Potentiel et dynamique des fluides*, 2nd edition, Paris, G. Carré et C. Naud, 385 p.

r) *La théorie de Maxwell et les oscillations hertziennes. La télégraphie sans fil*, Paris, G. Carré & C. Naud, 80 p. English translation by F. K. Vreeland, London, New-York, 1904, 1905. German translation by Max Iklé, Leipzig, Johann Ambrosius Barth, 1909.

s) *Théorie du potentiel newtonien*, Paris, G. Carré et C. Naud, 366 p.

t) *Les méthodes nouvelles de la Mécanique céleste*, tome 3, Paris, Gauthier-Villars, 414 p.

1900

a) « Rapport sur le projet de révision de l'arc méridien de Quito », *Comptes rendus de l'Académie des sciences* 131, pp. 215–236. *Œuvres*, tome **VIII**, pp. 571–592.

b) « Sur le mouvement de périgée de la Lune », *Bulletin astronomique* 17, pp. 87–104. *Œuvres*, tome **VIII**, pp. 367–382.

c) « Sur le déterminant de Hill », *Bulletin astronomique* 17, pp. 134–143. *Œuvres*, tome **V**, pp. 108–116. *Œuvres*, tome **VIII**, pp. 383–391.

d) « Sur les équations du mouvement de la Lune », *Bulletin astronomique* 17, pp. 167–204. *Œuvres*, tome **VIII**, pp. 297–331.

e) « La géodésie française (discours prononcé à la séance des cinq Académies le 25 octobre 1900) », *Mémoires de l'Institut*, 20, pp. 13–25 ; published as « La mesure de la Terre et la géodésie française » in the *Bulletin de la Société astronomique de France* 14, pp. 513–521. *Science et méthode*, book IV, chapter II.

f) « Sur les principes de la géométrie. Réponse à M. Russell », *Revue de métaphysique et de morale* 8, pp. 73–86. *La science et l'hypothèse*, chapter V.

g) « *Comptes rendus* des Séances du Congrès de philosophie, discussion », *Revue de métaphysique et de morale* 8, pp. 556–561.

h) « Sur certaines familles de courbes algébriques », *Intermédiaire des mathématiciens* 7, pp. 114–115.

i) « Second complément à l'Analysis Situs », *Proceedings of the London Mathematical Society* 32, pp. 277–308. *Œuvres*, tome **VI**, pp. 3387–370.

j) « La théorie de Lorentz et le principe de réaction », *Archives néerlandaises des sciences exactes et naturelles*, 2ème série, 5, pp. 252–278. *Œuvres*, tome **IX**, pp. 464–488.

k) « Du rôle de l'intuition et de la logique en mathématiques », *Compte rendu du deuxième Congrès international des mathématiciens tenu à Paris du 6 au 12 août 1900*, Paris, pp. 115–130. *La valeur de la science*, chapter I.

l) « Les relations entre la physique expérimentale et la physique mathématique », *Rapports du Congrès international de physique*, tome I, Paris, 1900, pp. 1–29 ; *Revue générale des sciences pures et appliquées* 11, pp. 1163–1175 ; *Revue scientifique* 14, 4ème série, pp. 705–715. German translation, *Physikalische Zeitschrift* 2 (1900–1901), pp. 166, 182, 196. English translation by Georges K. Burgess, *The Monist* 12 (1901–1902), pp. 516–543. *La science et l'hypothèse*, chapters IX and X ; also published in English in *The Monist* 12 (1902), pp. 516–543.

m) « Appréciation d'un ouvrage de M. V. Bjerknes (intitulé *Vorlesungen über hydrodynamische Fernkräfte*) », *Comptes rendus de l'Académie des sciences* 130, p. 25.

n) « Note sur les géométries non euclidiennes », in : Rouché, E. / de Comberousse, Ch., *Traité de géométrie*, Paris, Gauthier-Villars, 1900, pp. 581–593.

o) « Inauguration de la statue de F. Tisserand », *Annuaire du Bureau des longitudes*, pp. E. 4–E. 12.

p) « Sur l'application du calcul des probabilités (lettre à M. P. Painlevé) », in : *Le procès Dreyfus devant le Conseil de guerre de Rennes, 7 août–9 septembre 1899*, tome 3, Paris, P. V. Stock, pp. 329–331.

1901

a) « Sur la théorie de la précession », *Comptes rendus de l'Académie des sciences* **132**, pp. 50–55. *Œuvres*, tome **VIII**, pp. 113–117.

b) « Sur une forme nouvelle des équations de la mécanique », *Comptes rendus de l'Académie des sciences* **132**, pp. 369–371. *Œuvres*, tome **VII**, pp. 218–219. Russian translation by A. V. Vassilief, *Bulletin de la Société physico-mathématique de Kasan* **10** (1905), pp. 57–59.

c) « Sur l'Analysis Situs », *Comptes rendus de l'Académie des sciences* **133**, pp. 707–709. *Œuvres*, tome **VI**, pp. 371–372.

d) « Rapport sur les papiers laissés par Halphen », *Comptes rendus de l'Académie des sciences* **133**, pp. 722–724.

e) « Sur la connexion des surfaces algébriques », *Comptes rendus de l'Académie des sciences* **133**, pp. 969–973. *Œuvres*, tome **VI**, pp. 393–396.

f) « Les mesures de la gravité et la Géodésie », *Bulletin astronomique* **18**, pp. 5–39. *Œuvres*, tome **VIII**, pp. 143–174.

g) « Sur les déviations de la verticale en Géodésie », *Bulletin astronomique* **18**, pp. 257–276. *Œuvres*, tome **VIII**, pp. 175–192.

h) « Observations au sujet de l'article de F. H. Seares (intitulé 'Sur les quadratures mécaniques') », *Bulletin astronomique* **18**, pp. 406–420. *Œuvres*, tome **VIII**, pp. 467–479.

i) « Sur les propriétés arithmétiques des courbes algébriques », *Journal de mathématiques pures et appliquées* **7**, 5ème série, pp. 161–233. *Œuvres*, tome **V**, pp. 483–548.

j) « Quelques remarques sur les groupes continus », *Rendiconti del Circolo matematico di Palermo* **15**, pp. 321–368. *Œuvres*, tome **III**, pp. 213–260.

k) « Sur les surfaces de translation et les fonctions abéliennes », *Bulletin de la Société mathématique de France* **29**, pp. 61–86. *Œuvres*, tome **VI**, pp. 13–36.

l) « Sur la stabilité de l'équilibre des figures piriformes affectées par une masse fluide en rotation (Résumé) », *Proceedings of the Royal Society of London* **69**, pp. 148–149. *Œuvres*, tome **VII**, pp. 159–160.

m) « Sur les excitateurs et résonateurs hertziens (à propos d'un article de M. Johnson) », *Éclairage électrique* **29**, pp. 305–307. *Œuvres*, tome **X**, pp. 352–354.

n) « À propos des expériences de M. Crémieu », *Revue générale des sciences pures et appliquées* **12**, pp. 994–1007. *Œuvres*, tome **X**, pp. 391–420.

o) « Sur les principes de la mécanique », *Bibliothèque du Congrès international de philosophie*, tome III, Paris, pp. 457–494. *La science et l'hypothèse*, chapters VI and VII.

p) *Électricité et optique – Leçons professées en 1888, 1890 et 1899*, 2nde édition, Paris, Gauthier-Villars, 632 p. *La science et l'hypothèse*, chapter XII.

1902

a) « Rapport présenté au nom de la Commission chargée du contrôle scientifique des opérations géodésiques de l'Équateur », *Comptes rendus de l'Académie des sciences* **134**, pp. 965–972. *Œuvres*, tome **VIII**, pp. 593–601.

b) « Les solutions périodiques et les planètes du type d'Hécube », *Bulletin astronomique* **19**, pp. 177–198. *Œuvres*, tome **VIII**, pp. 417–436.

c) « Sur les planètes du type d'Hécube », *Bulletin astronomique* **19**, pp. 289–310. *Œuvres*, tome **VIII**, pp. 437–456.

d) « Les progrès de l'astronomie en 1901 », *Bulletin de la Société astronomique de France* **16**, pp. 214–223.

e) « Sur la vie et les travaux de M. Faye », *Bulletin de la Société astronomique de France* **16**, pp. 496–501. *Savants et écrivains*, chapter XI.

f) « Les fondements de la géométrie – *Grundlagen der Geometrie* par M. Hilbert, professeur à l'Université de Göttingen », *Bulletin des sciences mathématiques* **26**, 2nde série, pp. 249–272 ; *Journal des savants*, pp. 252–271 ; *Œuvres*, tome **XI**, pp. 92–113. *Dernières pensées* (since 1926).

g) « Analyse d'un mémoire de M. Zaremba », *Bulletin des sciences mathématiques* **26**, pp. 337–350.

h) « Sur les fonctions abéliennes », *Acta Mathematica* **26**, pp. 43–98. *Œuvres*, tome **IV**, pp. 473.

i) « Sur les propriétés des anneaux à collecteurs », *Éclairage électrique* **30**, pp. 77–81. *Œuvres*, tome **X**, pp. 372–377.

j) « Sur les propriétés des anneaux à collecteurs », *Éclairage électrique* **30**, pp. 301–310. *Œuvres*, tome **X**, pp. 378–390.

k) « A. Cornu », *Éclairage électrique* **31**, pp. 81–82.

l) « Sur les expériences de M. Crémieu et une objection de M. Wilson », *Éclairage électrique* **31**, pp. 83–93. *Œuvres*, tome **X**, pp. 421–437.

m) « Sur certaines surfaces algébriques ; troisième complément à l'Analysis Situs », *Bulletin de la Société mathématique de France* **30**, pp. 49–70. *Œuvres*, tome **VI**, pp. 373–392.

n) « Sur les cycles des surfaces algébriques ; quatrième complément à l'Analysis Situs », *Journal de mathématiques pures et appliquées* **8**, 5ème série, pp. 169–214. *Œuvres*, tome **VI**, pp. 397–434.

o) *Figures d'équilibre d'une masse fluide – leçon professée en 1900, rédigée par L. Dreyfus, ancien élève de l'École Normale Supérieure*, Paris, G. Carré & C. Naud, 211 p.

p) « Sur la stabilité de l'équilibre des figures piriformes affectées par une masse fluide en rotation », *Philosophical Transactions*, série A, **198**, pp. 333–373. *Œuvres*, tome **VII**, pp. 161–202.

q) *La science et l'hypothèse*, Paris, Flammarion, 284 p. German translation by F. et L. Lindemann, Leipzig, Teubner, 1904 et 1906. English translation, Londres, Walter Scott, 1905 and New-York, 1907. Spanish translation by Gonzáles Quijano, Madrid, José Ruiz, 1907. Hungarish translation by Szilárd Béla, Budapest, 1908. Japanese translation by Tsuruiche Hayashi, Tokyo, 1909. Swedish translation by Anna Sundqvist, Stockholm, Albert Bonnier, 1910.

r) « Notice sur la télégraphie sans fil », *Annuaire du Bureau des longitudes*, pp. A.1–A.34. *Revue scientifique* **17**, 4ème série, pp. 65–73. *Œuvres*, tome **X**, pp. 604–622.

s) « Sur la valeur objective de la science », *Revue de métaphysique et de morale* **10**, pp. 263–293. *La valeur de la science*, chapters X and XI.

t) « Sur M. A. Cornu (lettre à M. C. M. Gariel, avril 1902) », *Bulletin de la Société française de physique*, pp. 32–33.

u) « Discours prononcé aux funérailles de M. A. Cornu (16/04/1902) », *Mémoires de l'Institut*, pp. 15–18 ; *Bulletin de la Société française de physique*, pp. 186–188 ; *Annuaire du Bureau des longitudes* (1903), pp. D. 7–D. 11. *Savants et écrivains*, chapter VI.

1903

a) « Rapport présenté au nom de la Commission chargée du contrôle scientifique des opérations géodésiques de l'Équateur », *Comptes rendus de l'Académie des sciences* **136**, pp. 861–871.

b) « L'espace et ses trois dimensions », *Revue de métaphysique et de morale* **11**, pp. 281–301. *La valeur de la science*, chapters III and IV.

c) « L'espace et ses trois dimensions », *Revue de métaphysique et de morale* **11**, pp. 407–429. *La valeur de la science*, chapter IV.

d) « Sur l'intégration algébrique des équations linéaires et les périodes des intégrales abélien-nes », *Journal de mathématiques pures et appliquées* **9**, 5ème série, pp. 139–212. *Œuvres*, tome III, pp. 106–166.

e) « Sur un théorème général relatif aux marées », *Bulletin astronomique* **20**, pp. 215–229. *Œuvres*, tome **VIII**, pp. 275–288.

f) « Entropy », *Electrician*, 50, pp. 688–689. *Œuvres*, tome **X**, pp. 264–270.

g) « Sur la diffraction des ondes électriques, à propos d'un article de M. Mc Donald », *Procee-dings of the Royal Society of London* **72**, pp. 42–52. *Œuvres*, tome **X**, pp. 53–64.

h) « Grandeur de l'astronomie », *Bulletin de la Société astronomique de France* **17**, pp. 253–259.

i) « Sur les travaux de la Société française de physique », *Bulletin de la Société française de physique*, pp. 5–8.

j) « Les fondements de la géométrie », *Bulletin des sciences mathématiques* **27**, 2nde série, p. 115.

k) *Sur la part des polytechniciens dans l'œuvre scientifique du XIXème siècle, Compte rendu*, Paris, Gauthier-Villars, pp. 11–17. *Savants et écrivains*, chapter XVI.

l) « Sur la vérité scientifique et sur la vérité morale », *L'université de Paris* **18** (1903), pp. 59–64.

m) « Rapport relatif à la Fondation Jean Debrousse (1er avril 1903) », *Mémoires de l'Institut* ; *Fondation Jean Debrousse, (1900–1905) – rapports*, pp. 45–67.

1904

a) « Théorie de la balance azimutale quadrifilaire », *Comptes rendus de l'Académie des scien-ces* **138**, pp. 869–874. *Œuvres*, tome **X**, pp. 438–444.

b) « Sur la méthode horistique de Gyldén », *Comptes rendus de l'Académie des sciences* **138**, pp. 933–936. *Œuvres*, tome **VII**, pp. 583–586. German translation by Hugo Buchholtz, *Physi-kalische Zeitschrift* **5** (1904), pp. 385–386.

c) « Rapport présenté au nom de la Commission chargée du contrôle scientifique des opérations géodésiques de l'Équateur », *Comptes rendus de l'Académie des sciences* **138**, pp. 1013–1019.

d) « Rapport sur le Concours du Prix Leconte », *Comptes rendus de l'Académie des scien-ces* **139**, pp. 1120–1122.

e) « Cinquième complément à l'Analysis Situs », *Rendiconti del Circolo matematico di Palermo* **18**, pp. 45–110. *Œuvres*, tome **VI**, pp. 435–498.

f) « Sur la méthode horistique. Observations sur l'article de M. Backlund », *Bulletin astronomi-que* **21**, pp. 292–295. *Œuvres*, tome **VII**, pp. 619–621.

g) « La Terre tourne-t-elle ? », *Bulletin de la Société astronomique de France* **18**, pp. 216–217.

h) « Étude de la propagation du courant en période variable sur une ligne munie d'un récep-teur », *Éclairage électrique* **40**, pp. 121–128, 161–167, 201–212, 241–250. *Œuvres*, tome **X**, pp. 445–486.

i) « Rapport sur les travaux de M. Hilbert », *Bulletin de la Société physico-mathématique de Kasan* **14**, pp. 10–48.

j) « Les définitions générales en mathématiques », *in* Conférences du Musée pédagogique, *L'enseignement des sciences mathématiques et des sciences physiques*. Paris, Imprimerie Na-tionale, pp. 1–28 ; *L'enseignement mathématique* **6**, pp. 257–283. Italian translation by Giulio Lazzeri, *Periodico di matematica per l'insegnamento secondario* **20** (1905), pp. 193–202. Spanish translation by Angel Bozal Obejero, *Gazeta de matemáticas*, Madrid, 3 (1905), pp. 121–132, 164–177. *Science et méthode* (with a new title, « Les définitions mathématiques et l'enseignement »), book II, chapter II.

k) « Rapport relatif à la Fondation Jean Debrousse (23 mars 1904) », *Mémoires de l'Institut* ; *Fondation Jean Debrousse, (1900–1905), rapports*, pp. 69–86.

l) « Sur la participation des savants à la politique », *Revue politique et littéraire (Revue bleue)* **1**, 5ème série, p. 708.

m) « L'état actuel et l'avenir de la physique mathématique », *Bulletin des sciences mathématiques* **28**, 2ème série, pp. 302–324 ; *La revue des* idées, 1ère année, (1904), pp. 801–814 ; some extracts were also published as « Une image de l'univers » in the *Bulletin de la Société astronomique de France* **19** (1905), pp. 30–31. English translation by G. B. Halsted, *The Monist* **15** (1905), pp. 1–24. Japanese translation by Yoshio Mikami, *Tokyobateu ri gakkozaschi* **165** (1905), pp. 1–13, 1–14. English translation by J. W. Young, *Bulletin of the American Mathematical Society* **12** (1905–1906), pp. 240–260. *La valeur de la science*, chapters VII, VIII and IX.

n) « Notice sur la vie et les *Œuvres* d'Alfred Cornu », in : *Alfred Cornu*, Rennes, Francis Simon, 1904, pp. 9–21 ; *Journal de l'École Polytechnique* **cahier 10**, 2ème série (1905), pp. 143–176.

o) *La théorie des Maxwell et les oscillations hertziennes*, 2nd edition, Paris, G. Carré & C. Naud, 80 p. 3rd edition, Gauthier-Villars, 1907, 97 p.

1905

a) « Sur la généralisation d'un théorème élémentaire de géométrie », *Comptes rendus de l'Académie des sciences* **140**, pp. 113–117. *Œuvres*, tome **XI**, pp. 8–12.

b) « Rapport présenté au nom de la Commission chargée du contrôle scientifique des opérations géodésiques de l'Équateur », *Comptes rendus de l'Académie des sciences* **140**, pp. 998–1006.

c) « Sur la dynamique de l'électron », *Comptes rendus de l'Académie des sciences* **140**, pp. 1504–1508. *Œuvres*, tome **IX**, pp. 489–493.

d) « Rapport sur un mémoire de M. Bachelier (intitulé *Les probabilités continues*) », *Comptes rendus de l'Académie des sciences* **141**, pp. 647–648.

e) « Prix Damoiseau », *Comptes rendus de l'Académie des sciences* **141**, pp. 1076–1077.

f) « Sur les invariants arithmétiques », *J. reine und angew. Mathematik* **129**, pp. 89–150. *Œuvres*, tome **V**, pp. 203–265.

g) « Sur les lignes géodésiques des surfaces convexes », *Transactions of the American Mathematical Society* **6**, pp. 237–274. *Œuvres*, tome **VI**, pp. 38–84.

h) « Sur la méthode horistique de Gyldén », *Acta Mathematica* **29**, pp. 235–271. *Œuvres*, tome **VII**, pp. 587–618.

i) *Leçons de Mécanique céleste*, tome 1, Paris, Gauthier-Villars, VI + 367 p.

j) « Rapport sur les opérations géodésiques de l'Équateur », *Comptes rendus des Séances de la 14ème Conférence générale de l'Association géodésique internationale (4–13 août 1903)*, pp. 113–127. *Œuvres*, tome **VIII**, pp. 602–620.

k) « Une image de l'univers », *Bulletin de la Société astronomique de France* **19**, pp. 30–31. This article is in fact an extract from the conference entitled« L'état actuel et l'avenir de la physique mathématique » (1904m).

l) *La valeur de la science*, Paris, Flammarion, 278 p. German translation by E. Weber, Leipzig, Teubner, 1906. Spanish translation by Emilio González Llana, Madrid, José Ruiz) 1906. English translation by G. B. Halsted, New-York, 1907.

m) « Cournot et les principes du calcul infinitésimal », *Revue de métaphysique et de morale* **13**, pp. 293–306. *Dernières pensées* (since 1926).

n) « Les mathématiques et la logique », *Revue de métaphysique et de morale* **13**, pp. 815–835. *Science et méthode*, book II, chapters III and IV.

o) « Préface », in : Hill, G. W., *Collected Mathematical Works*, volume 1, Washington, pp. V–XVIII.

p) « Rapport relatif à la Fondation Jean Debrousse (15 mars 1905) », *Mémoires de l'Institut* ; *Fondation Jean Debrousse, (1900–1905), rapports*, pp. 87–101.

q) « A. Potier », *Éclairage électrique* **43**, pp. 281–282 ; in : Potier, A., *Mémoires sur l'électricité et l'optique*, Paris, Gauthier-Villars, 1912, pp. V–X. *Savants et écrivains*, chapter XII.

1906

a) « Sur M. Langley, correspondant de l'Académie », *Comptes rendus de l'Académie des sciences* **142**, p. 925.

b) « Sur M. Curie, membre de l'Académie », *Comptes rendus de l'Académie des sciences* **142**, pp. 939–941. *Savants et écrivains*, chapter III.

c) « Sur M. Bischoffsheim », *Comptes rendus de l'Académie des sciences* **142**, p. 1119. *Savants et écrivains*.

d) « Sur des membres de l'Académie des sciences et sur des membres de la Mission géodésique à l'Équateur », *Comptes rendus de l'Académie des sciences* **143**, pp. 989–998 ; *Mémoires de l'Institut* **23**, pp. 5–16.

e) « Sur les périodes des intégrales doubles », *Journal de mathématiques pures et appliquées* **2**, 6ème série, pp. 135–189. *Œuvres*, tome **III**, pp. 493–539.

f) « Sur la détermination des orbites par la méthode de Laplace », *Bulletin astronomique* **23**, pp. 161–187. *Œuvres*, tome **VIII**, pp. 393–416.

g) « Réflexions sur la théorie cinétique des gaz », *Journal de physique théorique et appliquée* **5**, 4ème série, pp. 369–403. *Bulletin de la Société française de physique*, pp. 150–184. *Œuvres*, tome **IX**, pp. 587–619.

h) « Sur la dynamique de l'électron », *Rendiconti del Circolo matematico di Palermo* **21**, pp. 129–176. *Œuvres*, tome **IX**, pp. 494–550.

i) « La fin de la matière », *Atheneum* **4086** (17 février 1906), pp. 201–202. *La science et l'hypothèse*, chapter XIV (since the 1906 edition).

j) « La voie lactée et la théorie des gaz », *Bulletin de la Société astronomique de France* **20**, pp. 153–165. Czech translation in *Ziva* (1907), pp. 65–70. *Science et méthode*, book IV, chapter I.

k) *La science et l'hypothèse*, seconde édition, revue et corrigée, Paris, Flammarion, 281 p.

l) « Lettre à M. G. F. Stout », *Mind* **15**, pp. 141–143.

m) « Les mathématiques et la logique », *Revue de métaphysique et de morale* **14**, pp. 17–34. *Science et méthode*, book II, chapter IV.

n) « Les mathématiques et la logique », *Revue de métaphysique et de morale* **14**, pp. 294–317. *Science et méthode*, book II, chapter V.

o) « À propos de la logistique », *Revue de métaphysique et de morale* **14**, pp. 866–868.

p) « Sur la culture scientifique en Hongrie », *Magyar Szo (Budapest)* **303**, pp. 1–2.

q) « Rapport relatif à la Fondation Jean Debrousse », *Mémoires de l'Institut*, pp. 65–75.

1907

a) « Rapport présenté au nom de la Commission chargée du contrôle scientifique des opérations géodésiques de l'Équateur », *Comptes rendus de l'Académie des sciences* **145**, pp. 366–370.

b) « Prix Vaillant. Rapport sur le mémoire de M. Boggio et le mémoire n° 7 portant pour épigraphe «Barré de Saint-Venant» », *Comptes rendus de l'Académie des sciences* **145**, pp. 988–991.

c) « Les fonctions analytiques de deux variables et la représentation conforme », *Rendiconti del Circolo matematico di Palermo* **23**, pp. 185–220. *Œuvres*, tome **IV**, pp. 244–289.

d) *Leçons de Mécanique céleste* – partie I, tome 2, Paris, Gauthier-Villars, IV + 167 p.

e) « Étude du récepteur téléphonique », *Éclairage électrique* **50**, pp. 221–234, 257–262, 329–338, 365–372, 401–404. *Œuvres*, tome **X**, pp. 487–539.

f) « Sur quelques théorèmes généraux relatifs à l'électrotechnique », *Éclairage électrique* **50**, pp. 293–301. *Œuvres*, tome **X**, pp. 540–5510.

g) « La relativité de l'espace », *Année psychologique* **13**, pp. 1–17. *Science et méthode*, book II, chapter I.

h) « Le hasard », *Revue du mois* **3**, pp. 257–276. *Science et méthode*, book I, chapter IV.

i) « Sur l'œuvre de Marcelin Berthelot », *Le Matin*, 25 mars, p. 1. *Savants et écrivains*, chapter X.

1908

a) « Prix Monthyon », *Comptes rendus de l'Académie des sciences* **147**, p. 1199.

b) « Remarques sur l'équation de Fredholm », *Comptes rendus de l'Académie des sciences* **147**, pp. 1367–1371. *Œuvres*, tome **III**, pp. 540–544.

c) « Nouvelles remarques sur les groupes continus », *Rendiconti del Circolo matematico di Palermo* **25**, pp. 81–130. *Œuvres*, tome **III**, pp. 261–321.

d) « Sur l'uniformisation des fonctions analytiques », *Acta Mathematica* **31**, pp. 1–63. *Œuvres*, tome **IV**, pp. 70–139.

e) « Sur les petits diviseurs dans la théorie de la Lune », *Bulletin astronomique* **25**, pp. 321–360. *Œuvres*, tome **VIII**, pp. 332–366.

f) « Rapports sur les opérations géodésiques de l'Équateur en 1903, 1904 et 1905, présentés à l'Académie des sciences au nom de la Commission chargée du contrôle scientifique des opérations géodésiques de l'Équateur », *Comptes rendus des Séances de la 15ème Conférence générale de l'Association géodésique internationale (20–28 avril 1906)*, pp. 289–304. *Œuvres*, tome **VIII**, pp. 621–641.

g) « Lord Kelvin », *La lumière électrique* **1**, 2ème série, pp. 139–147. *Savants et écrivains*, chapter XIV.

h) « Sur la théorie de la commutation », *La lumière électrique* **2**, 2ème série, pp. 295–2297. *Œuvres*, tome **X**, pp. 552–556.

i) « Sur la télégraphie sans fil », *La lumière électrique* **4**, 2ème série, pp. 259–266, 291–297, 323–327, 355–359, 387–393. *Conférences sur la télégraphie sans fil*, Paris, 1909, 86 p. German translation by W. Jäger, *Deutsche-Mechaniker-Zeitung*, 1902, pp. 63–73, 114, 144, 237.

j) *Thermodynamique*, 2nd edition, Paris, Gauthier-Villars, XIX + 458 p.

k) « La dynamique de l'électron », *Revue générale des sciences pures et appliquées* **19**, pp. 386–402. *Œuvres*, tome **IX**, pp. 551–586. *Science et méthode*, book III, chapters I, II and III.

l) *Science et méthode*, Paris, Flammarion, 314 p. German translation by Lindemann, Leipzig, Teubner, 1909. Spanish translation by Eduardo Cazorla, Madrid, José Ruiz, 1909. The chapter entitled « Les logiques nouvelles » was translated into English by G. B. Halsted and was published in *The Monist* **22** (1912), pp. 243–256.

m) « L'avenir des mathématiques », *Atti IV Congr. Internaz. Matematici, Roma, 11 Aprile 1908*, pp. 167–182 ; *Bulletin des sciences mathématiques*, 2ème série, **32**, pp. 168–190 ; *Rendiconti del Circolo matematico di Palermo* **16**, pp. 162–168 ; *Revue générale des sciences pures et appliquées* **19**, pp. 930–939 ; *Scientia (Rivista di Scienza)* **2**, pp. 1–23. *Science et méthode*, book I, chapter II.

n) « Sur M. Maurice Lœwy », *Annuaire du Bureau des longitudes*, pp. D. 1–D. 18. *Savants et écrivains*, chapter XV.

o) « Préface », in : Devaux-Charbonnel, *L'état actuel de la science électrique*, Paris, Dunod et E. Pinat, 1908, pp. V–X.

p) « Examen critique des divers systèmes ou études graphologiques auxquels a donné lieu le bordereau », in : Affaire Dreyfus. *La révision du procès de Rennes. Enquête de la Chambre criminelle de la Cour de cassation, 5 mars–19 novembre 1904*, tome 3, Paris, Ligue des droits de l'homme, pp. 500–600 (avec Darboux et Appell).

q) « Compte rendu d'ensemble des travaux du IVème Congrès des mathématiciens tenu à Rome en 1908 », *Le Temps*, 21 avril, pp. 2–3.

r) « Comment se fait la science ? » *Le Matin*, 25 novembre.

s) « Comment on invente. Le travail de l'inconscient », *Le Matin*, 24 décembre.

t) « L'invention mathématique », *L'enseignement mathématique* **10**, pp. 357–371 ; *Bulletin de l'Institut général de psychologie* **8**, pp. 175–187 ; *Revue du mois* **6**, pp. 9–21 ; *Revue générale des sciences pures et appliquées* **19**, pp. 521–526. *Science et méthode*, book I, chapter III. Also published in Fehr, H., *Enquête de L'enseignement mathématique sur la méthode de travail des mathématiciens*, Paris / Genève, Gauthier-Villars / Georg & Cie, second edition, 1912, pp. 123–137.

1909

a) « Sur quelques applications de la méthode de M. Fredholm », *Comptes rendus de l'Académie des sciences* **148**, pp. 125–126. *Œuvres*, tome **III**, pp. 545–546.

b) « Les ondes hertziennes et l'équation de Fredholm », *Comptes rendus de l'Académie des sciences* **148**, pp. 449–453. *Œuvres*, tome **X**, pp. 65–69.

c) « Sur la diffraction des ondes hertziennes », *Comptes rendus de l'Académie des sciences* **148**, 812–817. *Œuvres*, tome **X**, pp. 70–75. German translation by G. Eichhorn, *Jahrbuch der drahtlosen Telegraphie und Telephonie*, Zürich, **3** (1910), pp. 445–487.

d) « Sur la diffraction des ondes hertziennes », *Comptes rendus de l'Académie des sciences* **148**, pp. 966–968. *Œuvres*, tome **X**, pp. 76–77. German translation by G. Eichhorn, *Jahrbuch der drahtlosen Telegraphie und Telephonie*, Zürich, **3** (1910), pp. 445–487.

e) « Les ondes hertziennes et l'équation de Fredholm », *Comptes rendus de l'Académie des sciences* **148**, pp. 1488–1490. *Œuvres*, tome **X**, pp. 89–91.

f) « Sur la diffraction des ondes hertziennes », *Comptes rendus de l'Académie des sciences* **149**, pp. 621–622. *Œuvres*, tome **X**, pp. 92–93. German translation by G. Eichhorn, *Jahrbuch der drahtlosen Telegraphie und Telephonie*, Zürich, **3** (1910), pp. 445–487.

g) « Sur les courbes tracées sur les surfaces algébriques », *Comptes rendus de l'Académie des sciences* **149**, pp. 1026–1027. *Œuvres*, tome **VI**, pp. 86–87.

h) « Sur une généralisation de la méthode de Jacobi », *Comptes rendus de l'Académie des sciences* **149**, pp. 1105–1108. *Œuvres*, tome **VII**, pp. 220–223.

i) « Sur la réduction des intégrales abéliennes et des fonctions fuchsiennes », *Rendiconti del Circolo matematico di Palermo* **27**, pp. 281–236. *Œuvres*, tome **III**, pp. 362–428.

j) *Leçons de Mécanique céleste – partie II*, tome 2, Paris, Gauthier-Villars, IV + 137 p.

k) « La télégraphie sans fil », *Journal de l'Université des annales* **1**, pp. 541–552.

l) « Réflexions sur deux notes de M. A. S. Schönflies et de M. E. Zermelo », *Acta Mathematica* **32**, pp. 195–200 ; *Œuvres*, tome **XI**, pp. 119–144.

m) « La mécanique nouvelle », *Comptes rendus des sessions de l'Association Française pour l'Avancement des Sciences*, Paris, pp. 38–48 ; *Revue scientifique* **47**, pp. 170–177.

n) « La logique de l'infini », *Revue de métaphysique et de morale* **17**, pp. 461–482. *Dernières pensées*, chapter IV.

o) « The Choice of Facts », *The Monist* **19**, pp. 231–239. Initially written as a preface for the American edition of *La valeur de la science* : « The Choice of Facts », translated into English by G. B. Halsted, *The Value of Science*, New-York, 1907. *Science et méthode*, book I, chapter I.

p) « Discours aux funérailles de M. Hyppolyte Langlois », *Mémoires de l'Institut*, 5 p.

q) « Sur la vie et l'œuvre poétique et philosophique de Sully Prudhomme », *Mémoires de l'Institut*, pp. 3–37. Some parts were published as « Poésie scientifique et philosophique », *Le mois littéraire et pittoresque* **165**, pp. 280–281. *Savants et écrivains*, chapter I.

r) « Sully Prudhomme mathématicien », *Revue générale des sciences pures et appliquées* **20**, pp. 657–662.

s) « Discours au Banquet de la Société amicale des lorrains de Meurthe et Moselle (15/06/1909) », *Est républicain* **8057**, p. 2.

t) « Discours à l'inauguration du monument élevé à la mémoire d'Octave Gréard (11/07/1909) », *Mémoires de l'Institut*, pp. 3–8 ; *Le Temps*, 12 juillet, page 3.

u) « Sur la nécessité de la culture scientifique », *Palmarès du Lycée Henri IV*, Paris, 1909–1910, pp. 31–36 ; *Revue internationale de l'enseignement* **58**, pp. 342–345.

1910

a) « Présentation du tome III des *Leçons de Mécanique Céleste professées à la Sorbonne* », *Comptes rendus de l'Académie des sciences* **150**, p. 667.

b) « Sur les signaux horaires destinés aux marins », *Comptes rendus de l'Académie des sciences* **150**, pp. 1471–1472.

c) « Sur l'envoi de l'heure par la télégraphie sans fil », *Comptes rendus de l'Académie des sciences* **151**, p. 911.

d) *Sechs Vorträge über ausgewählte Gegenstände aus der reinen Mathematik und mathematischen Physik (Göttingen, 22–28 IV 1909)*, Leipzig et Berlin, 60 p.

e) « Über die Fredholmschen Gleichungen », in : *Sechs Vorträge über ausgewählte Gegenstände aus der reinen Mathematik und mathematischen Physik von H. Poincaré*, Leipzig & Berlin, pp. 1–10. *Œuvres*, tome **III**, pp. 547–554.

f) « Anwendung der Theorie der Integralgleichungen auf die Flutbewegung des Meeres », *Sechs Vorträge über ausgewählte Gegenstände aus der reinen Mathematik und mathematischen Physik von H. Poincaré*, Leipzig & Berlin, pp. 12–19. *Œuvres*, tome **VIII**, pp. 289–296.

g) « Anwendung der Integralgleichungen auf Hertzsche Wellen », *Sechs Vorträge über ausgewählte Gegenstände aus der reinen Mathematik und mathematischen Physik (Göttingen, 22–28 IV 1909)*, Leipzig et Berlin, pp. 21–31. *Œuvres*, tome **X**, pp. 78–88.

h) « Über die Reduction des abelschen Integrale und die Theorie der Fuchsschen Funktionen », in : *Sechs Vorträge über ausgewählte Gegenstände aus der reinen Mathematik und mathematischen Physik von H. Poincaré*, Leipzig & Berlin, pp. 33–41. *Œuvres*, tome **III**, pp. 429–436.

i) « Über transfinite Zahlen », in : *Sechs Vorträge über ausgewählte Gegenstände aus der reinen Mathematik und mathematischen Physik*, Leipzig u. Berlin, pp. 43–48 ; *Œuvres*, tome **XI**, pp. 120–124.

j) « La mécanique nouvelle », in : *Sechs Vorträge über ausgewählte Gegenstände aus der reinen Mathematik und mathematischen Physik*, Leipzig u. Berlin, pp. 49–58.

k) « Sur les courbes tracées sur les surfaces algébriques », *Annales scientifiques de l'École Normale Supérieure*, 3ème série, **27**, pp. 55–108. *Œuvres*, tome **VI**, pp. 88–139.

l) « Remarques diverses sur l'équation de Fredholm », *Comptes rendus de des sessions de l'Association Française pour l'Avancement des Sciences*, 38ème session (Lille 1909), Paris, Gauthier-Villars, pp. 1–28 ; *Acta Mathematica* **33**, pp. 57–86. *Œuvres*, tome **III**, pp. 555–582.

m) « Sur la précession des corps déformables », *Bulletin astronomique* **27**, pp. 321–356. *Œuvres*, tome **VIII**, pp. 481–514.

n) *Leçons de Mécanique céleste*, tome 3, Paris, Gauthier-Villars, IV + 472 p.

o) « Conférence sur les comètes », *Bulletin de la Société industrielle de Mulhouse* **80**, pp. 311–323. *Œuvres*, tome **VIII**, pp. 665–675.

p) « Sur la diffraction des ondes hertziennes », *La lumière électrique* **10**, 2ème série, pp. 355–362, 387–394. **11**, pp. 7–12. German translation by G. Eichhorn, *Jahrbuch der drahtlosen Telegraphie und Telephonie*, Zürich, **3** (1910), pp. 445–487.

q) « Über einige Gleichungen in der Theorie der Hertzschen Wellen », *Math. Naturwiss. Blätter*, Berlin **8**, N4. *Œuvres*, tome **X**, pp. 204–213.

r) « Sur la diffraction des ondes hertziennes », *Rendiconti del Circolo matematico di Palermo* **29**, pp. 169–259. *Œuvres*, tome **X**, pp. 94–203. German translation by G. Eichhorn, *Jahrbuch der drahtlosen Telegraphie und Telephonie*, Zürich, **3** (1910), pp. 445–487.

s) « La morale et la science », *Foi et vie* (Paris) **13**, pp. 323–329 ; *Questions du temps présent*, Paris, pp. 49–69 ; *La revue* **86**, pp. 289–302. *Dernières pensées*, chapter VIII.

t) *Le libre examen en matière scientifique*, Bruxelles, M. Weissenbruch, pp. 97–106. *Dernières pensées* (since 1926).

u) *Savants et écrivains*, Paris, Flammarion, XIV + 281 p.

v) *Discours à la réception en Sorbonne des membres de l'Expédition dans l'Antarctique, commandée par le Dr. J. Charcot (07/12/1910)*, Paris, pp. 4–6.

w) « La mécanique nouvelle », in : *Himmel und Erde* (Leipzig) **23**, pp. 97–116 ; Also in Poincaré, H., *Die neue Mechanik*, Leipzig u. Berlin, 1911, 22 p.

1911

a) « Présentation des *Leçons sur les hypothèses cosmogoniques* », *Comptes rendus de l'Académie des sciences* **153**, p. 795.

b) « Présentation de la 2nde édition de l'ouvrage *Calcul des probabilités* », *Comptes rendus de l'Académie des sciences* **153**, p. 795.

c) « Sur la théorie des quanta », *Comptes rendus de l'Académie des sciences* **153**, pp. 1103–1108. *Œuvres*, tome **IX**, pp. 620–625.

d) « Sur diverses questions relatives à la télégraphie sans fil », *La lumière électrique* **13**, 2ème série, pp. 7–12.

e) « Sur diverses questions relatives à la télégraphie sans fil », *La lumière électrique* **13**, 2ème série, pp. 35–40.

f) « Sur diverses questions relatives à la télégraphie sans fil », *La lumière électrique* **13**, 2ème série, pp. 67–72.

g) « Sur diverses questions relatives à la télégraphie sans fil », *La lumière électrique* **13**, 2ème série, pp. 99–104.

h) « Sur les courbes tracées sur une surface algébrique », *Sitzungsberichte der Berliner Mathematischen Gesellschaft* **10**, pp. 28–55. *Arch. Math.* **18**. *Œuvres*, tome **VI**, pp. 140–178.

i) « Le démon d'Arrhenius », *Hommage à Louis Olivier*, Paris, pp. 281–287. *Œuvres*, tome **VIII**, pp. 564–569. *Dernières pensées* (since 1926).

j) « Note sur la 16ème Conférence de l'Association géodésique internationale », *Annuaire du Bureau des longitudes*, pp. A.1–A.29. *Œuvres*, tome **VIII**, pp. 548–563.

k) « Remarque sur l'hypothèse de Laplace », *Bulletin astronomique* **28**, pp. 251–266. *Œuvres*, tome **VIII**, pp. 515–528.

l) « Les hypothèses cosmogoniques », *Revue du mois* **12**, pp. 385–403.

m) « L'évolution des lois », *Scientia (Rivista di Scienza)* **9**, pp. 275–292. *Dernières pensées*, chapter I.

n) « Notice nécrologique sur M. Bouquet de la Grye », *Annuaire du Bureau des longitudes*, pp. C. 1–C. 13.

o) « Discours prononcé aux funérailles de M. Paul Gautier », *Annuaire du Bureau des longitudes*, pp. D. 1–D. 11.

p) « Préface », in : Lachapelle, G., *La représentation proportionnelle en France et en Belgique*, Paris, Félix Alcan, pp. III–XII. Also published in *Le Temps* (2 février 1911), pp. 1–2.

q) « Préface », in : Lux, J., *Histoire de deux revues françaises*, Paris, pp. 5–8.

r) « Les sciences et les humanités », *L'Opinion* **46** (18 novembre), pp. 641–644. Also published the same year as *Les sciences et les humanités*, Paris, A. Fayard, 32 p.

s) « Lettre 'Sur la prépondérance politique du Midi' », *L'Opinion* **12** (25 mars 1911), pp. 353–354. This was an answer to Maurice Colrat's article, « La prépondérance politique du Midi : Souillac (Lot) capitale de la France », *L'Opinion* **11** (18 mars 1911), pp. 322–323.

t) « Rapport sur le prix Bolyai, 18/10/1910 », *Bulletin des sciences mathématiques* **31**, pp. 67–100 ; *Acta Mathematica* **35**, pp. 1–28 ; *Rendiconti del Circolo matematico di Palermo* **31**, pp. 109–132. Also published in Budapest as « Prix Bolyai, procès verbal des séances de la Commission internationale de 1910 », *Magyar Tudományos Akadémia*, Budapest, Imprimerie de la Société Franklin, 1911.

u) « Discours prononcé aux funérailles de M. Rodolphe Radau (29/12/1911) », *Mémoires de l'Institut*, pp. 13–15 ; *Bulletin astronomique* **29**, pp. 88–89.

v) *Leçons sur les hypothèses cosmogoniques*, Paris, Hermann et Fils, XV + 294 p. Second edition, 1913, XV + 294 p. Rumanian translation of chapter IX by V. Arrestin, *Orion*, Bucuresti, janvier 1912, pp. 87–60.

1912

a) « Sur la diffraction des ondes hertziennes », *Comptes rendus de l'Académie des sciences* **154**, pp. 795–797. *Œuvres*, tome **X**, pp. 214–215.

b) « Sur la théorie des quanta », *Journal de physique théorique et appliquée* **2**, 5ème série, pp. 5–34. *Œuvres*, tome **IX**, pp. 626–653.

c) « Les rapports de la matière et de l'éther », *Journal de physique théorique et appliquée* **2**, 5ème série, pp. 347–360. *Œuvres*, tome **IX**, pp. 669–682. *Dernières pensées*, chapter VII.

d) « Les astres », in : Poincaré, H. / Perrier, E. / Painlevé, P., *Ce que disent les choses*, Paris, Hachette, pp. 1–5.

e) « En regardant tomber une pomme », in : Poincaré, H. / Perrier, E. / Painlevé, P., *Ce que disent les choses*, Paris, Hachette, pp. 7–10.

f) « La chaleur et l'énergie », in : Poincaré, H. / Perrier, E. / Painlevé, P., *Ce que disent les choses*, Paris, Hachette, pp. 11–14.

g) « Les mines », in : Poincaré, H. / Perrier, E. / Painlevé, P., *Ce que disent les choses*, Paris, Hachette, pp. 69–74.

h) « L'industrie électrique », in : Poincaré, H. / Perrier, E. / Painlevé, P., *Ce que disent les choses*, Paris, Hachette, pp. 75–80.

i) « Fonctions modulaires et fonctions fuchsiennes », *Annales de la Faculté des sciences de Toulouse*, 3ème série, **3**, pp. 125–149. *Œuvres*, tome **II**, pp. 592–618.

j) « Sur un théorème de géométrie », *Rendiconti del Circolo matematico di Palermo* **33**, pp. 375–407. *Œuvres*, tome **VI**, pp. 499–538.

k) *Calcul des probabilités*, 2ème édition, revue et augmentée, Paris, Gauthier-Villars, IV + 335 p.

l) *La théorie du rayonnement*, conference at London University, 1912.

m) « L'hypothèse des quanta », *Revue scientifique* **17**, 4ème série, pp. 225–232. *Œuvres*, tome **IX**, pp. 654–668. *Dernières pensées*, chapter VI.

n) « Pourquoi l'espace a trois dimensions », *Revue de métaphysique et de morale* **20**, pp. 483–504. *Dernières pensées*, chapter III.

o) « La logique de l'infini », *Scientia (Rivista di Scienza)* **12**, pp. 1–11. *Dernières pensées*, chapter IV.

p) « L'espace et le temps », *Scientia (Rivista di Scienza)* **12**, pp. 159–171. *Dernières pensées*, chapter II.

q) « Discours au jubilé de M. Camille Flammarion », *Bulletin de la Société astronomique de France* **26**, pp. 101–103. *Revue scientifique*, 20 avril 1912, pp. 496–497.

r) « Discours au jubilé de M. Gaston Darboux (21/1/1912) », *Revue internationale de l'enseignement* **59**, pp. 99–102.

s) *Sur les invariants arithmétiques*, Conférence faite à l'Université de Londres le 10 mai.

t) « L'union pour l'éducation morale », *Le Parthénon, Revue bimensuelle politique, littéraire et indépendante* **12** (5 juillet), pp. 545–549. *Dernières pensées*, chapter IX.

u) « Les conceptions nouvelles de la matière », *Foi et vie* (Paris) **15**, pp. 185–191 ; in : *Le matérialisme actuel*, Paris, Flammarion, 1916, pp. 49–67.

1913

a) *Dernières pensées*, Paris, Flammarion, 258 p.

b) « Préface à la traduction anglaise de *La science et l'hypothèse* », in : Poincaré, H., *The Foundation of Science*, Lancaster, Science Press, pp. 3–7.

1921

a) « Lettres à L. Fuchs (1880, 1881) », *Acta Mathematica* **38**, pp. 175–184. *Œuvres*, tome **XI**, pp. 13–25.

b) « Analyse des travaux scientifiques de Henri Poincaré faite par lui-même », *Acta Mathematica* **38**, pp. 36–135. Also reprinted in Browder F. E. (éd.), *The Mathematical Heritage of Henri Poincaré*, tome II, Providence, (*Proceedings of Symposia in Pure Mathematics 39*), 1983, pp. 257–357.

c) « Rapport sur les travaux de M. Cartan (fait à la Faculté des sciences de l'Université de Paris) », *Acta Mathematica* **38**, pp. 137–145.

d) « Lettres à M. Mittag-Leffler (1 juin 1881, 29 juin 1881, 26 juillet 1881) », *Acta Mathematica* **38**, pp. 147–160.

e) « Lettres à M. Mittag-Leffler concernant le Mémoire couronné du prix de S. M. le roi Oscar II (18 avril 1883, 16 juillet 1887, 5 février 1889, 1er mars 1889, 5 mars 1889) », *Acta Mathematica* **38**, pp. 161–173. *Œuvres*, tome **XI**, pp. 66–78.

1923

a) « Sur les fonctions fuchsiennes (extrait d'un mémoire inédit de Henri Poincaré) », *Acta Mathematica* **39**, pp. 59–93. *Œuvres*, tome I, pp. 336–373.

b) « Correspondance d'Henri Poincaré et de Felix Klein (1881, 1882) », *Acta Mathematica* **39**, pp. 94–132. *Œuvres*, tome, pp. 26–65.

c) *Perfectionner en quelque point important la théorie des équations différentielles linéaires à une seule variable indépendante, mémoire écrit pour le concours de 1880, pour le Grand Prix des sciences mathématiques.* Only the second part was published in « Sur les fonctions fuchsiennes (extrait d'un mémoire inédit de Henri Poincaré) », *Acta Mathematica* **39**, pp. 59–93. *Œuvres*, tome I, pp. 336–373.

Index Nominum

A

Alcan (Éditions) 151
Alcan, Félix 151
Ampère, André Marie 117
Apollonius 27
Archimède 34, 37, 38, 39, 40, 41, 42, 43, 44, 45
Arrestin, V. 168
Arrhenius, Svante xii, xiii, xiv, xviii, xxi, xxiv, 72, 74, 75, 101, 102, 103, 178

B

Baillière (Éditions) 150
Bartoli, Adolfo Giuseppe 96, 102
Becquerel, Jean 154
Béla, Szilárd 166
Bell, E. T. 149
Bellini 137
Belot, Émile 73
Beltrami, Eugenio 57
Bergson, Henri 154
Berthelot, Marcelin 176
Bertrand, Joseph Louis François 109, 176
Bibliothèque Camille Flammarion 150
Bibliothèque d'Histoire Contemporaine 151
Bibliothèque de Philosophie Contemporaine 150, 151
Bibliothèque de Philosophie Scientifique ix, x, xi, xv, xvii, xx, xxii, 149, 150, 151, 153, 154, 156, 157, 158
Bibliothèque de Synthèse Scientifique xxii
Bibliothèque Scientifique Internationale 151
Bibliothèque Scientifique Populaire 150
Bischoffsheim 175
Blondlot, René 124
Bohlin, Karl 76, 90
Bolyai, János 33
Bonaparte, Marie 153
Bonaparte, Roland 153
Boussinesq, Jospeh Valentin 110
Boutroux, Émile x, xi, xiii, xiv
Boutroux, Famille xiii, xiv, xv
Boutroux, Pierre x, xiii, xv, xxi
Brangaine xiv

Branly, Édouard 132, 133, 137
Braudel, Fernand xii
Bredikhin, Fedor Aleksandrovich 97, 99
Briand, Aristide 153
Brisson (Madame) 131
Brouardel 175
Buchholtz, Hugo 166, 195
Burgess, K. 166

C

Cantor, Georg 34
Carnot, Sadi 65, 68, 75, 79, 83
Carpentier, Jules xxv, 127, 138
Carré & Naud (Éditions) 150
Cazorla, Eduardo 167
Chasles, Michel 59
Choubine, S. 165
Clausius, Rudolf 101
Comberousse, Charles de x, xiii, xvii, xxiii, 57
Comte, Auguste 141
Cornu, Alfred 117, 118, 176
Cournot, Antoine Augustin xii, xiii, xviii, xxi, xxiv, 107, 108, 110, 111, 112, 113, 114, 115, 177
Curie, Pierre 175

D

Darboux, Jean-Gaston 56
Darwin, George Howard 69, 80
Dastre, Alfred 156
Daum, Jeanne xii, xv
Daum, Léon xi, xii, xiv, xv, xvi, xviii, xx, xxii, 158
De la Cotardière, P. 150
Delagrave (Éditions) 150
Delaunay, Charles Eugène 78, 80, 86
Dernières pensées ix, x, xi, xii, xvi, xvii, xviii, xix, xx, xxi, xxiii, xxiv, xxv, 157, 169, 177
Désargues, Girard 40, 41, 42, 43
Deslandres, Henri 99
Dickstein, S. 166
Dreyfus, Alfred 158
Durkheim, Émile 151

E

Eichhorn, G. 167, 168
Einstein, Albert 155
Encke, Johann Franz 79
Esculape 144
Euclide xix, xx, xxiii, 16, 18, 25, 26, 27, 29,
    31, 33, 34, 36, 37, 38, 42, 43, 44, 45, 47,
    52
Euler, Leonhard 36
Eusapia, (Palladino) 144
Évellin, François Jean Marie Auguste 109,
    110, 111

F

Fabiani, Jean-Louis 151
Faraday, Michael 117
Faye, Hervé 66, 67, 176
Feddersen, Berend Whilhelm 121
Fehr, H. 173
Ferrié, Gustave xxv, 127, 133, 134, 138, 139
Ferry, Jules 150
Firmin-Didot (Éditions) 150
Fizeau, Hippolyte 124
Flammarion (Éditions) ix, x, xxii, 149, 150
Flammarion, Camille 150, 153
Flammarion, Ernest 149, 150, 151, 152, 153,
    154, 155, 156, 157, 158
Foucault, Léon 82
Fresnel, Augustin 117, 120
Fuentes, P. 150

G

Gabay, Jacques xxiii
Gauß, Carl Friedrich xxiii, 89, 177
Gauthier-Villars (Éditions) 150
Germer-Baillière (Éditions) 151
Gréard, Octave 175
Guccia, Giovanni Battista xiv
Gumlich, E. 165
Gyldén, Húgo 78, 86, 89, 90, 166

H

Hachette (Éditions) 150
Halley, Edmond 93, 95, 99
Halphen 176
Halsted, George Bruce 166, 167, 173
Hamilton, William Rowan 34, 42
Hanotaux, Gabriel 153
Harzer, Paul Hermann 89
Hayashi, Tsuruiche 166
Heinzmann, Gerhard xxvi, 174

Helmholtz, Hermann von xx, xxi, 29, 30, 37,
    44, 45, 46, 70, 165
Hermann (Éditions) xiii, xiv, xxi, xxiv
Hermite, Charles 175
Hertz, Heinrich xiii, xviii, xxiv, 117, 120,
    121, 122, 123, 127, 138, 165
Hilbert, David xiii, xiv, xxi, xxiii, 33, 34, 35,
    36, 37, 38, 39, 40, 41, 42, 43, 44, 45, 46,
    174, 177
Hill, George William 86, 87, 89, 90
Hughes, John xxvi

I

Ikle, Max 166

J

Jacobi, Carl Gustav Jacob 71, 79
Jäger, W. 165, 167
James, William 154
Jevons, William Stanley 35
Jordan, Camille 46
Julia, Gaston xi

K

Kant, Immanuel 67, 113
Kapteyn, Jacobus Cornelius 73, 76
Kepler, Johannes 66, 80, 85, 87, 109, 115
Keyser, C. J. 166
Kowaleski, S. 172

L

L'Opportunisme scientifique ix, x, xii, xiii, 1
La science et l'hypothèse ix, xv, xvii, xviii,
    xix, xx, xxi, xxii, 149, 154, 155, 156, 157,
    166, 169, 172
La valeur de la science ix, xvii, xviii, xix, xx,
    156, 157, 167, 169, 171
Lagrange, comte Louis de 77, 78, 86, 90, 110
Laguerre, Édmond 59, 175
Laplace, Pierre Simon marquis de 65, 67, 70,
    71, 72, 75, 76, 77, 80, 86, 89, 98
Larmor 166
Larousse (Éditions) 150
Lazzeri, Giulio 167
Le Bon, Gustave ix, x, xi, xii, xiii, xiv, xv,
    xvi, xvii, xxi, 149, 150, 151, 152, 153,
    154, 155, 156, 157, 158, 159
Le Verrier, Urbain 86
Lebon, Ernest xxiv, 165
Leibniz, Gottfried Wilhelm 34, 107, 111, 113
Lie, Sophus xix, xxi, 27, 28, 29, 30, 45, 46

Ligondès, R. Du 67, 68
Lindemann, F. 166, 167
Lindemann, L. 166
Lindstedt, Anders 86, 90
Lippmann, Gabriel 154
Llana, Emilio Gonzáles 167
Lobatchevsky, Nikolaï Ivanovitch xiv, xx, 18,
    31, 33, 34, 37, 43, 44, 45, 46, 47, 48, 50,
    52, 53, 55, 57
Lockyer, Sir Joseph Norman 72
Lœwy, Maurice 176

M
Mangin, Charles 153
Marpeau, Benoît ix, 149, 150, 153, 154
Marpon, Charles 150
Mathieu, Émile Léonard 90
Maxwell, James Clerk xiii, xvii, xviii, xxi,
    xxiv, 68, 73, 75, 96, 101, 102, 103, 117,
    118, 119, 120, 122, 123, 124, 125, 126,
    127, 128, 138, 165, 166, 171
McCormack, T. J. xxii, 166
Mikami, Yoshio 167
Miller, Arthur xii
Monod, Gabriel 151
Mouret, Georges 169

N
Nabonnand, Philippe xxvi
Newcomb, Simon 24, 79
Newton, Sir Isaac 27, 74, 78, 79, 85, 90, 107,
    111, 115
Nouvelle Bibliothèque Scientifique xii
Nye, Mary Jo 154
Nye, Robert Allan 150, 153, 155

O
Obejero, Angel Bozal 167
Olivier, Louis xiii, xxiv, 178

P
Padoa, Alessandro 35
Painlevé, Paul 153
Parinet, Élizabeth 150, 151, 152, 153
Pascal, Blaise 43
Pasteur, Louis 141, 145
Peano, Giuseppe 35, 174
Piorry, Pierre Adolphe 152
Planck, Max xvii, xviii
Poincaré (Famille) x, xx, xxii, 157

Poincaré, Henriette xi
Poincaré, Jeanne xi
Poincaré, Jules Henri ix, x, xi, xii, xiii, xiv,
    xv, xvi, xvii, xviii, xix, xx, xxi, xxii, xxiii,
    xxiv, xxv, 1, 46, 47, 57, 115, 127, 139,
    149, 151, 153, 154, 155, 156, 157, 158,
    165, 169, 170, 171, 173, 174, 175
Poincaré, Léon xi
Poincaré, Louise x, xi, xii, xv, xvi
Poincaré, Raymond 153
Poincaré, Yvonne xi
Poisson, Siméon Denis 77, 78, 90
Potier, A. 176
Procuste 31
Ptolémée 59

Q
Quijano, Gonzáles 166

R
Renan, Ernest 144
Renard, Georges 153
Ribot, Théodule 151, 152
Riemann, Bernhardt xx, xxi, 18, 33, 36, 38,
    43, 44, 45, 46, 52, 53, 54, 55, 57, 88
Rive, Auguste Arthur de la 123, 124
Rollet, Laurent xxvi, 151, 158, 169
Rouché, Eugène x, xiii, xvii, xxiii, 57
Rougier, Louis ix, x, xi, xii, xiii, xv, xvi, xviii,
    xx, xxi, xxii, 157, 158, 166
Rouvier, Catherine 150
Ruhmkorff, Heinrich Daniel 122, 130
Russell, Bertrand 170, 174

S
Saint-Saëns, Camille 153
Sarasin, Édouard 123, 124
Savants et écrivains 157, 175
Schiaparelli, Giovanni 95
Schur, Issai 40
Science et méthode ix, xv, xvi, xvii, xx, xxi,
    156, 157, 167, 169, 173
See, Thomas Jefferson Jackson 68, 76
Sintsoff, D. 165
Spiru Aretu 90
Staudt, Karl Georg Christian von xix, 26, 27
Steinheil (Madame) 134
Sternhell, Zeev 150
Sully Prudhomme, René François Armand
    Prudhomme (dit) 175

Sundqvist, Anna 166

T
Taine, Hyppolite 155
Thiec, Yvon-Jean 150
Thomson, Sir William (Lord Kelvin) 70, 73,
    74, 121, 123, 125, 176
Tisserand, Félix 78, 89, 176
Tissot, C. (Lieutenant) 134
Tosi 137
Toulouse, Docteur 154

V
Vacher de Lapouge, Georges 149
Valéry, Paul 153

Vassilief, A. V. 166
Vergne, Henri xxiv
Vlach, Claire 150
Vreeland, F. K. 166
Vuillemin, Jules 169

W
Weber, E. 167
Weierstraß, Karl 176

Y
Young, J. W. 167

Z
Zermelo, Ernst 174

If you have any concerns about our products,
you can contact us on
ProductSafety@springernature.com

In case Publisher is established outside the EU,
the EU authorized representative is:
Springer Nature Customer Service Center GmbH
Europaplatz 3, 69115 Heidelberg, Germany

Printed by Libri Plureos GmbH
in Hamburg, Germany